Rüdiger Esser
Elisabeth Feldmar

LISP

Artificial Intelligence

Künstliche Intelligenz

Künstliche Intelligenz steht hier für das Bemühen um ein Verständnis und um die technische Realisierung intelligenten Verhaltens.
Die Bücher dieser Reihe sollen Wissen aus den Gebieten der Wissensverarbeitung, Wissensrepräsentation, Expertensysteme, Wissenskommunikation (Sprache, Bild, Klang, etc.), Spezialmaschinen und -sprachen sowie Modelle biologischer Systeme und kognitive Modellierung vermitteln.

Bisher sind erschienen:

Automated Theorem Proving
von Wolfgang Bibel

Die Wissenrepräsentationssprache OPS 5
von Reinhard Krickhahn und Bernd Radig

Prolog
von Ralf Cordes, Rudolf Kruse, Horst Langendörfer, Heinrich Rust

LISP
von Rüdiger Esser und Elisabeth Feldmar

Rüdiger Esser
Elisabeth Feldmar

LISP

Fallbeispiele mit Anwendungen in der Künstlichen Intelligenz

Herausgegeben von Paul Schmitz

Springer Fachmedien Wiesbaden GmbH

CIP-Titelaufnahme der Deutschen Bibliothek

Esser, Rüdiger:
LISP: Fallbeispiele mit Anwendungen in der Künstlichen Intelligenz / Rüdiger Esser; Elisabeth Feldmar. Hrsg. von Paul Schmitz.
(Künstliche Intelligenz)
ISBN 978-3-528-04585-2 ISBN 978-3-663-14048-1 (eBook)
DOI 10.1007/978-3-663-14048-1
NE: Feldmar, Elisabeth:

Das in diesem Buch enthaltene Programm-Material ist mit keiner Verpflichtung oder Garantie irgendeiner Art verbunden. Die Autoren, der Herausgeber und der Verlag übernehmen infolgedessen keine Verantwortung und werden keine daraus folgende oder sonstige Haftung übernehmen, die auf irgendeine Art aus der Benutzung dieses Programm-Materials oder Teilen davon entsteht.

Ursprünglich erschienen bei Friedr. Vieweg & Sohn Verlagsgesellschaft mbH, Braunschweig 1989

Umschlaggestaltung: Peter Lenz, Wiesbaden

ISBN 978-3-528-04585-2

Vorwort

Eine Programmiersprache wird eingesetzt, um Verfahren zur Lösung von Anwendungsproblemen auf dem Computer zu formulieren. Daher sollte das Erlernen einer Programmiersprache immer in Bezug auf ein Anwendungsgebiet erfolgen. Kennt man die Grundbegriffe einer Programmiersprache, erlangt man einen höheren Grad ihrer Beherrschung am besten durch das Studium von Programmen, die typischen Einsatzgebieten der Sprache entstammen. Dabei sollte man wiederum an realen Aufgaben orientierte praktische Programmierübungen durchführen. Auf diese Weise erhält man ein lebendiges Bild von der Sprache, lernt sie aktiv beherrschen und erwirbt gleichzeitig ein Verständnis wichtiger Begriffe, Denkweisen und Algorithmen der Einsatzgebiete.

LISP ist seit jeher die dominierende Sprache in der Künstlichen Intelligenz und in der Symbolischen Mathematik. Außerdem wird es bei der systemnahen Programmierung, z. B. bei der Erstellung von Programmierumgebungen, eingesetzt. Im vorliegenden Buch wollen wir den Gebrauch von LISP in diesen Anwendungsgebieten anhand einiger Fallstudien vorführen. Unter einer Fallstudie verstehen wir die Darstellung der kompletten Lösung eines Anwendungsproblems. Diese schließt insbesondere die Erörterung der algorithmischen Hilfsmittel ein. Für unsere Zwecke kann die einzelne Studie nur so umfangreich sein, daß man sie als Ganzes gut überschauen und erfassen kann.

Wie beim Studium eines Textes im Fremdsprachenunterricht setzen wir voraus, daß der Leser mit der Sprache in ihren Grundzügen vertraut ist. Die Programme sind im allgemeinen sprachlich "einfach". Sie schöpfen die Möglichkeiten von LISP nicht voll aus, sondern verwenden nur die wichtigsten Sprachelemente und Funktionen, die üblicherweise in einem einführenden Kurs oder Lehrbuch vermittelt werden. Im Literaturverzeichnis verweisen wir auf einige Lehrbücher. Andererseits wird nicht vorausgesetzt, daß der Leser mit den Anwendungsgebieten vertraut ist, denen die Fallstudien entstammen. Jede Anwendung wird mit begrifflichem Hintergrund, Problemstellung und Lösungsweg genau beschrieben, und dann wird das zugehörige LISP-Programm besprochen.

So ist es das Hauptanliegen dieses Buches, einem Leser, der Grundkenntnisse in LISP besitzt, interessante Problemstellungen und Programme vorzulegen, mit denen er seine LISP-Kenntnisse vertiefen kann, die ihm die Sprache verlebendigen und ihm zugleich einen Einstieg in die Anwendungsgebiete vermitteln. Auf der anderen Seite ermöglicht das Buch auch demjenigen Leser einen Zugang zu LISP, der ein Anwendungsgebiet mit seinen Problemstellungen und Algorithmen bereits kennt, aber bislang eine andere Programmiersprache verwendet hat.

Die Programme sind im LISP-Dialekt COMMON LISP geschrieben. Die Flexibilität und die leichte Erweiterbarkeit von LISP, die gerade Stärken der Sprache ausmachen, haben zu einer Vielzahl untereinander unverträglicher LISP-Dialekte geführt, die sich teils nebeneinander, teils in Abhängigkeit voneinander entwickelt haben. Die Definition von COMMON LISP hat - so scheint es - den gewünschten standardisierenden Zweck erfüllt und den divergierenden Tendenzen Einhalt geboten. Zumindest stehen heute COMMON LISP-Systeme auf den meisten Rechnertypen - vom Mikrorechner bis zum Supercomputer - zur Verfügung. Da kein anderer LISP-Dialekt eine derart weite Verbreitung gefunden hat, sollte man heute für ein LISP-Lehrbuch COMMON LISP verwenden.

Wir haben darauf geachtet, daß von den syntaktischen Möglichkeiten sowie von der Vielfalt der Systemfunktionen und -variablen von COMMON LISP nur solche benutzt wurden, die auch in anderen Dialekten Entsprechungen haben. Nur in Kapitel 2 werden mit dem Paket-Konzept und den Readtables Sprachkonzepte eingesetzt, die nicht in allen Dialekten anzutreffen sind. Ansonsten wurde auf COMMON LISP-Eigenheiten wie mehrfache Werte von Funktionen, verschiedene Arten von Parametern oder spezielle Ausgabefunktionen verzichtet.

Allerdings benutzen wir sehr viel die COMMON LISP-Funktionen zur Programmablaufsteuerung, wie IF, DO, DOLIST, DOTIMES, da sie die Lesbarkeit von Programmen wesentlich verbessern. Sie können in anderen LISP-Dialekten mit Macros nachgebildet werden. Außerdem sind diese Funktionen für die Leser, die einen anderen LISP-Dialekt erlernt haben, in einem Anhang beschrieben. Die Verwendung dieser Funktionen sowie der Funktion LET zur Vereinbarung lokaler Variabler macht die früher häufig benutzten PROG-Konstrukte entbehrlich und erlaubt damit durchgängig einen klaren, funktionalen Programmierstil.

Die Kapitel des Buches enthalten jeweils eine Fallstudie und sind in sich ähnlich aufgebaut. Zu Beginn werden Problemumfeld und konkrete Aufgabenstellung beschrieben. Hierbei wird auch auf weiterführende Literatur verwiesen. Zur Aufgabenstellung gehört die Wiedergabe eines Beispieldialogs mit dem Programm. Dann folgt die Beschreibung der zur Lösung eingesetzten Algorithmen. Hier werden auch Alternativen angegeben. Die Darstellung des Programms beginnt mit der Beschreibung der Daten- und Programmstruktur, dann folgen - in logischen Einheiten zusammengefaßt - die Funktionsdefinitionen. Sie sind meist in einer "bottom up"-Reihenfolge angeordnet, d. h. zuerst kommen die einfachen Basisfunktionen und dann die übergeordneten Funktionen. Dadurch läßt sich häufiges Voraus- und Zurückblättern vermeiden. Die Aufrufhierarchie der Funktionen wird durch Pfeildiagramme dargestellt.

Die einzelnen Funktionen sind ausführlich kommentiert. Hier weichen wir ab von der bei der Publikation von LISP-Programmen oft geübten Praxis, auf eine Kommentierung des Programmtextes ganz zu verzichten. Wir sind der Ansicht, daß eine Kommentierung die Lesbarkeit von LISP-Programmen auch bei Verwendung "sprechender" Bezeichner und moderner Konstrukte zur Programmablaufsteuerung wesentlich verbessert.

Den Abschluß jedes Kapitels bilden Übungsaufgaben, die meist Erweiterungen der Programme vorschlagen.

Das Buch enthält sechs Fallstudien, die unabhängig voneinander gelesen werden können. Die beiden ersten Kapitel liefern Beispiele für LISP als Implementationssprache für systemnahe Funktionen. In Kapitel 1 wird ein syntaxorientierter LISP-Editor vorgestellt, der zur Manipulation von Funktionsdefinitionen deren Listenstruktur ausnutzt. Kapitel 2 stellt als Methode zur Portierung von LISP-Programmen die Einbettung eines LISP-Dialekts in einen anderen vor. Es wird die Einbettung von Standard LISP in COMMON LISP beschrieben. Standard LISP ist die Implementationssprache u. a. des Systems REDUCE (Symbolische Mathematik). Da die in diesem Kapitel benutzten COMMON LISP-Pakete und -Readtables nicht zum Basisumfang von LISP gehören, enthält das Kapitel eine am Beispiel orientierte Einführung in diese Konzepte.

Die Kapitel 3 bis 5 enthalten Anwendungen aus der Künstlichen Intelligenz. In Kapitel 3 wird das 15-Puzzle mit Hilfe des A*-Algorithmus gelöst. Dabei werden verschiedene Algorithmen zum Suchen in Zustandsbäumen vorgestellt. Das Programm gliedert sich in einen Teil mit problemunabhängigen Funktionen und einen Teil, in dem die konkrete Anwendung formuliert ist. Kapitel 4 stellt einen anderen Aspekt des Suchens dar, das Suchen in Spielbäumen. Am Beispiel des Spiels Quattro werden der Minimax-Algorithmus und seine wichtigste Variante, der Alpha-Beta-Algorithmus, beschrieben. Die konkrete Anwendung zeigt u. a. den hohen Programmieraufwand, der zur Bewertung einer Spielsituation erforderlich ist. Kapitel 5 behandelt ein Teilproblem der Verarbeitung natürlicher Sprache, die Syntaxanalyse. Es enthält einen Chart-Parser für natürliche Sprache. Dies ist ein Parser-Typ, der seine Analyse mit Hilfe einer besonders strukturierten Tabelle durchführt, die Chart genannt wird.

Kapitel 6 ist der Symbolischen Mathematik gewidmet. Die Symbolische Mathematik ist ein zwischen der Künstlichen Intelligenz und der Mathematik angesiedeltes Gebiet, welches das Rechnen auf dem Computer mit Formeln - statt mit Zahlen - behandelt. Das Kapitel enthält Algorithmen für zwei Kernaufgaben der Symbolischen Mathematik, nämlich für die interne Darstellung und die arithmetische Verknüpfung von Polynomen in mehreren Veränderlichen. Es wird eine eindeutige interne Darstellung, die rekursive Polynomdarstellung, vorgestellt, und es werden Programme für die Arithmetik in dieser Darstellung sowie für die Wandlung von der externen in die interne Darstellung und zurück beschrieben.

Den Abschluß des Buches bilden zwei Anhänge. In Anhang A sind COMMON LISP-Funktionen insbesondere zur Programmablaufsteuerung und zur Verarbeitung von Arrays zusammengestellt, und Anhang B enthält knapp kommentierte Musterlösungen zu einem Teil der Übungsaufgaben.

Zusätzlich zum Buch liegt eine Programmdiskette vor. Sie umfaßt alle in den Kapiteln 1 bis 6 enthaltenen Programme sowie die Musterlösungen. Damit möchten wir zum Experimentieren mit den Programmen anregen und die Lösung der Aufgaben erleichtern.

Dieses Buch entstand aus Kursen und Vorlesungen, die die Autoren wiederholt zu den Themen LISP und Symbolische Mathematik an der Universität zu Köln gehalten haben. Eine andere Quelle waren Erfahrungen, die bei der Implementation und beim Ausbau des Systems REDUCE gemacht wurden. Die Autoren danken dem Regionalen Rechenzentrum der Universität zu Köln (RRZK) und dem Zentralinstitut für Angewandte Mathematik der Kernforschungsanlage Jülich für die Unterstützung, die sie diesem Buchprojekt angedeihen ließen. Besonderer Dank gilt den Kollegen in der LISP/REDUCE-Gruppe des RRZK: Ralf Biermann, Dietrich Krekel, Andreas Strotmann und Volker Winkelmann, deren Anregungen und Kommentare in das Buch eingeflossen sind.

Der Text wurde auf einem Apple Macintosh mit Hilfe von Word 3 und Macdraw erstellt und auf einem Apple Laserwriter ausgegeben.

Inhalt

1 Ein LISP-Editor 1

Typen von LISP-Editoren 1

Ein syntaxorientierter Workspace-Editor 3

Das Programm EDITFUN 6

Daten- und Programmstruktur 6
Beschreibung der Funktionen 8

Aufgaben 15

2 Einbettung von Standard LISP in COMMON LISP 17

Portierung von LISP-Programmen 18

Der LISP-Dialekt Standard LISP 19

Der Sprachumfang von Standard LISP 19
Ein Standard LISP-Programm 23

Realisierung der Einbettung 28

Teilaufgaben bei der Einbettung 28
Pakete als Hilfsmittel bei der Einbettung 31
Readtables als Hilfsmittel bei der Einbettung 38
Macros als Hilfsmittel bei der Einbettung 41
Das Programm 46

Aufgaben 65

3 Suchen 67

Suchalgorithmen 68

Bezeichnungen 68
Suchalgorithmen für beliebige Lösungen:
Depth First- und Breadth First-Suche 70
Suchalgorithmen für optimale Lösungen:
Branch and Bound und A* 72

Das Programm 15-PUZZLE 77

Aufgabenstellung 77
Datenstrukturen und Zugriffsfunktionen 82
Programmstruktur 83
Problemabhängige Funktionen 84
Problemunabhängige Funktionen 89
Steuerfunktion 15-PUZZLE 93

Aufgaben 95

4 Suchen in Spielbäumen 97

Quattro - Spielregeln und Beispiel 98

Algorithmen für Spielbäume 102

Spielbäume 103
Der Minimax-Algorithmus 104
Der Alpha-Beta-Algorithmus 106

Das Programm QUATTRO 113

Darstellung und Veränderung der Spielwand 113
VALUE - Statische Bewertungsfunktion 114
CHOOSE - Auswahl eines Zuges des Programms 121
ALTMOVE - Abwechseln zwischen Zügen des Programms und des Gegners 125
QUATTRO - Steuerfunktion und Benutzeraufruf 128

Aufgaben 130

5 Chart-Parser für natürliche Sprache 131

Eigenschaften von Parsern 132

Grammatik 132
Lexikon 133
Behandlung von Mehrdeutigkeiten 134

Chart-Parser 135

Chart-Repräsentation 136
Chart-Algorithmus 139

Das Programm CHART 142

Daten- und Programmstruktur 146
Beschreibung der einzelnen Funktionen 149

Aufgaben 157

6 Symbolische Mathematik 159

Polynomdarstellungen 160

Vollständig expandierte Polynomdarstellung 162
Rekursive Polynomdarstellung 164

Das Programm SYMATH 166

Problemstellung und Beispiel 166
Daten- und Programmstruktur 168
SYMATH - Benutzeraufruf und Steuerfunktion des Interpreters 172
PROCESS-STATEMENT - Verarbeitung einer Anweisung 174
STRINGTOIN - Eingabestring in Symbolliste wandeln 175
INTOPRE - Symbolliste in Präfix-Darstellung wandeln 179
PRETOCAN - Ausdruck in kanonische Form wandeln 187
Polynomarithmetik in kanonischer Darstellung 188
CANTOPRE - Kanonische in Präfix-Form wandeln 201
PRETOIN - Präfix-Darstellung in Symbolliste wandeln 203
INTOPRINT - Aufbereitung und Ausgabe der Symbolliste 208

Aufgaben 210

Anhang A: Einige COMMON LISP-Funktionen 215

MAP-Funktionen 215
Bedingte Auswertung von Ausdrücken 216
CATCH/THROW 218
Schleifen 218
Verarbeitung von Arrays 220
Properties 222

Anhang B: Lösungen zu den Aufgaben 225

Literatur 243

Verzeichnis der definierten Funktionen 247

Sachverzeichnis 249

1

Ein LISP-Editor

LISP-Systeme sind meist interpretierende Systeme. Daraus folgt, daß die Definitionen der LISP-Objekte auch zur Ausführungszeit noch im Quelltext zur Verfügung stehen. Zudem sind LISP-Funktionen, syntaktisch betrachtet, einfach Listen, die sich mit den normalen LISP-Systemfunktionen manipulieren lassen. Diese beiden Tatsachen kann man bei der Konstruktion von Editoren für LISP-Programme nutzen.

Wir wollen in diesem Kapitel zunächst verschiedene Typen von LISP-Editoren charakterisieren. Dann werden wir einen einfach zu implementierenden syntaxorientierten Workspace-Editor für LISP-Funktionen besprechen. Er orientiert sich an den Möglichkeiten, die der Editor von INTERLISP bietet, ohne freilich dessen Mächtigkeit erreichen zu wollen. Dafür bietet er mannigfache Möglichkeiten für Erweiterungen, von denen einige in den Aufgaben vorgeschlagen werden. Bevor wir das Editor-Programm beschreiben, erläutern wir die Funktionsweise des Editors anhand einer Übersicht über seine Kommandos und eines Beispieldialogs.

Typen von LISP-Editoren

Um uns den Überblick über die verschiedenen Arten von LISP-Editoren zu erleichtern, wollen wir zwei Klasseneinteilungen vornehmen. Wir unterscheiden

- externe File-Editoren,
- interne File-Editoren und
- Workspace-Editoren

sowie

- allgemeine Texteditoren und
- syntaxorientierte Editoren.

Ein *externer File-Editor* läuft als eigenständiges Programm außerhalb des LISP-Systems ab. Der Editier-Test-Zyklus ist in Bild 1-1a dargestellt. Für Änderungen im Quelltext eines LISP-Programms wird das LISP-System verlassen, die Änderungen werden auf einem File mit Hilfe des Editors durchgeführt, dann wird das LISP-System neu gestartet, die Programmierumgebung des Benutzers wird neu generiert, der File mit den geänderten Programmen wird komplett geladen, dann schließlich kann das Programm selbst wieder gestartet werden.

Der wichtigste Vorteil eines File-Editors ist, daß die Änderungen im Programmfile permanent sind und z. B. von einem möglichen Absturz des LISP-Systems nicht betroffen sind. Außerdem kann der Benutzer den Programmtext nach seinen eigenen Vorstellungen formatieren und kommentieren. Der große Nachteil eines externen File-Editors ist der Zeitaufwand, den das Starten des LISP-Systems mitsamt der Benutzerumgebung erfordert. Auch muß jedesmal der gesamte Programmfile neu geladen werden, selbst wenn nur eine einzige Funktion verändert wurde.

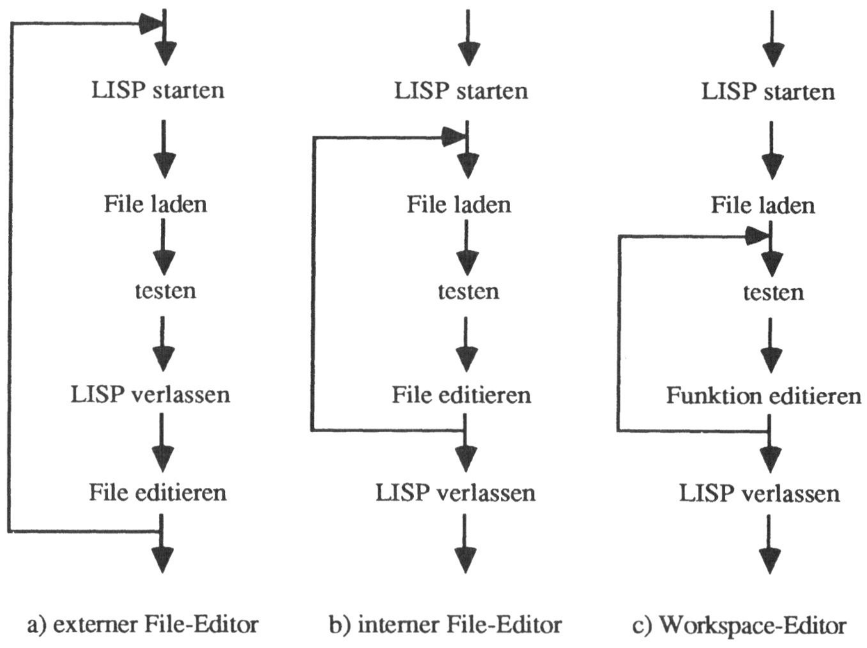

Bild 1-1: Editier-Test-Zyklus bei verschiedenen Editor-Typen

Interne File-Editoren vermeiden den hohen Zeitaufwand für das Neustarten des LISP-Systems. Sie lassen sich aus dem laufenden LISP-System heraus aufrufen, die Benutzerumgebung bleibt erhalten. Die Änderungen werden auf einem externen File durchgeführt, der nach dem Editieren allerdings komplett neu geladen wird (vgl. Bild

1-1b). Ein solcher Editor kann verschieden implementiert sein. Er kann selbst Bestandteil des LISP-Systems sein. Er kann aber auch ein vom LISP-System unabhängiges Programm sein. Sein Aufruf aus dem LISP-System heraus bewirkt dann das Suspendieren des Prozesses, der dieses System steuert, und das Starten eines neuen Prozesses, in dem der Editor abläuft. Nach dem Verlassen des Editors wird dann der suspendierte Prozeß wieder aufgenommen.

Eine dritte Art von Editoren, die es nur bei interpretierenden Systemen gibt, sind die *Workspace-Editoren* (vgl. Bild 1-1c). Sie greifen auf die im Workspace des laufenden LISP-Systems vorhandenen Quelltexte der LISP-Funktionen zu und erlauben es dem Benutzer, diese interne Darstellung direkt zu ändern. Dadurch ist die geänderte Definition sofort nach Verlassen des Editors verfügbar, ein expliziter Ladevorgang entfällt. Ein solcher Editor ist Bestandteil des LISP-Systems oder zumindest der vom Benutzer aufgebauten Umgebung.

Das wesentliche Problem von Workspace-Editoren ist, daß die geänderten Funktionsdefinitionen auch außerhalb des LISP-Systems auf einem File permanent gemacht werden müssen. Hier sollte z. B. eine Möglichkeit bestehen, einzelne Funktionsdefinitionen in einem externen File zu ersetzen. Ein anderes Problem ist, daß die Formatierung der Programmtexte automatisch auf der Basis der internen Darstellung erfolgt und der Benutzer dadurch keine eigenen Formatierungswünsche realisieren kann. Auch enthält die interne Darstellung der Funktionen in der Regel nicht die durch ; eingeleiteten Kommentare, so daß diese auch in der externen Darstellung fehlen.

Die zweite oben erwähnte Klassifikation der Editoren unterscheidet *allgemeine Texteditoren* von *syntaxorientierten Editoren*. Letztere berücksichtigen in verschiedener Weise den syntaktischen Aufbau der eingegebenen oder manipulierten Objekte. Bei einem LISP-Editor ist die Berücksichtigung der Syntax der Sprache allein wegen der unübersichtlichen Klammergebirge unumgänglich. Der Editor muß zumindest in der Lage sein, zusammengehörige Klammern anzuzeigen, was z. B. beim GNU Emacs-Editor von Stallman [1986] der Fall ist. Eine weitergehende Berücksichtigung der Listenstruktur der Funktionsdefinitionen, wie im Editor von INTERLISP (vgl. Kaisler [1986]), erlaubt dem Benutzer ein regelrechtes Navigieren in dieser Struktur. Bei Strukturänderungen wird der Aufbau unzulässiger Klammerstrukturen verhindert. Syntaxorientierte Workspace-Editoren erlauben darüber hinaus häufig auch die direkte Manipulation von Datenstrukturen, z. B. der Property-Listen von Atomen.

Ein syntaxorientierter Workspace-Editor

Der hier vorgestellte Editor kennt zwölf Befehle, die es erlauben, eine Funktionsdefinition zu editieren. Er bietet die Möglichkeit, Elemente zu löschen, einzufügen, zu ersetzen und Ausdrücke auszuwerten. Der Editor orientiert sich an der Listenstruktur der Funktionsdefinition. Er überführt eine syntaktisch korrekte

Struktur wieder in eine korrekte Struktur. Dazu müssen freilich die Argumente der Befehle (Zahlen, Symbole oder Listen) auch syntaktisch korrekt sein.

Der Editor wird aufgerufen durch

(EDITFUN <Symbol>) ,

wobei der Wert von <Symbol> der Name der Funktion ist, deren Definition editiert werden soll.

Ausdrucken des Fokus	
P	der aktuelle Fokus wird in strukturierter Form ausgedruckt
Änderung des Fokus	
<n>	<n>-tes Fokuselement wird neuer Fokus
UP	die dem aktuellen Fokus übergeordnete Liste wird neuer Fokus
NX	nächstes Element in der übergeordneten Liste wird neuer Fokus
BK	vorangehendes Element in der übergeordneten Liste wird neuer Fokus
^	gesamte Funktionsdefinition wird neuer Fokus
Strukturänderung	
(<n>)	Löschen des <n>-ten Fokuselementes
(<n> <A$_1$> . . . <A$_m$>)	Ersetzen des <n>-ten Fokuselementes durch die Ausdrücke <A$_1$> bis <A$_m$>
(I <n> <A$_1$> . . . <A$_m$>)	Einfügen der Ausdrücke <A$_1$> bis <A$_m$> vor dem <n>-ten Fokuselement
(R <A$_1$> <A$_2$>)	Ersetzen des Ausdrucks <A$_1$> bei jedem Auftreten durch den Ausdruck <A$_2$>
Ausdruck auswerten	
(E <A>)	Auswertung des Ausdrucks <A> mit EVAL ohne Verlassen des Editors
Verlassen des Editors	
OK	

Tabelle 1-1: Editor-Kommandos

In Tabelle 1-1 sind die Kommandos zusammengestellt, die der Editor kennt. Dabei wird der Begriff *Fokus* verwandt, der den Teil der gesamten Funktionsdefinition bezeichnet, der gerade betrachtet wird. Dieser Teil ist immer ein vollständiger Ausdruck. Alle Befehle beziehen sich auf den aktuellen Fokus. Einer Strukturänderung geht normalerweise eine Eingrenzung des Fokus voraus.

Zur Veranschaulichung der Benutzung des Editors folgt ein kurzer Beispieldialog. Die Benutzereingaben sind fett gedruckt.

>**(DEFUN TEST (A B C)** **(+ A B C))** TEST	*Definition der Funktion* TEST
>**(EDITFUN 'TEST)**	*Aufruf des Editors, Editor meldet sich mit "==>"*
==> **P** (LAMBDA-BLOCK TEST (A B C) (+ A B C))	*Drucken des Fokus, der beim Aufruf die gesamte Funktionsdefinition ist*
==> **4** (+ A B C)	*neuer Fokus ist das vierte Element des vorherigen Fokus*
==> **2** A	*zweites Element des aktuellen Fokus*
==> **NX** B	*nächstes Fokuselement*
==> **NX** C	*nächstes Fokuselement*
==> **BK** B	*voriges Fokuselement*
==> **UP** (+ A B C)	*die dem aktuellen Fokus übergeordnete Liste wird zum neuen Fokus*
==> **(2 (* A A))** (+ (* A A) B C)	*zweites Element durch* (* A A) *ersetzen*
==> **(E (TEST 2 1 1))** 6 (+ (* A A) B C)	*Funktion* TEST *auswerten*

`==> (I 3 (* B B))` `(+ (* A A) (* B B) B C)`	*vor dem dritten Fokuselement* (* B B) *einfügen*
`==> (4)` `(+ (* A A) (* B B) C)`	*viertes Fokuselement löschen*
`==> (R C (* C C))` `(+ (* A A) (* B B) (* C C))`	*das Symbol* C *durch die Liste* (* C C) *ersetzen*

`==> (E (TEST 1 2 3))`
`14`
`(+ (* A A) (* B B) (* C C))`
	Funktion TEST *auswerten*

`==> UP`
`(LAMBDA-BLOCK TEST (A B C)`
`  (+ (* A A) (* B B) (* C C)))`
	die dem aktuellen Fokus übergeordnete Liste wird zum neuen Fokus

`==> OK`
`Funktionsdefinition geaendert`
`OK`
	Verlassen des Editors

Das Programm EDITFUN

Daten- und Programmstruktur

Eine Funktionsdefinition ist eine Liste, Änderungen der Definition bedeuten Änderungen in dieser Liste. Änderungen im Fokus bedeuten Änderungen des gerade betrachteten Teiles dieser Liste. Prinzipiell brauchen dem Editor nur Funktionsdefinition und Fokus zur Verfügung zu stehen. Der Einfachheit halber werden aber alle dem Fokus übergeordneten Listen bis zur kompletten Funktionsdefinition mit auf der Liste *CHAIN* abgelegt. Diese während des Editiervorgangs als SPECIAL-Variable vorhandene Liste *CHAIN* enthält immer als erstes Element den aktuellen Fokus und als letztes Element die ganze Definition. Lautet etwa die Funktionsdefinition

(LAMBDA-BLOCK TEST (A B C) (+ (* A A) B C))

und ist der Fokus

(* A A),

so hat *CHAIN* den Wert

((* A A)
(+ (* A A) B C)
(LAMBDA-BLOCK TEST (A B C) (+ (* A A) B C))).

Wird der Fokus geändert, muß diese Änderung auch in allen übergeordneten Listen einschließlich der Funktionsdefinition vorgenommen werden. Zur Vereinfachung dieser Änderungen werden in *CHAIN* nicht einfach Listen sondern Paare abgelegt. Deren CAR ist jeweils eine Zahl, die angibt, das wievielte Element der übergeordneten Liste der CDR des Paares ist. Damit hat *CHAIN* im obigen Beispiel tatsächlich die Gestalt

```
((2 * A A)
(4 + (* A A) B C)
(0 LAMBDA-BLOCK TEST (A B C) (+ (* A A) B C))) .
```

Die Funktionsdefinition selbst erhält als Markierung den CAR 0.

Auch die SPECIAL-Variable *FOCUS*, die während des Editiervorgangs den aktuellen Fokus enthält, ist ein Paar, und zwar genau das erste Element aus *CHAIN*. Beim Übergang vom Fokus auf eine übergeordnete Liste sind in *CHAIN* Elemente zu löschen, beim Übergang auf ein Fokuselement wird in *CHAIN* vorne ein neues Paar eingefügt.

Das Programm besteht aus 11 LISP-Funktionen, deren gegenseitige Abhängigkeit in Bild 1-2 dargestellt ist. EDITFUN ist der Benutzeraufruf und enthält die Hauptschleife des Programms, PERFORM-COMMAND verarbeitet einen einzelnen Befehl des Benutzers. Die drei Funktionen NTH-ELEMENT-FOCUS, LIST-ABOVE-FOCUS und PRE/FOL-ELEMENT dienen zur Fokusänderung, während die übrigen Funktionen die strukturändernden Befehle verarbeiten. Von einer Reihe von Funktionen wird zusätzlich die Funktion PRINT-FOCUS zum Ausdrucken des Fokus aufgerufen.

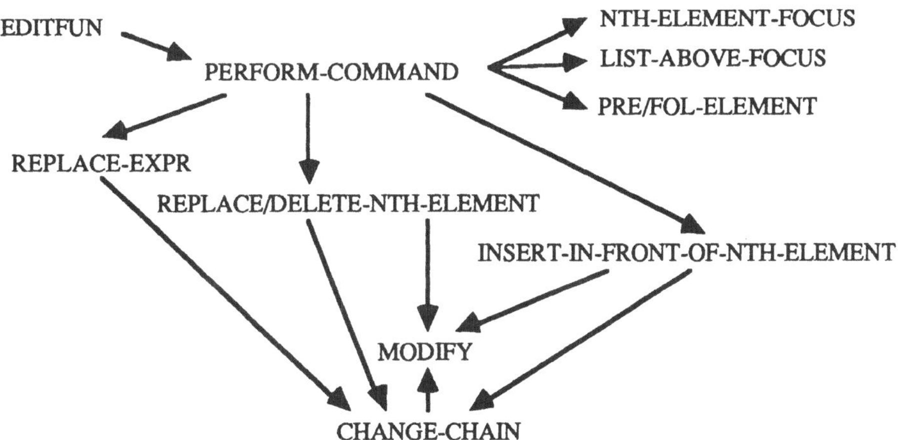

Bild 1-2: Abhängigkeitsdiagramm der Editor-Funktionen

Beschreibung der Funktionen

Die Funktionen, die den Editor bilden, lassen sich von ihrer Aufgabe her in vier Gruppen einteilen:

- Funktionen zum Ausdrucken des Fokus (nur PRINT-FOCUS),
- Funktionen zur Änderung des Fokus,
- Funktionen zur Strukturänderung und
- Steuerfunktionen.

In dieser Reihenfolge werden sie im folgenden besprochen.

Ausdrucken des Fokus

PRINT-FOCUS dient zum Ausdrucken des Fokus. Da dieser ein Paar ist, muß das zweite Element gedruckt werden.

```
(DEFUN PRINT-FOCUS ()
  (DECLARE (SPECIAL *FOCUS*))
  (PRINC (CDR *FOCUS*))
  (TERPRI)  )
```

Fokusänderungen

NTH-ELEMENT-FOCUS verarbeitet Befehle der Art <n> , d.h. der neue Fokus ist das <n>-te Element des alten Fokus. Dieses Kommando kann nur dann ausgeführt werden, wenn der Fokus eine Liste und <n> eine Zahl ist.

```
(DEFUN NTH-ELEMENT-FOCUS (N)
  (DECLARE (SPECIAL *FOCUS* *CHAIN*))
  (COND ((OR (ATOM (CDR *FOCUS*)) (NOT (NUMBERP N)))
           (PRINC "Fehler! Fokus..")(PRINT-FOCUS))
        (T (SETQ *FOCUS*
                 (CONS N (NTH (1- N) (CDR *FOCUS*))))
              ; Zahl N ist CAR des neu zu bildenden Paares, neuer
              ; Fokus ist N-tes Element des alten Fokus
           (PUSH *FOCUS* *CHAIN*)))  )
              ; der neue Fokus wird als erstes Element in die Liste *CHAIN*
              ; eingefügt
```

Die Funktion LIST-ABOVE-FOCUS verarbeitet den Befehl UP. Der neue Fokus ist die Liste, die den alten Fokus als Toplevel-Element enthält. Wegen des Aufbaus von *CHAIN* ist dieser neue Fokus gerade das zweite Element in *CHAIN*.

```
(DEFUN LIST-ABOVE-FOCUS ()
  (DECLARE (SPECIAL *CHAIN* *FOCUS*))
  (POP *CHAIN*)
                    ; erstes Element aus Liste *CHAIN* löschen
  (SETQ *FOCUS* (CAR *CHAIN*))  )
                    ; neuer Fokus ist das jetzt erste Element aus *CHAIN*
```

Die Funktion PRE/FOL-ELEMENT verarbeitet die Kommandos NX und BK. In beiden Fällen muß in die übergeordnete Liste gegangen und dort ein Element ausgewählt werden.

```
(DEFUN PRE/FOL-ELEMENT (N)
                    ; das Argument N gibt an, welches Element aus der
                    ; übergeordneten Liste auszuwählen ist. N muß von der
                    ; aufrufenden Funktion richtig gewählt werden.
  (DECLARE (SPECIAL *CHAIN* *FOCUS*))
  (POP *CHAIN*)
                    ; durch Löschen des ersten Elementes aus *CHAIN* steht die
                    ; dem Fokus übergeordnete Liste jetzt an erster Stelle
  (SETQ *FOCUS* (CONS N (NTH (1- N) (CDAR *CHAIN*))))
                    ; N-tes Element der übergeordneten Liste wird neuer Fokus
  (PUSH *FOCUS* *CHAIN*)  )
                    ; neuen Fokus vorne in Liste *CHAIN* einfügen
```

Die von der aufrufenden Funktion zu übergebende Variable N berechnet sich folgendermaßen: (CAR *FOCUS*) gibt an, an welcher Position in der übergeordneten Liste der aktuelle Fokus steht. Zur Ausführung des Kommandos NX ist diese Zahl um eins zu erhöhen und als N an PRE/FOL-ELEMENT zu übergeben. Für den Befehl BK wird die Zahl entsprechend um eins erniedrigt.

Strukturänderungen

Zur Strukturänderung werden die Hilfsfunktionen CHANGE-CHAIN und MODIFY definiert. CHANGE-CHAIN führt die Modifikationen des Fokus in allen übergeordneten Listen durch und weist die geänderte Funktionsdefinition dem entsprechenden Funktionsnamen zu.

Die Funktion MODIFY realisiert vier verschiedene Rekursionen von folgendem Typ:

```
(DEFUN MODIFY (N L1 L)
  (COND ((NULL L) NIL)
        ((= N 1) <expr>)
        (T (CONS (CAR L)
                 (MODIFY (1- N) L1 (CDR L))))) )
```

Bei allen Rekursionen wird das N-te Element einer Liste L gesucht, dort die Operation <expr> ausgeführt und als Wert eine modifizierte Liste zurückgegeben. Das Symbol L1 steht für eine zweite Liste, die im Ausdruck <expr> verarbeitet wird.

```
(DEFUN MODIFY (N L1 L FLAG)
  (COND ((NULL L) NIL)
        ((= N 1) (CASE FLAG (D  (CDR L))
                            (R  (CONS L1 (CDR L)))
                            (I  (APPEND L1 L ))
                            (RI (APPEND L1 (CDR L)))
                            (T NIL)))
                ; mit CASE wird eine der möglichen Rekursionen ausgewählt
        (T (CONS (CAR L )
                 (MODIFY (1- N) L1 (CDR L) FLAG)))) )
```

Durch geeignete Wahl von <expr> werden folgende Operationen realisiert:

- Löschen des N-ten Elementes von L — FLAG = D
- Ersetzen des N-ten Elementes von L durch L1 — FLAG = R
- Einfügen der Elemente von L1 vor dem N-ten Element von L — FLAG = I
- Ersetzen des N-ten Elementes von L durch die Elemente von L1 — FLAG = RI

Die Auswahl der Operationen geschieht über die Variable FLAG. Hat FLAG den Wert I oder RI, so ist L1 eine Liste von Ausdrücken. Hat FLAG den Wert R, so ist L1 ein einziger Ausdruck. Ist schließlich der Wert von FLAG D, so kann beim Aufruf von MODIFY für das Argument L1 ein beliebiger Wert übergeben werden, bei der Rekursion wird er nicht benutzt.

Die Funktion CHANGE-CHAIN wird überall dort benötigt, wo Strukturänderungen ausgeführt werden. Da jede Modifikation sich zunächst nur auf den aktuellen Fokus bezieht, dieser aber in allen Elementen von *CHAIN* enthalten ist, müssen bei jeder Strukturänderung alle Elemente der Liste *CHAIN* modifiziert werden.

```
(DEFUN CHANGE-CHAIN ()
  (DECLARE (SPECIAL *CHAIN* *FOCUS* *EXPR*))
  (DO ((F (CAR *CHAIN*))
                ; F ist aktueller Fokus, der bereits modifiziert ist
```

```
        (RES (LIST (POP *CHAIN*))))
                    ; auf RES wird die veränderte Liste *CHAIN* in umgekehrter
                    ; Reihenfolge aufgebaut
      ((NULL *CHAIN*) (SETQ *CHAIN* (REVERSE RES)))
                    ; sind alle Elemente aus *CHAIN* abgearbeitet, wird die
                    ; veränderte Liste RES wieder auf *CHAIN* abgelegt
        (PUSH (SETQ F (CONS (CAAR *CHAIN*)
                            (MODIFY (CAR F)
                                    (CDR F)
                                    (CDR (POP *CHAIN*))
                                    'R)))
              RES))
                    ; Änderung in der F übergeordneten Liste vornehmen und diese
                    ; der Variablen F als Wert zuweisen, gleichzeitig wird das
                    ; modifizierte Element in *CHAIN* gelöscht und vorne in RES
                    ; eingefügt
   (SETF (SYMBOL-FUNCTION *EXPR*)
         (CDAR (LAST *CHAIN*))))   )
                    ; das letzte Element stellt die veränderte Funktionsdefinition dar,
                    ; die mit SETF neu gesetzt wird
```

Die Funktion REPLACE/DELETE-NTH-ELEMENT dient der Verarbeitung des Befehls (<n> <A_1> ... <A_m>) zur Ersetzung eines Fokuselements. Im CDR von *FOCUS*, der den sichtbaren Fokus darstellt, wird das <n>-te Element gelöscht oder durch einen oder mehrere andere Ausdrücke ersetzt. Das Argument COM enthält den eingegebenen Befehl.

```
(DEFUN REPLACE/DELETE-NTH-ELEMENT (COM)
  (DECLARE (SPECIAL *FOCUS*))
  (RPLACD *FOCUS*
          (MODIFY (CAR COM)
                  ; (CAR COM) ist eine Zahl, die das zu ändernde Element angibt
                      (CDR COM)
                  ; (CDR COM) hat als Wert NIL oder die Liste der einzu-
                  ; fügenden Ausdrücke
                      (CDR *FOCUS*)
                  ; Ausdruck, in dem geändert wird
                      (IF (CDR COM) 'RI 'D)))
                  ; ist (CDR COM) nicht NIL, so ist das Kommando ein Befehl
                  ; zum Ersetzen, MODIFY wird mit dem Flag RI aufgerufen.
                  ; ansonsten wird mit MODIFY das n-te Element des Fokus
                  ; gelöscht (Flag = D)
                  ; RPLACD schließlich ersetzt den CDR von *FOCUS*, nachdem
                  ; die gewünschten Modifikationen durchgeführt wurden
  (CHANGE-CHAIN)  )
                  ; zuletzt müssen alle Einträge in *CHAIN* geändert werden
```

Die Funktion INSERT-IN-FRONT-OF-NTH-ELEMENT dient zur Verarbeitung des Befehls (I <n> <A_1> ... <A_m>) zum Einfügen von Ausdrücken vor einem bestimmten Fokuselement. Die Funktion arbeitet ähnlich wie REPLACE/DELETE-NTH-ELEMENT, Argument ist auch hier wieder der vom Benutzer eingegebene Befehl.

```
(DEFUN INSERT-IN-FRONT-OF-NTH-ELEMENT (COM)
  (DECLARE (SPECIAL *FOCUS*))
  (RPLACD *FOCUS*
          (MODIFY (CADR COM) (CDDR COM)
                  (CDR *FOCUS*) 'I))
              ; tatsächliche Modifikation des Fokus mit MODIFY, dann
              ; ersetzen mit RPLACD
  (CHANGE-CHAIN)  )
              ; Änderungen in *CHAIN*
```

Die Funktion REPLACE-EXPR dient der Ausführung von Ersetzungsbefehlen der Art (R <A_1> <A_2>). Die Modifikation des Fokus geschieht hier mit der COMMON LISP-Systemfunktion SUBST.

```
(DEFUN REPLACE-EXPR (COM)
  (DECLARE (SPECIAL *FOCUS*))
  (RPLACD *FOCUS*
          (SUBST (CADDR COM) (CADR COM) (CDR *FOCUS*)))
              ; Modifikation des Fokus, (CADDR COM) ist <A2>,
              ; (CADR COM) ist <A1>
  (CHANGE-CHAIN)  )
```

Steuerung

Die Funktion PERFORM-COMMAND dient der Ausführung eines Befehls. COM enthält den eingelesenen Befehl. Er wird untersucht und durch Aufruf der oben besprochenen fokus- oder strukturändernden Funktionen ausgeführt.

```
(DEFUN PERFORM-COMMAND (COM)
  (DECLARE (SPECIAL *FOCUS* *CHAIN*))
  (COND ((NUMBERP COM) (NTH-ELEMENT-FOCUS COM))
              ; Befehl <n>
        ((ATOM COM)
              ; der gegebene Befehl ist ein Symbol, mittels CASE wird die
              ; entsprechende Funktion ausgewählt
```

```
(CASE COM
      (P)
     ; Fokus drucken, geschieht in  EDITFUN
      (UP (LIST-ABOVE-FOCUS))
     ; zurück in übergeordnete Liste
      (NX (PRE/FOL-ELEMENT
                (1+ (CAR *FOCUS*))))
     ; nächstes Element in übergeordneter Liste
      (BK (PRE/FOL-ELEMENT
                (1- (CAR *FOCUS*))))
     ; vorangehendes Element in übergeordneter Liste
      (^  (SETQ *FOCUS*
                (CAR (SETQ *CHAIN*
                          (LAST *CHAIN*)))))
     ; ganze Funktionsdefinition zum neuen Fokus machen
      (T   (PRINC "Unbekanntes Kommando")
           (TERPRI))))
     ; Fehler, ein solcher Befehl existiert nicht
     ; im folgenden ist der Befehl kein Symbol, (CAR COM) muß
     ; untersucht werden
((NUMBERP (CAR COM))
 (REPLACE/DELETE-NTH-ELEMENT COM))
     ; <n>-tes Element ersetzen
(T (CASE (CAR COM)
      (E (PRINT (EVAL (CADR COM))) (TERPRI))
     ; Auswerten eines Ausdrucks
      (I (INSERT-IN-FRONT-OF-NTH-ELEMENT
           COM))
     ; Ausdrücke vor <n>-tem Fokuselement einfügen
      (R (REPLACE-EXPR COM))
     ; Ausdruck ersetzen
      (T  (PRINC "Unbekanntes Kommando")
          (TERPRI)))))   )
     ; Fehler, ein solcher Befehl existiert nicht
```

Der Benutzer startet den Editor, indem er die Funktion EDITFUN aufruft. Sie enthält die in Bild 1-3 dargestellte Hauptschleife des Programms. EDITFUN hat als einziges Argument *EXPR*. An dieses muß beim Aufruf der Name der Funktion, deren Definition editiert werden soll, als Symbol übergeben werden.

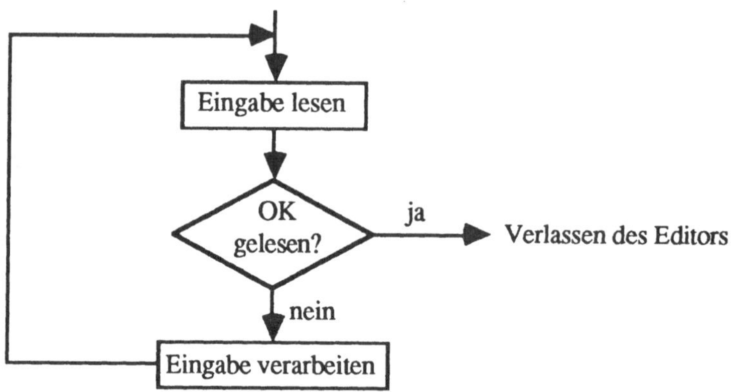

Bild 1-3: Lese-/Verarbeitungsschleife des Editors

```
(DEFUN EDITFUN (*EXPR*)
  (DECLARE (SPECIAL *EXPR*))
  (LET (*FOCUS* *CHAIN*)
       (DECLARE (SPECIAL *CHAIN* *FOCUS*))
       (SETQ *FOCUS* (CONS 0 (SYMBOL-FUNCTION *EXPR*)))
       (SETQ *CHAIN* (LIST *FOCUS*))
               ; Initialisierung: *FOCUS* ist die gesamte Funktionsdefinition,
               ; *CHAIN* enthält nur den Fokus als Element
       (PRINC "==> ")
               ; erstes Prompt ausgeben
       (DO ((COM (READ) (READ)))
               ; Hauptschleife, auf COM wird jeweils die Benutzereingabe
               ; eingelesen
           ((EQ COM 'OK)
            (PRINC "Funktionsdefinition geaendert")
            'OK)
               ; Abbruch der Schleife, wenn der Benutzer OK eingibt
           (PERFORM-COMMAND COM)
               ; Ausführung eines Befehls
           (PRINT-FOCUS)
               ; nach der Ausführung eines Befehls wird immer der neue aktuelle
               ; Fokus ausgegeben
           (PRINC "==> ")))    )
               ; Prompt ausgeben
```

Aufgaben

In den Aufgaben werden Änderungen und Erweiterungen des Programms EDITFUN vorgeschlagen.

Aufgabe 1-1 - Sicherung gegen Bedienungsfehler

Man sichere das Programm gegen mögliche Eingabefehler des Benutzers ab und gebe entsprechende Meldungen aus. Man berücksichtige u. a. die folgenden Fälle:

a) <n> oder (<n>) sind außerhalb des möglichen Bereichs.

b) BK bzw. NX werden am Anfang bzw. am Ende der Liste eingegeben.

c) UP wird auf dem Toplevel eingegeben.

d) (I ...) oder (R ...) werden mit zu wenigen Argumenten eingegeben.

Aufgabe 1-2 - Zusätzlicher Komfort

a) Man steuere über eine globale Variable *PRINT*, ob der aktuelle Fokus nach jedem Editierschritt automatisch gedruckt wird oder nicht.

b) Man editiere eine Kopie des Funktionsausdrucks und nicht den Ausdruck selbst und führe das Kommando STOP ein, das es erlaubt, den Editiervorgang abzubrechen, ohne die ursprüngliche Funktion zu ändern.

c) Man führe ein zusätzliches Kommando WR ein, das die aktuell editierte Funktionsdefinition auf einen File schreibt.

d) Man führe ein UNDO für das letzte strukturverändernde Kommando ein.

Aufgabe 1-3 - Zusätzliche Editierfunktionen

a) Man führe eine Funktion zum Einfügen am Ende des Fokus ein:

(N <A_1> ... <A_m>)

b) Man führe eine Funktion ein, die ein Element innerhalb des Fokus verschiebt:

(MV <n> <m>)

Das Element an Position <n> wird vor das Element an Position <m> gebracht.

c) Man führe eine Funktion ein, die als neuen Fokus denjenigen aussucht, der einen vorgegebenen Ausdruck als Toplevel-Element enthält.

(F <A>)

Wird <A> weggelassen, so wird die Suche mit dem Argument der vorhergehenden Suche wiederholt. Bei erfolgloser Suche wird der Fokus nicht verändert.

2

Einbettung von Standard LISP in COMMON LISP

Im Verlauf der Entwicklung von LISP entstand eine Vielzahl unterschiedlicher Dialekte, die sich erheblich in der Menge der zur Verfügung gestellten Datentypen und Funktionen unterscheiden (vgl. Stoyan [1980]). So findet man zwar bei allen LISP-Dialekten die Datentypen Symbol, ganze Zahl und Liste sowie die Grundfunktionen CAR, CDR, CONS und COND; aber dann beginnen bald die Abweichungen. In einem Dialekt gibt es Funktionen, die man in einem anderen vergebens sucht, Funktionen mit gleicher Bedeutung haben verschiedene Namen, Funktionen mit gleichem Namen unterscheiden sich in der Bedeutung oder haben unterschiedliche Parameterlisten, Datentypen des einen Dialekts vermißt man in einem anderen etc. Darüber hinaus bieten die Dialekte unterschiedliche Funktionstypen mit unterschiedlichen Auswertungsregeln an. Die interpretierte Auswertung "normaler" Funktionen erfolgt zwar einheitlich, bei kompilierten Funktionen stellt man jedoch Unterschiede fest.

Die Vielfalt von LISP-Dialekten stellt die Autoren von Anwendungsprogrammen vor das Problem, wie sie ihre Programme auf verschiedenen Rechnern unter verschiedenen LISP-Systemen bereitstellen können. Die Lösung des Problems wurde auf mehrere Arten versucht, die alle ihre spezifischen Vor- und Nachteile haben.

In diesem Kapitel beschreiben wir verschiedene Ansätze zur Lösung des Portierungsproblems. Dann stellen wir die Einbettung von Standard LISP (Marti [1980]) in COMMON LISP vor, die von E. Benson [1986] realisiert wurde. Wir charakterisieren Standard LISP durch eine Übersicht über seine Datentypen und Funktionen sowie durch ein Beispielprogramm. Dann beschreiben wir die Einbettungstechniken und bringen einen in sich vollständigen Auszug aus dem gesamten Einbettungsprogramm von Benson, das auf der Begleitdiskette zu diesem Buch enthalten ist.

Portierung von LISP-Programmen

Eine naheliegende Möglichkeit zur Portierung von LISP-Programmen besteht darin, ein Programm in mehreren Dialekten anzubieten. Dabei kann man es optimal an das jeweils zugrunde gelegte LISP-System anpassen und hohe Effizienz erreichen. Ein wesentlicher Nachteil dieses Verfahrens ist die Tatsache, daß das Übersetzen eines Programms von einem LISP-Dialekt in einen anderen kein mechanischer Prozess ist, sondern genaue Kenntnis des Programms und intensive Tests auf Korrektheit erfordert. Außerdem müssen bei Programmänderungen immer mehrere, voneinander weitgehend unabhängige Programmversionen geändert werden. Daher wird diese Methode wenig praktiziert.

Eine weiter verbreitete Möglichkeit zur Portierung eines LISP-Anwendungsprogramms besteht darin, das dem Programm zugrunde liegende LISP-System auf dem Zielrechner zu implementieren. Dadurch wird die Portierung des Anwendungsprogramms sehr einfach. Die Neuimplementation eines LISP-Systems inklusive Compiler ist freilich mit beträchtlichem Aufwand verbunden. Daher empfiehlt sich dieses Vorgehen nur, wenn das neue LISP-System auch als Basis für andere Anwendungsprogramme genutzt werden kann. Der wesentliche Vorteil dieser Variante besteht darin, daß das Anwendungsprogramm unverändert bleiben kann und auch weiterhin nur in einer einzigen Version zu pflegen ist.

Dieses Vorgehen wird z. B. bei dem Computer-Algebra-System REDUCE von A. C. Hearn [1987] angewandt. Es ist im Dialekt Standard LISP (Marti [1980]) geschrieben, und es bestand von Beginn der Entwicklung an das Ziel, das System auf möglichst vielen unterschiedlichen Rechnern bereitzustellen. Zur Portierung von REDUCE auf IBM-Rechner wurde von Fitch [1978] ein spezielles Standard LISP-System für die IBM 360-Architektur entwickelt, das noch heute zur Unterstützung von REDUCE eingesetzt wird. Später wurde diese Portierungsmethode vervollkommnet, indem man zunächst einen portablen Standard LISP-Compiler (Griss [1981]) und dann das portable LISP-System Portable Standard LISP (PSL) entwickelte (Griss [1982]). PSL-Systeme existieren heute auf den verschiedensten Rechnertypen, von Motorola 68000-basierten Systemen bis zu CRAY-Supercomputern. Auf allen diesen Rechnern ist REDUCE unmittelbar lauffähig, wenn man PSL installiert hat.

Ein dritter Weg, LISP-Anwendungssoftware unter einem neuen LISP-System bereitzustellen, besteht darin, den ursprünglichen LISP-Dialekt in das neue System *einzubetten*. Das wird realisiert, indem das neue System, auch *Trägersystem* genannt, so modifiziert und ergänzt wird, daß es die Syntax und die Semantik des ursprünglichen Systems richtig verarbeitet. Den ursprünglichen Dialekt nennen wir auch *Zieldialekt*, das modifizierte Trägersystem auch *Zielsystem*. Der Aufwand für eine Einbettung ist wesentlich geringer als der für eine Neuimplementation. Dies gilt insbesondere, wenn ein kleinerer LISP-Dialekt in einen umfangreicheren eingebettet wird. Falls das Trägersystem auf unterschiedlichen Rechnern verfügbar ist, wie es z. B. bei COMMON LISP der Fall ist, steht auch die Anwendungssoftware gleich auf mehreren Rechnern zur Verfügung. Der wesentliche Nachteil einer Einbettung ist der Effizienzverlust, der durch Umdefinition vieler häufig benutzter Systemfunktionen eintritt.

Auch das Verfahren der Einbettung eines LISP-Dialektes in einen anderen wurde im Zusammenhang mit REDUCE angewandt. Um REDUCE nämlich unter COMMON LISP einsetzen zu können, wurde Standard LISP in COMMON LISP als Trägersystem eingebettet. Dabei benutzte man als Compiler derjenige des COMMON LISP-Systems.

COMMON LISP eignet sich besonders gut als Trägersystem für die Einbettung eines anderen LISP-Dialektes, da es neben den verbreiteten Konzepten der *Readtables* und der *Macros* die Abgrenzung von Namensräumen durch *Pakete* (*Packages*) erlaubt. Durch letztere wird es möglich, den Zieldialekt in einem eigenen Paket zu definieren und so die unveränderten Funktionen des Trägersystems auch anschließend zur Verfügung zu haben. Außerdem ist COMMON LISP ein umfangreicher LISP-Dialekt, der durch seine Vielfalt an Datentypen und Funktionen die Einbettung eines kleineren Dialekts wie Standard LISP vergleichsweise einfach macht.

Der LISP-Dialekt Standard LISP

Standard LISP wurde bereits 1969 von A. C. Hearn [1969] definiert. 1980 erfolgte eine Präzisierung der Definition durch J. Marti et al. [1980]. Die Gruppe um Hearn an der University of Utah schuf sich mit der Festlegung der Sprache hauptsächlich eine wohldefinierte Implementationsbasis für das Computer-Algebra-System REDUCE. Ein weithin akzeptierter Standard konnte dieser Dialekt - trotz seines Namens - schon wegen des beschränkten Sprachumfangs nicht werden. Dieser Mangel wurde später bei der Definition von Portable Standard LISP (PSL) durch eine Gruppe um M. L. Griss behoben (Galway et al. [1987]). PSL enthält Standard LISP als Kern, darüber hinaus aber eine Vielzahl von weiteren Datentypen, Funktionen und Programmentwicklungshilfen. Zusätzlich wurde bei der Entwicklung von PSL die Idee eines portablen LISP-Systems auf der Basis eines portablen Compilers realisiert (Griss et al. [1982]).

Der Sprachumfang von Standard LISP

Wir wollen in diesem Abschnitt eine Übersicht über den Sprachumfang von Standard LISP geben. Die genaue Sprachdefinition entnehme man dem Standard LISP Report von Marti et al. [1980]. Da bei der Beschreibung immer der Bezug zu COMMON LISP hergestellt wird, Gemeinsamkeiten oder Unterschiede betont werden, setzen wir beim Leser gute COMMON LISP-Kenntnisse voraus.

Wir werden Standard LISP beschreiben, indem wir zuerst die einzelnen Datentypen mit den zugehörigen Funktionen und dann die Funktionen für die

Programmablaufsteuerung und die Ein-/Ausgabe behandeln. Anschließend wird ein Beispielprogramm insbesondere den Gebrauch von Vektoren in Standard LISP illustrieren. Eine vollständige Liste der Standard LISP-Funktionen in der Reihenfolge des Standard LISP-Reports befindet sich im Einbettungsprogramm am Ende des Kapitels. Das Programm enthält - teilweise nur als Kommentar - einen Eintrag für jede Standard LISP-Funktion mit einer knappen Beschreibung.

Standard LISP stellt die folgenden Datentypen bereit:

- Symbol
- ganze Zahl
- Gleitkommazahl
- String
- Paar
- Liste
- Vektor

In Standard LISP-Terminologie heißt ein Symbol *Identifier* und ein Paar *Dotted Pair*. Wir wollen uns in der Beschreibung aber an die bei COMMON LISP gebräuchlichen Bezeichnungen halten.

Symbol

Die Symbole von Standard LISP entsprechen den Symbolen von COMMON LISP. Wie diese haben sie verschiedene Komponenten.

Print Name

Der Print Name besteht aus bis zu 24 beliebigen Zeichen. In der externen Darstellung bei der Eingabe muß einem nichtalphabetischen Zeichen am Anfang sowie allen Sonderzeichen das Fluchtsymbol ! (Ausrufezeichen) vorangestellt werden. Die Funktion EXPLODE zerlegt den Print Name in Ein-Zeichen-Symbole, die Funktion COMPRESS leistet das Entgegengesetzte.

Eintrag in OBLIST

Symbole werden durch INTERN oder READ in die Liste der Symbole, in Standard LISP OBLIST genannt, eingetragen und durch REMOB daraus entfernt. Standard LISP hat kein Paket-Konzept.

Wert

Symbole können einen Wert haben, der durch SET, SETQ oder durch Bindung in Funktionen, PROGs oder Lambda-Ausdrücken zugewiesen wird. Anstelle des normalen Bindungstyps LOCAL kann einem Symbol einer der Bindungstypen

FLUID oder GLOBAL durch Aufruf einer gleichnamigen Funktion zugewiesen werden. Im wesentlichen entsprechen LOCAL der lexikalischen Bindung in COMMON LISP, und FLUID und GLOBAL der dynamischen Bindung in COMMON LISP durch SPECIAL-Deklaration. GLOBAL-Variablen können in Standard LISP nicht gebunden werden. Durch FLUIDP, GLOBALP kann der Bindungstyp einer Variablen abgefragt werden.

Funktionsdefinition

Ein Symbol kann Name einer Funktion sein. Standard LISP unterscheidet die Funktionstypen EXPRession, FEXPRession und MACRO. Sie werden durch DE, DF bzw. DM definiert. FEXPRessions legen die Anzahl ihrer Argumente nicht fest und werten diese selbst aus. Sie können in COMMON LISP durch Macros dargestellt werden. Standard LISP stellt die Funktionen GETD und REMD zum Zugriff auf eine Funktionsdefinition bzw. zu ihrer Löschung bereit. PUTD ist die Basisfunktion für die Funktionsdefinition.

Properties

Wie in COMMON LISP haben Symbole in Standard LISP eine Property-Liste. Der Zugriff erfolgt durch die Funktionen PUT, GET und REMPROP.

Flags

Zusätzlich kennt Standard LISP Properties, die nur den Wert T haben können. Sie werden durch FLAG, FLAGP und REMFLAG gesetzt, abgefragt bzw. gelöscht.

Ganze Zahl, Gleitkommazahl

Standard LISP kennt als Zahltypen ganze Zahlen (INTEGER) und Gleitkommazahlen (FLOAT) mit den üblichen Prädikaten und arithmetischen Funktionen. Letztere unterscheiden sich von COMMON LISP dadurch, daß sie als Namen mnemonische Bezeichnungen statt der Rechensymbole haben, z. B. (PLUS N 3) statt (+ N 3). Zahlen können mit Hilfe von EXPLODE und COMPRESS in Ein-Zeichen-Symbole zerlegt bzw. aus solchen zusammengesetzt werden.

String

Wie in COMMON LISP werden Strings durch eine in " (Doublequote) eingeschlossene Zeichenkette dargestellt. Das Zeichen " selbst innerhalb eines Strings wird in Standard LISP durch "" dargestellt, in COMMON LISP durch \". Strings können ebenfalls mit Hilfe von EXPLODE und COMPRESS in Ein-Zeichen-Symbole zerlegt bzw. aus solchen zusammengesetzt werden.

Paar

Das Paar in Standard LISP entspricht dem Paar in COMMON LISP und es gibt die üblichen Zugriffs- und Konstruktionsfunktionen CAR, CDR, CONS, RPLACA, RPLACD.

Liste

Die Liste in Standard LISP entspricht der Liste in COMMON LISP mit den üblichen Zugriffs- und Konstruktionsfunktionen. Dazu kommen Funktionen für verschiedene Operationen auf Listen und Assoziationslisten wie APPEND, DELETE, ASSOC, PAIR, LENGTH, MEMBER. Diese Funktionen haben wegen des allgemeineren Konzepts der Sequence in COMMON LISP zum Teil dort keine genauen Entsprechungen.

Vektor

Ein Vektor in Standard LISP ist ein eindimensionales Array mit bei Null beginnender Indizierung. Extern werden Vektoren als Liste ihrer Komponenten dargestellt, die durch eckige Klammern begrenzt ist, z. B. [A1 A2 7]. Ein Vektor wird durch MKVECT erzeugt. Durch PUTV bzw. GETV erfolgt der Zugriff auf die Komponenten. UPBV liefert den Index des letzten Vektorelements und damit die Vektorlänge.

Programmablaufsteuerung

Zur Steuerung des Programmablaufs besitzt Standard LISP ein wesentlich schmaleres Spektrum von Funktionen als COMMON LISP.

COND

Diese Funktion hat die gleiche Bedeutung wie in COMMON LISP mit dem Unterschied, daß pro Alternative nur ein Ausdruck ausgewertet werden kann. Zum Aufbau logischer Ausdrücke gibt es die üblichen Funktionen AND, OR, NOT.

MAP-Funktionen

Diese gleichen den MAP-Funktionen in COMMON LISP, allerdings ist die Reihenfolge der Argumente vertauscht und die Werte sind teilweise anders.

PROG

Standard LISP hat die üblichen Konstrukte PROG2 und PROGN, sowie PROG mit GO und RETURN, die auch in COMMON LISP zur Verfügung stehen.

ERROR

Diese Funktion bietet eine Möglichkeit zum nicht-lokalen Verlassen einer Funktion. Es wird in eine vorher durch ERRORSET definierte Umgebung zurückgesprungen. Der Mechanismus ähnelt dem CATCH/THROW in COMMON LISP.

Ein-/Ausgabe

Es gibt die üblichen Funktionen zum Lesen und Schreiben von LISP-Objekten: READCH (liest ein Zeichen und liefert als Wert das entsprechende Symbol), READ, PRINT, PRIN1, PRIN2, PRINC, TERPRI. Files werden mit OPEN für Ein- oder Ausgabe geöffnet und durch CLOSE geschlossen. Durch RDS und WRS (**R**ea**D** Select, **WR**ite Select) wird ein File für die folgende Ein-/Ausgabe ausgewählt.

Der Interpreter

Die Funktionen, die die Auswertung von LISP-Ausdrücken vornehmen (EVAL, APPLY, QUOTE, FUNCTION) stimmen im wesentlichen mit denen in COMMON LISP überein.

Kommentare

Diese beginnen in Standard LISP mit dem Zeichen % (Prozent).

Ein Standard LISP-Programm

Dieser Abschnitt enthält ein kurzes Standard LISP-Programm, das den Gebrauch der Sprache illustrieren soll. Es zeigt insbesondere, wie man in Standard LISP den Datentyp Vektor verwendet, wie man die Arithmetik- und die Ein-/Ausgabefunktionen einsetzt und wie man Schleifen programmieren kann. Das Programm ist bewußt einfach gehalten. In größeren Standard LISP-Programmen definiert und benutzt man Macros zur Steuerung des Programmablaufs.

Das Programm VECSYS führt einfache Vektoroperationen in einem Dialog mit dem Benutzer aus. In einer Schleife fragt es nach der gewünschten Operation, fordert die Argumente an, liest sie ein, prüft sie, führt die Operation aus und gibt das Ergebnis aus. Es folgt ein Beispieldialog mit dem Programm VECSYS, wobei die Benutzereingabe fett gedruckt ist.

```
VECTOR-SYSTEM> (vecsys)
VECSYS: Operationen mit Zahlvektoren

Geben Sie die Operanden in der Vektor-Notation
von Standard LISP ein,   z. B.  [1 2 3]

Operation (ADD, DOT, SORT, END): ADD
erster Operand:   [1 2 3 4 5 6]
zweiter Operand:   [0.1 1.2 2.3 3.4 4.5 5.6]
==>  [1.1 3.2 5.3 7.4 9.5 11.6]

Operation (ADD, DOT, SORT, END): DOT
erster Operand:   [10 20 30]
zweiter Operand:   [1 1 1]
==>  60

Operation (ADD, DOT, SORT, END): SORT
Operand:   [1 3 5 7 9 0 8 6 4 2]
==>  [0 1 2 3 4 5 6 7 8 9]

Operation (ADD, DOT, SORT, END): ADD
erster Operand:   [2 4 6]
zweiter Operand:   [3 4 5 6]
==>  Vektoren nicht gleich lang
NIL

Operation (ADD, DOT, SORT, END): END
DANKE

VECTOR-SYSTEM>
```

Das zugehörige Standard LISP-Programm besteht aus fünf Funktionen. V-CHECK-2 prüft zwei Vektoren auf gleiche Länge, V-ADD addiert zwei Vektoren, V-DOT berechnet das Skalarprodukt zweier Vektoren und VSORT bringt die Elemente eines Vektors in aufsteigende Reihenfolge. VECSYS schließlich ist die übergeordnete Steuerfunktion, die vom Benutzer aufgerufen wird. VECSYS fragt in einer Schleife den Benutzer nach der gewünschten Operation. Die Schleife wird beendet, wenn der Benutzer "END" eingibt.

```
(DE VECSYS ()
  (PROG (OPERATOR V1 V2)
        (PRIN2 "VECSYS: Operationen mit Zahlvektoren")
        (TERPRI)
        (TERPRI)
        (PRIN2 "Geben Sie die Operanden ")
        (PRIN2 "in der Vektor-Notation")
```

```
        (TERPRI)
        (PRIN2 "von Standard LISP ein,")
        (PRIN2 "   z. B.  [1 2 3]")
        (TERPRI)
        (TERPRI)
                % allgemeine Informationen für den Benutzer ausgeben
      A (PRIN2 "Operation (ADD, DOT, SORT, END):  ")
                % A ist Label für Schleife, Benutzer wird nach gewünschter
                % Operation gefragt
        (SETQ OPERATOR (READ))
                 Operation einlesen
        (COND ((EQ OPERATOR 'END) (RETURN 'DANKE))
                % END gelesen, PROG-Schleife verlassen
                ((EQ OPERATOR 'ADD)
                % Benutzer wünscht Addition
                 (PROGN (PRIN2 "erster Operand:  ")
                        (SETQ V1 (READ))
                        (PRIN2 "zweiter Operand:  ")
                        (SETQ V2 (READ))
                % Operanden vom Benutzer erfragen, auf V1 und V2 einlesen
                        (PRIN2 "==>  ")
                % Prompt für Ergebnis ausgeben
                        (PRIN2 (V-ADD V1 V2))
                % Aufruf der Additionsfunktion V-ADD und Ausgabe des
                % Ergebnisses
                        (TERPRI)
                        (GO A)))
                % Rücksprung zum Label A
               ((EQ OPERATOR 'DOT)
                % Steuerung zur Berechnung des Skalarprodukts ist analog zur
                % Addition
                (PROGN (PRIN2 "erster Operand:  ")
                       (SETQ V1 (READ))
                       (PRIN2 "zweiter Operand:  ")
                       (SETQ V2 (READ))
                       (PRIN2 "==>  ")
                       (PRIN2 (V-DOT V1 V2))
                       (TERPRI)
                       (GO A)))
               ((EQ OPERATOR 'SORT)
                % Sortieren eines Vektors
                (PROGN (PRIN2 "Operand:  ")
                       (SETQ V1 (READ))
                % hier wird nur ein Operand benötigt
                       (PRIN2 "==>  ")
                       (PRIN2 (V-SORT V1))
                       (TERPRI)
                       (GO A))))))
```

```
(DE V-ADD (V1 V2)
  (PROG (L I V)
                % zur Addition werden drei lokale Variablen benötigt, L enthält
                % die Länge der Vektoren (Index des letzten Vektorelements),
                % I ist ein Schleifenindex, der von 0 bis zur Vektorlänge
                % hochgezählt wird, und auf V wird der Ergebnisvektor angelegt
      (SETQ L (V-CHECK-2 V1 V2))
                % zunächst werden die beiden Vektoren mit V-CHECK-2 auf
                % gleiche Länge überprüft, sind sie nicht gleich lang, hat L den
                % Wert NIL, sonst hat L als Wert die Länge der Vektoren
      (COND ((NOT L) (RETURN NIL)))
                % sind V1 und V2 nicht gleich lang, hat V-ADD den Wert NIL
      (SETQ V (MKVECT L))
                % Vektor der Länge L erzeugen
      (SETQ I 0)
                % Laufindex I auf Null initialisieren
    A (PUTV V I (PLUS2 (GETV V1 I) (GETV V2 I)))
                % A ist Label für die Schleife, das I-te Element des
                % Ergebnisvektors V wird berechnet
      (SETQ I (ADD1 I))
                % Laufindex um eins erhöhen
      (COND ((GREATERP I L) (RETURN V)))
                % Addition ist beendet, wenn I größer als L ist, dann sind alle
                % Vektorelemente addiert
      (GO A)))
                % Rücksprung zum Label A

(DE V-DOT (V1 V2)
  (PROG (L I RES)
                % die lokalen Variablen haben die gleiche Bedeutung wie in
                % V-ADD, RES ist eine Zahl, nämlich das zu berechnende
                % Skalarprodukt
      (SETQ L (V-CHECK-2 V1 V2))
      (COND ((NOT L) (RETURN NIL)))
                % Berechnung der Vektorlängen und verlassen des PROG, wenn
                % V1 und V2 nicht gleich lang sind
      (SETQ RES 0)
                % Initialisierung der Variable RES, auf der das Ergebnis
                % aufsummiert wird
      (SETQ I 0)
    A (SETQ RES (PLUS2 RES (TIMES2 (GETV V1 I)
                                   (GETV V2 I))))
                % Multiplikation der I-ten Elemente von V1 und V2, Ergebnis
                % zu RES addieren, weiteres Vorgehen wie in V-ADD
      (SETQ I (ADD1 I))
      (COND ((GREATERP I L) (RETURN RES)))
      (GO A)))
```

Das Sortieren eines Vektors (hier: Sortieren durch Auswahl) erfordert zwei ineinander geschachtelte Schleifen. Die äußere läuft von 0 bis zum Index des vorletzten Vektorelementes (K=0,...,L-1), die innere läuft von K+1 bis zum Index des letzten Vektorelementes (I=K+1,...,L). Es wird jeweils das kleinste der Vektorelemente von K bis L bestimmt und an der Position K abgespeichert.

```
(DE V-SORT (V)
  (PROG (L I K IMIN XMIN)
                  % hier werden fünf lokale Variablen benötigt; L ist die Länge
                  % des Vektors, I und K sind Laufindizes, IMIN ist der Index des
                  % augenblicklich kleinsten Vektorelementes und XMIN ist der
                  % Wert dieses Elementes; das Ergebnis der Sortierung wird wieder
                  % auf dem Eingabevektor V abgelegt
        (SETQ L (UPBV V))
                  % Länge von V berechnen
        (COND ((LESSP L 1) (RETURN V)))
                  % hat V nur ein Element, so ist nichts zu sortieren
        (SETQ K 0)
                  % Initialisierung für die äußere Schleife K=0
      A (SETQ IMIN K)
                  % Label für den Rücksprung der äußeren Schleife ist A
        (SETQ XMIN (GETV V K))
                  % das aktuelle Minimum ist an der Position IMIN=K und hat den
                  % Wert XMIN=V_K
        (SETQ I (ADD1 K))
                  % Initialisierung für die innere Schleife I=K+1
      B (COND ((NOT (LESSP (GETV V I) XMIN)) NIL)
                  % Label für den Rücksprung der inneren Schleife ist B
                  % ist das I-te Vektorelement nicht kleiner als XMIN, so ändern
                  % sich Index und Wert des aktuellen Minimums nicht
                (T (PROGN (SETQ XMIN (GETV V I))
                          (SETQ IMIN I))))
                  % ansonsten ist I der neue Index des aktuellen Minimums und
                  % XMIN muß ebenfalls umgesetzt werden
        (SETQ I (ADD1 I))
        (COND ((NOT (GREATERP I L)) (GO B)))
                  % Laufindex I um eins erhöhen und ggf. Rücksprung nach B
        (PUTV V IMIN (GETV V K))
        (PUTV V K XMIN)
                  % die innere Schleife ist beendet, das gefundene Minimum XMIN
                  % wird an Position K abgespeichert, der Inhalt von Position K
                  % kommt an die Position IMIN
        (SETQ K (ADD1 K))
        (COND ((LESSP K L) (GO A)))
                  % Laufindex K um eins erhöhen und ggf. Rücksprung nach A
        (RETURN V)))
                  % fertig, äußere Schleife beendet, Vektor V enthält jetzt seine
                  % Elemente nach Größe sortiert
```

```
(DE V-CHECK-2 (V1 V2)
  (PROG (L1 L2)
        (SETQ L1 (UPBV V1))
        (SETQ L2 (UPBV V2))
              % Länge von V1 und V2 berechnen
        (COND ((EQN L1 L2) (RETURN L1)))
              % sind die beiden Vektoren gleich lang, wird diese Länge als
              % Wert von V-CHECK-2 zurückgegeben
        (PRIN2 "Vektoren nicht gleich lang")
        (TERPRI)
        (RETURN NIL)))
              % ansonsten wird eine Fehlermeldung ausgegeben und
              % V-CHECK-2 hat den Wert NIL
```

Realisierung der Einbettung

Wir beschreiben nun die bei der Einbettung von Standard LISP in COMMON LISP benutzten Techniken. Zunächst erläutern wir, welche Teilaufgaben bei der Einbettung gelöst werden müssen. Dann wird der Einsatz der von COMMON LISP bereitgestellten Hilfsmittel: Pakete, Readtables, Macros im Hinblick auf die Lösung dieser Aufgaben diskutiert. Schließlich folgt - teilweise verkürzt - das Einbettungsprogramm. Programmteile, die die Compilation von Standard LISP-Programmen und die der Einbettungsprogramme selbst betreffen, wurden vereinfacht oder weggelassen, da der Code sehr kompliziert ist. Interessierte Leser verweisen wir auf das vollständige Einbettungsprogramm auf der Begleitdiskette.

Teilaufgaben bei der Einbettung

Die Einbettung gliedert sich in verschiedene Teilaufgaben, die wir hier aus Gründen der Übersicht getrennt besprechen wollen, auch wenn es einige Überlappungen gibt. Wir beziehen die Diskussion konkret auf Standard LISP und das Trägersystem COMMON LISP. Diese Kombination von Dialekten mit ihren spezifischen Gemeinsamkeiten und Unterschieden bedingt eine gewisse relative Gewichtung der Teilaufgaben, die bei einer anderen Einbettung anders sein kann.

Anpassung der Syntax von Formen, Funktionen und Datenobjekten

Formen und Funktionen haben in COMMON LISP generell eine erweiterte Syntax gegenüber Standard LISP. Die Parameterliste der COMMON LISP-Funktionen erlaubt große Freiheiten in der Art und Anzahl der Parameter. So gibt es in Formen z. B. auch Schlüsselwortparameter. COMMON LISP-Funktionen führen häufig eine

Folge von Formen aus, wo Standard LISP nur eine einzige zuläßt. Z. B. können bei COND in jeder Alternative mehrere Formen ausgeführt werden. SETQ erlaubt mehrere Zuweisungen, die nacheinander ausgeführt werden. PROG2 erlaubt in COMMON LISP die sequentielle Ausführung mehrerer Formen, wobei der Wert des PROG2 der Wert der zweiten Form ist. Bei Standard LISP sind hier dagegen nur zwei Formen möglich. Die COMMON LISP-Funktionen APPEND und NCONC erlauben die Verkettung mehrerer Listen, während bei Standard LISP nur jeweils zwei zusammengefügt werden können. Die Syntax von COMMON LISP für Funktionen und Formen ist allgemeiner als die von Standard LISP, enthält letztere aber als Spezialfall. Daher bedarf es hier keiner Umdefinition.

Anders ist es bei der externen Darstellung einiger Standard LISP-Objekte. Das Fluchtsymbol für Standard LISP-Symbole ist das Ausrufungszeichen, während es in COMMON LISP der Backslash ist. Ein Anführungszeichen " in Standard LISP-Strings wird durch ein Paar dieser Zeichen dargestellt, in COMMON LISP-Strings durch \" . Standard LISP-Vektoren werden durch eckige Klammern begrenzt, COMMON LISP-Vektoren durch #(und).

Anpassung der Bindungsarten von Variablen

Die Bindungsarten FLUID und GLOBAL in Standard LISP werden auf die SPECIAL-Bindung von COMMON LISP abgebildet.

Anpassung der Evaluationsstrategien

Die Evaluation von Formen in Standard LISP-Syntax erfolgt in Standard LISP und COMMON LISP nach den gleichen Regeln. Hier ist keine Anpassung erforderlich.

Abbildung der Funktionstypen

Die Standard LISP-Funktionstypen EXPR und MACRO entsprechen den Funktionen und Macros in COMMON LISP. Die FEXPRessions von Standard LISP (unbestimmte Anzahl von Argumenten, keine Auswertung) müssen auf COMMON LISP-Macros abgebildet werden.

Abbildung von Datentypen

Die Standard LISP-Datentypen ganze Zahl, Gleitkommazahl und String gibt es genauso in COMMON LISP. Die Standard LISP-Symbole entsprechen den COMMON LISP-Symbolen, lediglich die in COMMON LISP nicht vorhandenen Flags müssen mit Hilfe von Properties realisiert werden. Standard LISP-Vektoren werden auf eindimensionale Arrays vom Typ Simple-Vector abgebildet.

Definition von Funktionen, die das Trägersystem nicht enthält

Hierunter fallen zunächst solche Funktionen, die im Trägersystem unter anderem Namen, aber mit gleicher Funktionalität vorhanden sind. Z. B. entsprechen sich die Standard LISP-Funktionen PLUS, EQN, FIXP und die COMMON LISP-Funktionen +, EQL, INTEGERP. Hier sind neue Funktionen zu definieren, die lediglich die passende COMMON LISP-Funktion aufrufen. Von den insgesamt 127 Standard LISP-Funktionen gehören mehr als 20 in diese Kategorie, die meisten davon aus dem Arithmetik-Bereich.

Dann fallen hierunter die Funktionen, die im Trägersystem gar nicht oder nur in anderer Funktionalität vorhanden sind, z. B. die Standard LISP-Funktionen EXPLODE, FLAG, DELETE. Hier sind nichttriviale neue Funktionen zu definieren.

Umdefinition von Funktionen mit unterschiedlicher Bedeutung oder anderer Parameterliste

Einige COMMON LISP-Funktionen stellen schärfere Voraussetzungen an ihre Argumente als die gleichnamigen Standard LISP-Funktionen. Z. B. fordern die COMMON LISP-Funktionen ZEROP oder MINUSP, daß ihre Argumente Zahlen sind. Bei Standard LISP können die Argumente beliebig sein; ist das Argument keine Zahl, so ist der Wert NIL.

Andere Funktionen benutzen intern unterschiedliche Vergleichsfunktionen. Z. B. vergleichen die COMMON LISP-Funktionen MEMBER und ASSOC mit EQL, während die gleichnamigen Standard LISP-Funktionen mit EQUAL vergleichen.

Bei wieder anderen Funktionen, z. B. bei allen MAP-Funktionen, ist einfach die Reihenfolge der Argumente vertauscht.

Von den 127 Standard LISP-Funktionen sind insgesamt 87 umzudefinieren.

Einführung neuer globaler Systemvariablen

Standard LISP besitzt nur wenige solche Variablen. Beispiele sind EOF oder *COMP . Der Wert von EOF wird von den Lesefunktionen als Wert bei Erreichen des Dateiendes zurückgegeben. *COMP=T bewirkt, sofern ein Compiler vorhanden ist, daß Funktionen sofort bei der Definition compiliert werden.

Die volle Funktionalität der Zielsprache herzustellen ist selbstverständlich das wichtigste Anliegen bei einer Einbettung. Ein anderer wesentlicher Gesichtspunkt ist die Effizienz des resultierenden Zielsystems. Jede Umdefinition einer Funktion bedingt zumindest einen zusätzlichen Funktionsaufruf. Wenn oft benutzte Funktionen wie z. B. EQUAL umdefiniert werden, kann dadurch ein erheblicher zusätzlicher

Aufwand entstehen. Hier müssen insbesondere die Möglichkeiten, die ein Compiler bietet, ausgeschöpft werden.

Häufig wird an eine Einbettung noch die weitere Forderung gestellt, daß es jederzeit möglich sein soll, das unveränderte Trägersystem voll zu nutzen. Dies ist insbesondere im Zusammenhang mit Hilfsprogrammen im Trägersystem zu sehen, wie Editor, Debugger, Pretty-Printer, welche die unveränderten Funktionen des Trägersystems benötigen.

Pakete als Hilfsmittel bei der Einbettung

Zunächst schildern wir kurz die wichtigsten Eigenschaften des Paket-Konzepts von COMMON LISP und besprechen anschließend die Anwendung auf die Standard LISP-Einbettung.

Pakete in COMMON LISP

Pakete sind abgeschlossene, unabhängige Namensräume, in die der gesamte Namensraum des LISP-Systems für Symbole zerfällt. Zu jedem festen Zeitpunkt befindet sich der Benutzer des LISP-Systems in einem bestimmten, dem *aktuellen* Paket, und es stehen im Prinzip nur die Namen dieses Pakets zur Verfügung. Der Vorteil dieser Einteilung ist, daß man innerhalb eines Pakets nicht auf Namensgleichheiten mit Objekten anderer Pakete zu achten braucht, da keine Konflikte entstehen können. Ein Paket wird durch MAKE-PACKAGE erzeugt.

Normalerweise sollen jedoch einzelne Symbole, d. h. Funktionsdefinitionen oder Variablen, die in einem Paket definiert wurden, in einem anderen Paket benutzt werden. Dies wird durch den *Export/Import*-Mechanismus ermöglicht. Jedes Paket legt fest, welche seiner Symbole in anderen Paketen benutzt werden dürfen. Diese Deklaration heißt *exportieren* und wird mit der Funktion EXPORT ausgeführt. Exportierte Symbole heißen auch *externe Symbole* des Pakets. Außerdem legt jedes Paket fest, welche Symbole es aus anderen Paketen benutzen, d. h. *importieren* will. Dies geschieht mit Hilfe der Funktionen IMPORT oder USE-PACKAGE. Mit IMPORT werden einzelne externe Symbole eines Pakets importiert, mit USE-PACKAGE alle. Importierte Symbole können ohne einen ihr *Heimatpaket* kennzeichnenden Zusatz verwendet werden. Es ist auch möglich, externe Symbole eines anderen Pakets zu benutzen, die nicht importiert wurden. Dann muß man sie aber zusammen mit dem Namen ihres Heimatpakets ansprechen, z. B. LISP:LENGTH. Die Voranstellung des Paketnamens heißt *Qualifikation* des Symbolnamens.

Durch den Export/Import-Mechanismus kann man Probleme mit unerwünschten Namensgleichheiten vermeiden. Inbesondere braucht man nicht auf die Namenswahl von solchen Hilfsvariablen und Funktionen zu achten, die nicht in anderen Paketen benutzt werden sollen. Gelegentlich ist es jedoch nötig, in einem Paket ein paketeigenes und ein importiertes Symbol mit gleichem Namen zu benutzen. Man denke

z. B. an das Problem der Umdefinition einer COMMON LISP-Funktion mit Hilfe der Funktion selbst. Um hier klare Regeln zu haben, wurde das Konzept des *shadowing* eingeführt. Ein Symbol, das als shadowing deklariert ist, macht andere Symbole gleichen Namens unsichtbar, es verdeckt sie. Diese können dann nur noch mit Qualifikation benutzt werden. Man kann festlegen, ob ein importiertes Symbol shadowing sein soll und damit andere importierte Symbole gleichen Namens verdeckt (SHADOWING-IMPORT), oder ob ein Symbol des aktuellen Pakets alle importierten Symbole gleichen Namens verdecken soll (SHADOW).

Zur Festlegung des aktuellen Pakets dient die Funktion IN-PACKAGE. Die Funktion FIND-PACKAGE stellt fest, ob ein Paket mit einem gewissen Namen existiert und gibt in diesem Fall einen Wert vom Typ PACKAGE zurück. Außerdem gibt es die Systemvariable *PACKAGE*, deren Wert das aktuelle Paket ist.

In COMMON LISP befinden sich sämtliche Systemvariablen und -funktionen in dem Paket LISP. Beim Starten des Systems ist das aktuelle Paket das Paket USER. In dieses und andere vom Benutzer definierte Pakete werden automatisch sofort bei Beginn durch ein implizites USE-PACKAGE sämtliche Symbole aus dem Paket LISP importiert.

Anwendung auf die Standard LISP-Einbettung

Bei der Standard LISP-Einbettung wird man Standard LISP in einem eigenen Paket, z. B. mit dem Namen STANDARD-LISP, definieren. Aus der Sicht des Benutzers bietet das den Vorteil, daß man das unveränderte COMMON LISP benutzen kann, indem man einfach das aktuelle Paket wechselt. Für den Implementierer der Einbettung gilt der generelle Vorteil der Pakete, daß er sich nicht um die Namen von Hilfssymbolen zu kümmern braucht, da er alle extern zu benutzenden Symbole explizit exportiert. Außerdem hat er bei Namensgleichheiten, die bei einer Spracheinbettung unvermeidlich sind, durch das Konzept des Shadowing jederzeit die Möglichkeit, zwischen den vorhandenen gleichnamigen Objekten das von ihm gewünschte auszuwählen.

Um die Struktur des Pakets STANDARD-LISP zu erläutern, wollen wir zunächst davon ausgehen, daß Standard LISP in einem eigenem Paket STANDARD-LISP definiert wird und daß der Benutzer innerhalb dieses Pakets arbeitet, d. h. dort eigene Funktionen definiert und evaluiert. In das Paket STANDARD-LISP werden zunächst alle Symbole aus dem Paket LISP durch ein implizites (USE-PACKAGE 'LISP) automatisch importiert (vgl. Bild 2-1). Sie können unterteilt werden in

- Symbole, die im Paket STANDARD-LISP unverändert bleiben, weil die zugehörigen Funktionen in COMMON LISP und Standard LISP gleich sind oder gar nicht zu Standard LISP gehören (A), und
- Symbole, deren Funktionen in Standard LISP umdefiniert werden müssen (B).

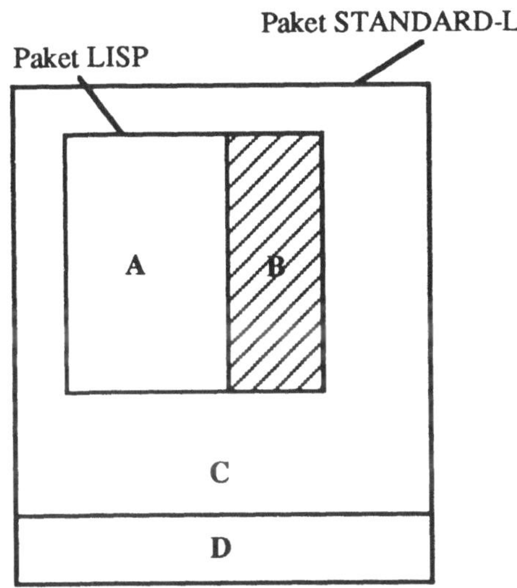

Bild 2-1: Paket-Hierarchie bei Arbeit im Paket STANDARD-LISP

Das Paket STANDARD-LISP enthält außerdem die Umdefinitionen der Funktionen aus Teil B sowie die Funktionen, die in COMMON LISP nicht existieren (C). Dazu kommen dann die Funktionen, die der Benutzer in Standard LISP schreibt (D). Die Symbole in Teil B müssen durch Symbole aus Standard LISP verdeckt werden. Dies geschieht durch die Funktion SHADOW. Die Einrichtung des Pakets STANDARD-LISP, das Definieren eigener Symbole zur Verdeckung der Symbole in B, die Re- und Neudefinition von Standard LISP-Funktionen und die Definition von Benutzerfunktionen geschieht nach folgendem Schema:

```
(MAKE-PACKAGE 'STANDARD-LISP :NICKNAMES '(SL))
                    ; Einrichten des Pakets STANDARD-LISP mit dem Kurznamen SL
(SHADOW '(CONSTANTP EQUAL MINUSP ...)
         (FIND-PACKAGE 'SL))
                    ; Definition von shadowing Symbolen in STANDARD-LISP zur
                    ; Verdeckung der gleichnamigen Symbole aus LISP
(IN-PACKAGE 'SL)
(DEFUN MINUSP (X) (AND (NUMBERP X) (LISP:MINUSP X)))
                    ;
                    ; hier folgen weitere Standard LISP-Funktionen, die COMMON
                    ; LISP-Funktionen umdefinieren; die ursprünglichen COMMON
                    ; LISP-Funktionen können durch Qualifizieren mit LISP
                    ; verwendet werden
                    ;
```

```
(DEFUN EQN (X Y) (EQL X Y))
                 ;
                 ; hier folgen weitere neu definierte Standard LISP-Funktionen
                 ;
(DEFUN VECSYS () ...)
                 ;
                 ; hier folgen Funktionsdefinitionen und auszuwertende Formen
                 ; des Standard LISP-Benutzers
                 ;
```

Häufig wird man zu Testzwecken die Datei mit den obigen Funktionen mehrfach ins LISP-System laden. Dann erzeugt man das Paket STANDARD-LISP nur beim ersten Mal, indem man das (MAKE-PACKAGE ...) davon abhängig macht, ob das Paket STANDARD-LISP bereits existiert:

```
(UNLESS (FIND-PACKAGE 'SL)
        (MAKE-PACKAGE ...))
```

Das Zurückschalten in den normalen COMMON LISP-Modus, d. h. der Übergang ins Paket USER erfolgt einfach durch:

```
(IN-PACKAGE 'USER)
```

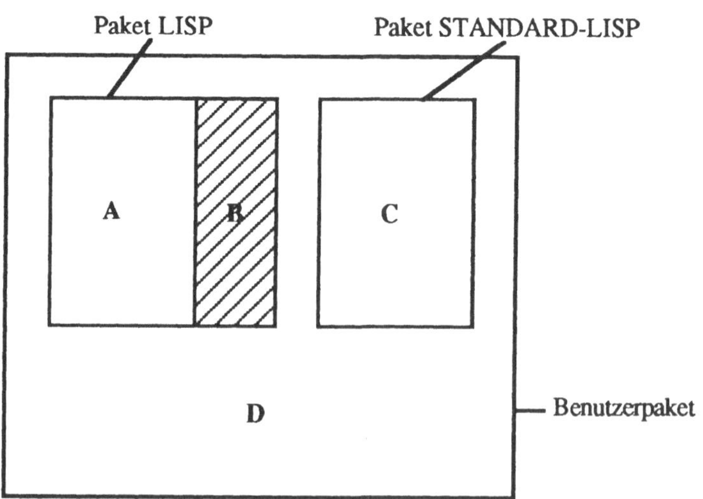

Bild 2-2: Paket-Hierarchie bei Arbeit in einem eigenen Paket

Im Sinne des Paketkonzepts ist es noch konsequenter, wenn der Benutzer in einem eigenen Paket außerhalb des Pakets STANDARD-LISP arbeitet. In diesem Fall muß das Paket STANDARD-LISP die Symbole der um- und neudefinierten Funktionen und Variablen exportieren, und das Benutzerpaket muß sie importieren. Allerdings gibt es nun Namenskonflikte der umdefinierten Funktionen aus dem Paket STANDARD-LISP mit den namensgleichen automatisch importierten COMMON LISP-Funktionen aus dem Paket LISP. Diese Funktionen müssen durch (SHADOWING-IMPORT ...) aus STANDARD-LISP ins Benutzerpaket importiert werden, so daß sie die gleichnamigen COMMON LISP-Funktionen verdecken. Schematisch ist die Situation in Bild 2-2 dargestellt (Bezeichnungen wie oben).

Wendet man dieses Konzept z. B. auf das oben beschriebene Programm VECSYS an und definiert letzteres in einem Paket VECTOR-SYSTEM, erhält man das folgende Programmschema:

```
(UNLESS (FIND-PACKAGE 'SL)
        (MAKE-PACKAGE 'STANDARD-LISP :NICKNAMES '(SL)))
                    ; Einrichten des Pakets STANDARD-LISP mit dem Kurznamen
                    ; SL, falls noch nicht vorhanden
(LET ((SL (FIND-PACKAGE 'SL)))
                    ; Wert der Variablen SL ist das Paket STANDARD-LISP
     (SHADOW '(CONSTANTP EQUAL MINUSP ...) SL)
                    ; Definition von shadowing Symbolen in STANDARD-LISP zur
                    ; Verdeckung der gleichnamigen Symbole in LISP
     (DOLIST (X '("CODEP" "CONSTANTP" ...))
             (EXPORT (LISP:INTERN X SL) SL)))
                    ; Erzeugung und Export aller externen Symbole von
                    ; STANDARD-LISP; die in der SHADOW-Deklaration vorher
                    ; erzeugten Symbole werden durch INTERN nicht berührt
(IN-PACKAGE 'SL)
                    ; nun ist STANDARD-LISP das aktuelle Paket
                    ;
                    ; Definition der Standard LISP-Funktionen durch Umdefinition
                    ; von COMMON LISP-Funktionen oder Neudefinition
                    ;
(UNLESS (FIND-PACKAGE 'VS)
        (MAKE-PACKAGE 'VECTOR-SYSTEM :NICKNAMES '(VS)))
                    ; Einrichten des Benutzerpakets VECTOR-SYSTEM mit dem
                    ; Kurznamen VS
(SHADOWING-IMPORT
  (PACKAGE-SHADOWING-SYMBOLS (FIND-PACKAGE 'SL))
  (FIND-PACKAGE 'VS))
                    ; die shadowing Symbole von STANDARD-LISP werden
                    ; shadowing importiert, um auch in VECTOR-SYSTEM die
                    ; gleichnamigen Symbole aus LISP zu überdecken
```

```
(USE-PACKAGE 'SL (FIND-PACKAGE 'VS))
                    ; Import aller anderen externen Symbole aus STANDARD-LISP
(IN-PACKAGE 'VS)
                    ; nun ist VECTOR-SYSTEM das aktuelle Paket
                    ;
                    ; Benutzerfunktionen des Pakets VECTOR-SYSTEM
                    ;
```

Der folgende Programmteil ist Bestandteil des Einbettungsprogramms. Er richtet das Paket STANDARD-LISP ein, stellt die externen Symbole - zum Teil shadowing - zur Verfügung und exportiert sie.

```
(UNLESS (FIND-PACKAGE 'SL)
        (MAKE-PACKAGE 'STANDARD-LISP :NICKNAMES '(SL)))
                    ; Erzeugen des Pakets STANDARD-LISP, falls es noch nicht
                    ; existiert

(LET ((SL (FIND-PACKAGE 'SL)))
```

In der SHADOW-Anweisung werden für die Namen von COMMON LISP-Funktionen, die umdefiniert werden, im Paket SL eigene Symbole erzeugt und als shadowing erklärt. Die Symbole sind nach den Kapiteln des Standard LISP-Reports von Marti [1980] eingeteilt.

```
  (SHADOW
                    ; (1) Elementare Prädikate
     (CONSTANTP EQUAL MINUSP VECTORP ZEROP
                    ; (3) Identifier
    INTERN
                    ; (4) Funktionen fuer Property-Listen
    GET
                    ; (8) Fehlerbehandlung
    ERROR
                    ; (12) Map-Funktionen
    MAP MAPC MAPCAN MAPCAR MAPCON MAPLIST
                    ; (13) Zusammengesetzte Funktionen
    ASSOC DELETE LENGTH MEMBER SUBLIS SUBST
                    ; (14) Der Interpreter
    FUNCTION
                    ; (15) Ein-/Ausgabe
    CLOSE OPEN PRINC PRINT PRIN1)
    SL)
```

Im folgenden DOLIST werden alle externen Symbole von Standard LISP erzeugt und exportiert. Symbole, die bereits oben mit SHADOW erzeugt wurden, werden nur noch exportiert. Symbole, die unverändert aus COMMON LISP, d. h. aus dem Paket LISP übernommen werden, brauchen hier nicht aufgeführt werden.

```
(DOLIST (X
                    ; (1) Elementare Prädikate
  '("CODEP" "CONSTANTP" "EQN" "EQUAL" "FIXP" "IDP"
  "MINUSP" "ONEP" "PAIRP" "VECTORP" "ZEROP"
                    ; (3) Identifier
  "COMPRESS" "EXPLODE" "INTERN" "REMOB"
                    ; (4) Funktionen fuer Property-Listen
  "FLAG" "FLAGP" "GET" "PUT" "REMFLAG"
                    ; (5) Funktionsdefinition
  "DE" "DF" "DM" "GETD" "PUTD" "REMD"
                    ; (6) Variablen und Bindungsarten
  "FLUID" "FLUIDP" "GLOBAL" "GLOBALP" "UNFLUID"
                    ; (8) Fehlerbehandlung
  "ERROR" "ERRORSET"
                    ; (9) Vektoren
  "GETV" "MKVECT" "PUTV" "UPBV"
                    ; (11) Arithmetische Funktionen
  "ADD1" "DIFFERENCE" "DIVIDE" "FIX" "GREATERP"
  "LESSP" "MAX2" "MIN2" "MINUS" "PLUS" "PLUS2"
  "QUOTIENT" "REMAINDER" "SUB1" "TIMES" "TIMES2"
                    ; (12) Map-Funktionen
  "MAP" "MAPC" "MAPCAN" "MAPCAR" "MAPCON" "MAPLIST"
                    ; (13) Zusammengesetzte Funktionen
  "ASSOC" "DEFLIST" "DELETE" "DIGIT" "LENGTH" "LITER"
  "MEMBER" "MEMQ" "PAIR" "SASSOC" "SUBLIS" "SUBST"
                    ; (14) Der Interpreter
  "EVLIS" "EXPAND" "FUNCTION"
                    ; (15) Ein-/Ausgabe
  "CLOSE" "EJECT" "LINELENGTH" "LPOSN" "OPEN"
  "PAGELENGTH" "POSN" "PRINC" "PRINT" "PRIN1"
  "PRIN2" "RDS" "READCH" "WRS"
                    ; (16) Globale Systemvariablen
  "*COMP" "EMSG*" "$EOF$" "$EOL$" "*GC" "*RAISE"))
  (EXPORT (LISP:INTERN X SL) SL)))
```

Das Paket STANDARD-LISP wird zum aktuellen Paket erklärt.

```
(IN-PACKAGE 'SL)
```

Im Hinblick auf die technische Durchführung der Einbettung ist es notwendig, im Paket STANDARD-LISP ein Array mit allen Ein-Zeichen-Symbolen anzulegen und diese zu exportieren. Die Standard LISP-Funktion READCH zum Einlesen eines

Zeichens liefert nämlich als Wert ein solches Symbol und nicht wie die entsprechende COMMON LISP-Funktion READ-CHAR ein Objekt vom Typ Character. READCH wird später mit Hilfe von READ-CHAR implementiert. Dabei ist der Code des gelesenen Zeichens dessen Index im Array der Ein-Zeichen-Symbole.

Die Ein-Zeichen-Symbole müssen aus dem Paket STANDARD-LISP exportiert werden, damit sie als Wert der Funktion READCH korrekt benutzt werden können und z. B. in Vergleichen EQ zu den im Benutzerpaket benutzten Symbolen sind.

In dem folgenden DEFPARAMETER wird das Array von Ein-Zeichen-Symbolen erstellt und werden die einzelnen Symbole exportiert. Die auftretende Konstante CHAR-CODE-LIMIT ist eine nichtnegative ganze Zahl, die die obere Grenze für den Code eines Zeichens darstellt.

```
(DEFPARAMETER SINGLE-CHARACTER-SYMBOLS
  (LET ((ARRAY (MAKE-ARRAY CHAR-CODE-LIMIT))
                    ; Erzeugen eines Arrays, das alle in COMMON LISP möglichen
                    ; Ein-Zeichen-Symbole aufnehmen kann
        (SL (FIND-PACKAGE 'SL)))
    (DOTIMES (I CHAR-CODE-LIMIT ARRAY)
                    ; Schleife von Null bis zum größtmöglichen Zeichencode
      (EXPORT
        (SETF (SVREF ARRAY I)
          (LISP:INTERN  (MAKE-STRING 1 :INITIAL-ELEMENT
                                       (CODE-CHAR I))
                         SL))
         SL))))
                    ; Character in Symbol verwandeln, in OBLIST einfügen, auf
                    ; ARRAY speichern und exportieren
```

Readtables als Hilfsmittel bei der Einbettung

COMMON LISP bietet dem Benutzer die Möglichkeit, die syntaktische Bedeutung der Eingabezeichen selbst festzulegen. Das Werkzeug dafür sind die *Readtables*. In diesen Tabellen ist für jedes Zeichen einzeln festgehalten, ob es ein normales Zeichen ist, d. h. ohne besondere Maßnahmen Bestandteil von Symbolnamen sein kann, ob es ein Fluchtsymbol ist (normalerweise \ und |), ob es ein Leerzeichen ist oder ob es ein *Macrozeichen* ist. Wird beim Einlesen ein Macrozeichen angetroffen, z. B. (oder ; oder # , dann wird für das weitere Lesen eine jeweils spezielle Lesefunktion aufgerufen. Bei # entscheidet noch das nächste Zeichen über die Lesefunktion. So wird z. B. nach (eine Liste gelesen, nach ; ein Kommentar, nach #\ ein Character, nach #(ein Simple-Vector.

Durch Änderung der Readtables und durch Definition von Macrozeichen und der ihnen zugeordneten Lesefunktionen läßt sich die Syntax der Eingabe für COMMON LISP merklich ändern. Als konkrete Hilfsmittel stehen dafür insbesondere die folgenden Funktionen zur Verfügung.

COPY-READTABLE	fertigt eine Kopie der Readtable an, die dann verändert werden kann.
SET-MACRO-CHARACTER	definiert ein Zeichen als Macrozeichen und legt die Funktion fest, mit der die folgende Eingabe gelesen werden soll.
GET-MACRO-CHARACTER	hat als Wert die zu einem Macrozeichen gehörige Lesefunktion.
SET-SYNTAX-FROM	überträgt die syntaktischen Eigenschaften eines Zeichens auf ein anderes.

Zu einem festen Zeitpunkt ist die Readtable gültig, die Wert der Systemvariablen *READTABLE* ist. Nach Zuweisung einer anderen Readtable an diese Variable regelt die neue Readtable den Lesevorgang.

Bei der Standard LISP-Einbettung wird das Readtable-Konzept für die Anpassung der Eingabesyntax verwandt. Die Umsetzung des Kommentarzeichens ; in % erfolgt mit SET-SYNTAX-FROM, ebenso die Definition von ! als Fluchtsymbol. Zum Lesen von Strings, innerhalb derer " durch "" dargestellt ist, wird " zum Macrozeichen mit eigener Lesefunktion erklärt. Ebenso wird für Vektoren [als Macrozeichen mit eigener Lesefunktion definiert.

Der folgende Teil des Einbettungsprogramms definiert eine neue Readtable, *STANDARD-LISP-READTABLE*, zur Verarbeitung der Syntax von Standard LISP. Diese Readtable muß nach dem Laden des gesamten Einbettungsprogramms vom Benutzer aktiviert werden durch:

```
(SETQ *READTABLE* *STANDARD-LISP-READTABLE*)

(DEFVAR *STANDARD-LISP-READTABLE* (COPY-READTABLE NIL))
                  ; Kopieren der Readtable auf die Variable
                  ; *STANDARD-LISP-READTABLE*

(DEFUN VECTOR-READER (STREAM CHAR)
  (DECLARE (IGNORE CHAR))
                  ; das Argument CHAR wird nicht benötigt
  (COERCE (READ-DELIMITED-LIST #\] STREAM T)
          'SIMPLE-VECTOR))
                  ; liest Objekte (Vektorelemente) bis zum Zeichen ] ein und
                  ; bildet einen Simple-Vector
```

```
(SET-MACRO-CHARACTER #\[ #'VECTOR-READER NIL
                     *STANDARD-LISP-READTABLE*)
```
; [*wird als Macrozeichen erklärt, die zugehörige Lesefunktion*
; *heißt* VECTOR-READER

```
(SET-MACRO-CHARACTER #\]
     (GET-MACRO-CHARACTER #\)
                          *STANDARD-LISP-READTABLE*)
     NIL *STANDARD-LISP-READTABLE*)
```
;] *hat aufgrund der Definition von* VECTOR-READER *die*
; *gleiche Bedeutung wie*)

```
(SET-SYNTAX-FROM-CHAR #\% #\;
     *STANDARD-LISP-READTABLE* *READTABLE*)
```
; *% wird als Kommentarzeichen definiert*

```
(SET-SYNTAX-FROM-CHAR #\; #\%
     *STANDARD-LISP-READTABLE* *READTABLE*)
```
; *das bisherige Kommentarzeichen* ; *wird zum einfachen Zeichen*
; *erklärt*

```
(SET-SYNTAX-FROM-CHAR #\! #\\
     *STANDARD-LISP-READTABLE* *READTABLE*)
```
; *das Ausrufezeichen wird zum Fluchtsymbol erklärt, zusätzlich*
; *aber \ als Fluchtsymbol beibehalten*

Die Funktion STRING-READER liest innerhalb eines Strings zunächst bis zum nächsten " . Dann ist eine Fallunterscheidung nötig, ob der String hier endet oder ob ein weiteres " folgt. Findet die Funktion vor Ende des Strings das Ende der Eingabedatei STREAM, so gibt die COMMON LISP-Funktion READ-CHAR eine Fehlermeldung aus. Die eingelesenen Zeichen werden bis zum Ende des Strings auf einem Puffer STRING-BUFFER gehalten.

```
(DEFVAR *STANDARD-LISP-STRING-BUFFER* NIL)
```
; *mit Hilfe dieser globalen Variablen wird erreicht, daß das Array*
; *für den Puffer* STRING-BUFFER *nur einmal angelegt wird*

```
(DEFUN STRING-READER (STREAM CHAR)
  (DECLARE (IGNORE CHAR))
```
; *das Argument* CHAR *wird nicht benötigt*
```
  (LET
    ((STRING-BUFFER
       (SHIFTF *STANDARD-LISP-STRING-BUFFER* NIL)))
```

```
    (IF (NULL STRING-BUFFER)
        (SETQ STRING-BUFFER (MAKE-ARRAY 256
          :ELEMENT-TYPE 'STRING-CHAR :FILL-POINTER 0))
        (SETF (FILL-POINTER STRING-BUFFER) 0))
              ; über einen Fill-Pointer wird die jeweils aktuelle Position des
              ; Puffers markiert
    (DO ((I 0 (+ I 1)))
        (())
        (DECLARE (FIXNUM I))
        (LET ((CH (READ-CHAR STREAM T T T)))
              ; ein Zeichen einlesen, Fehler bei Dateiende
          (WHEN (EQL CH #\")
              ; es folgt die Fallunterscheidung, da gelesenes Zeichen " war
            (SETQ CH (READ-CHAR STREAM NIL STREAM T))
              ; nächstes Zeichen einlesen, bei Dateiende ist der Wert von
              ; READ-CHAR gerade der Wert von STREAM
            (UNLESS (EQL CH #\")
              (UNLESS (EQ CH STREAM)
                      (UNREAD-CHAR CH STREAM))
              ; das Zeichen hinter dem " war kein zweites " und das
              ; Dateiende ist auch noch nicht erreicht, also gehört CH nicht
              ; mehr zum String und muß auf die Eingabedatei zurückgegeben
              ; werden
              (RETURN
                (PROG1
                  (SUBSEQ STRING-BUFFER 0 I)
                  (SETQ *STANDARD-LISP-STRING-BUFFER*
                        STRING-BUFFER)))))
              ; da das Ende des Strings erreicht ist, werden seine Einzelzeichen
              ; vom Puffer geholt , mit SUBSEQ wird ein String erzeugt, der
              ; gleichzeitig der Wert von STRING-READER ist
          (VECTOR-PUSH-EXTEND CH STRING-BUFFER)))))
              ; "normale" Zeichen werden einfach in den Puffer eingefügt

(SET-MACRO-CHARACTER #\" #'STRING-READER NIL
                     *STANDARD-LISP-READTABLE*)
              ; " wird als Macrozeichen mit zugehöriger Lesefunktion
              ; STRING-READER definiert
```

Macros als Hilfsmittel bei der Einbettung

Viele LISP-Dialekte bieten die Möglichkeit, Funktionen vom Typ MACRO zu definieren. Diese kurz *Macros* genannten Funktionen gleichen in der Syntax von Definition und Aufruf normalen Funktionen, haben aber spezielle Auswertungsregeln. Der Aufruf eines Macros bewirkt zunächst die Auswertung des Körpers des Macros wie bei einer normalen Funktion - allerdings ohne vorherige Auswertung der

Argumente - und produziert eine Form als Zwischenwert. Dann wird diese Form ausgewertet, und das Ergebnis dieser neuerlichen Auswertung ist der Wert des Macro-Aufrufs. Man nennt den ersten Auswertungsschritt auch *Expansion* des Macro-Aufrufs und sein Ergebnis die *expandierte Form* des Macro-Aufrufs.

Ein einfaches Macro könnte z. B. so aussehen:

```
(DEFMACRO PLUS7 (N) (LIST '+ N 7))
```

Bei

```
(SETQ X 3)
(PLUS7 X)
```

ergibt die Expansion des Macro-Aufrufs die Form

```
(+ X 7)
```

und die zweite Auswertung dann den Wert

```
10 .
```

Zur Vereinfachung u.a. von Macrodefinitionen bietet COMMON LISP die *Backquote-Syntax* an. Sie erlaubt die Notation eines Musters für die zu konstruierende Form, in das an passender Stelle die Argumente eingesetzt werden. Das obige Beispiel würde in Backquote-Syntax lauten:

```
(DEFMACRO PLUS7 (N) `(+ ,N 7))
```

Der Wert des auf ` (Backquote) folgenden Ausdrucks ist wie bei ' (Quote) der Ausdruck selber, lediglich die Teilausdrücke, denen ein Komma voransteht, werden ausgewertet. Folgt unmittelbar auf das Komma ein @ , so wird der nachfolgende Ausdruck ebenfalls ausgewertet. Sein Wert muß eine Liste sein, und deren Elemente werden statt der Liste selbst in das Muster eingefügt. Ein Beispiel für die Verwendung von ,@ ist das weiter unten besprochene Macro zur Definition von Funktionen mit gleicher Bedeutung aber unterschiedlichen Namen. In vereinfachter Form lautet es:

```
(DEFMACRO DEFINE-SYNONYM (NEW-NAME OLD-NAME ARGS)
  `(DEFUN ,NEW-NAME ,ARGS (,OLD-NAME ,@ARGS)))
```

Der Aufruf

```
(DEFINE-SYNONYM EQN EQL (X Y))
```

wird dann expandiert zu

```
(DEFUN EQN (X Y) (EQL X Y))   .
```

Die anschließende Auswertung von DEFUN bewirkt dann die Definition der Funktion EQN.

Wie dieses Beispiel zeigt, kann man durch Macros die Einbettung von Standard LISP in COMMON LISP übersichtlicher und einfacher gestalten. Es werden vier Macros eingeführt, mit deren Hilfe Funktionen definiert werden:

- DEFINE-INLINE
- DEFINE-SYNONYM
- DEFINE-REVERSED-ARGUMENTS
- DEFINE-REVERSED-ARGUMENTS-N

Wir werden diese Macros im folgenden einzeln besprechen.

DEFINE-INLINE

Mit diesem Macro werden Funktionen definiert, die der Compiler inline compilieren soll, d. h. daß für Aufrufe einer solchen Funktion kein Unterprogrammaufruf erzeugt werden soll, sondern daß die Anweisungen der Funktion selbst eingebaut werden sollen.

Inline-Compilation eignet sich besonders für kurze Funktionen. Das sind in unserer LISP-Einbettung z. B. die Funktionen, die sich in Standard LISP und COMMON LISP nur durch den Namen oder die Argumentreihenfolge oder zusätzliche Typprüfungen unterscheiden.

Formal wird die Inline-Compilation angefordert, indem vor einer Funktionsdefinition ein

```
(PROCLAIM  '(INLINE  ... ))
```

abgesetzt wird. Damit lautet das Macro DEFINE-INLINE:

```
(DEFMACRO DEFINE-INLINE (NAME ARGLIST &BODY BODY)
  `(PROGN (PROCLAIM '(INLINE ,NAME))
          (DEFUN ,NAME ,ARGLIST ,@BODY)))
```

Beim Aufruf des Macros wird der Parameter BODY an die Liste der auszuführenden Formen der Funktion gebunden (wie bei &REST-Parametern). Damit diese Formen wieder einzeln in der Funktiondefinition auftreten, wird hier die ,@-Notation benutzt.

DEFINE-INLINE wird u.a. bei der Definition von Programmen angewandt, die in COMMON LISP nur einen bestimmten Argumenttyp zulassen, während der Typ in Standard LISP beliebig ist. So fordert etwa die COMMON LISP-Funktion MINUSP ein Zahlargument, die Standard LISP-Funktion MINUSP stellt diese Forderung nicht. Bei der Definition der Standard LISP-Funktion MINUSP muß daher dem Aufruf der COMMON LISP-Funktion MINUSP ein Aufruf von NUMBERP vorangehen.

```
(DEFINE-INLINE MINUSP (X)
  (AND (NUMBERP X) (LISP:MINUSP X)))
```

Die Macroexpansion liefert:

```
(PROGN (PROCLAIM '(INLINE MINUSP))
       (DEFUN MINUSP (X)
         (AND (NUMBERP X) (LISP:MINUSP X))))
```

Die Auswertung der expandierten Form bewirkt dann die Inline-Definition von MINUSP.

Es wird vorausgesetzt, daß man sich beim Aufruf des Macros im Paket STANDARD-LISP befindet. Daher muß dem Namen der COMMON LISP-Funktion MINUSP der Paketname LISP vorangestellt werden.

DEFINE-SYNONYM

Mit diesem Macro werden Standard LISP-Funktionen definiert, zu denen es eine COMMON LISP-Funktion mit gleicher Bedeutung und gleichen Argumenten, jedoch unterschiedlichem Namen gibt. Die Standard LISP-Funktion besteht also nur aus dem Aufruf der passenden COMMON LISP-Funktion.Wegen der Kürze soll auch sie inline kompiliert werden.

```
(DEFMACRO DEFINE-SYNONYM
          (NEW-NAME OLD-NAME &OPTIONAL (ARGLIST '(X)))
  `(PROGN (PROCLAIM '(INLINE ,NEW-NAME))
          (DEFUN ,NEW-NAME ,ARGLIST
                 (,OLD-NAME ,@ARGLIST))))
```

Hier wurde der Aufruf für Funktionen mit nur einem Argument so vereinfacht, daß man nur die Namen der Standard LISP- und der COMMON LISP-Funktionen angeben muß, die Argumentliste dagegen weglassen kann.

Anwendungsbeispiele:

```
(DEFINE-SYNONYM FIXP INTEGERP)
```

expandiert zu:

```
(PROGN
  (PROCLAIM '(INLINE FIXP))
  (DEFUN FIXP (X) (INTEGERP X)))
```

```
(DEFINE-SYNONYM LESSP < (X Y))
```

expandiert zu:

```
(PROGN
  (PROCLAIM '(INLINE LESSP))
  (DEFUN LESSP (X Y) (< X Y)))
```

DEFINE-REVERSED-ARGUMENTS

Mit diesem Macro werden Standard LISP-Funktionen mit zwei Argumenten definiert, bei denen die Reihenfolge der Argumente und eventuell die Funktionsnamen von denen der entsprechenden COMMON LISP-Funktionen abweichen.

```
(DEFMACRO DEFINE-REVERSED-ARGUMENTS (NEW-NAME OLD-NAME)
  `(PROGN (PROCLAIM '(INLINE ,NEW-NAME))
          (DEFUN ,NEW-NAME (X Y) (,OLD-NAME Y X))))
```

Diese Funktion wird bei einigen MAP-Funktionen angewandt, z. B. zur Definition von MAPCAR:

```
(DEFINE-REVERSED-ARGUMENTS MAPCAR LISP:MAPCAR)
```

expandiert zu:

```
(PROGN
  (PROCLAIM '(INLINE MAPCAR))
  (DEFUN MAPCAR (X Y) (LISP:MAPCAR Y X)))
```

Da auch hier vorausgesetzt wird, daß man sich im Paket STANDARD-LISP befindet, muß der Name der COMMON LISP-Funktion MAPCAR durch Voranstellen des Paketbezeichners LISP qualifiziert werden.

DEFINE-REVERSED-ARGUMENTS-N

Dieses Macro, das zur Definition der Standard LISP-Funktionen MAP und MAPC verwandt wird, sorgt zusätzlich zu den Leistungen von DEFINE-REVERSED-ARGUMENTS dafür, daß die definierte Funktion den Wert NIL zurückgibt.

```
(DEFMACRO DEFINE-REVERSED-ARGUMENTS-N
          (NEW-NAME OLD-NAME)
  `(PROGN (PROCLAIM '(INLINE ,NEW-NAME))
          (DEFUN ,NEW-NAME (X Y) (,OLD-NAME Y X) NIL)))
```

Anwendung:

```
(DEFINE-REVERSED-ARGUMENTS-N MAP LISP:MAPL)
```

expandiert zu

```
(PROGN
  (PROCLAIM '(INLINE MAP))
  (DEFUN MAP (X Y) (MAPL Y X) NIL))
```

Wir haben bisher Macros vorgestellt, die wegen der größeren Bequemlichkeit und der besseren Übersicht eingesetzt werden. Es gibt jedoch auch einige Standard LISP-Funktionen, die nicht als einfache Funktionen definierbar sind und daher als Macros definiert werden müssen. Ein Beispiel dafür ist die Standard LISP-Funktion DE zur Definition von Funktionen. Da ihre Argumente nicht ausgewertet werden dürfen, ist eine Definition von DE mit Hilfe von DEFUN nicht möglich, wohl aber mit einem Macro.

```
(DEFMACRO DE (NAME ARGLIST &BODY BODY)
  (DEFUN ,NAME ,ARGLIST ,@BODY))
```

Definiert man z. B. die Funktion PLUS7 mit Hilfe von DE

```
(DE PLUS7 (X) (PLUS X 7)) ,
```

so wird dieser Ausdruck zunächst expandiert zu

```
(DEFUN PLUS7 (X) (PLUS X 7)) ,
```

und durch die nachfolgende Auswertung wird die Definition vorgenommen.

Macros werden auch vorteilhaft bei der Definition der Funktionen PLUS und TIMES eingesetzt, die eine unbestimmte Zahl von Argumenten haben. Diese Funktionen werden mit Hilfe der Backquote-Syntax sehr elegant auf die COMMON LISP-Funktionen + und * abgebildet.

```
(DEFMACRO PLUS  (&REST NUMBERS) `(+ ,@NUMBERS))

(DEFMACRO TIMES (&REST NUMBERS) `(* ,@NUMBERS))
```

Beim Aufruf von PLUS oder TIMES wird der Parameter NUMBERS an die Liste der Argumente gebunden. Diese werden dann durch die ,@-Notation einzeln in den Aufruf von + bzw. * eingefügt.

Das Programm

In diesem Abschnitt folgt das eigentliche Einbettungsprogramm. Ihm müssen die bereits erläuterten Programmteile

- Definition des Pakets STANDARD-LISP,
- Einrichtung der *STANDARD-LISP-READTABLE*,
- Definition der Hilfsmacros

vorangestellt werden und die Aufrufe

```
(IN-PACKAGE 'SL)
(SETQ *READTABLE* *STANDARD-LISP-READTABLE*)
```

zur Aktivierung der neuen Readtable und des Pakets STANDARD-LISP folgen.

Das Programm orientiert sich in seiner Struktur am Aufbau des Standard LISP-Reports von Marti [1980]. Dessen Abschnitt über die in Standard LISP verfügbaren Funktionen und Systemvariablen gliedert sich in folgende Unterabschnitte.

(1) Elementare Prädikate
(2) Funktionen auf Paaren
(3)* Identifier
(4) Funktionen für Property-Listen
(5)* Funktionsdefinition
(6)* Variablen und Bindungsarten
(7) Funktionen für das Program Feature
(8)* Fehlerbehandlung
(9) Vektoren
(10) Boolesche Funktionen und bedingte Anweisungen
(11) Arithmetische Funktionen
(12) MAP-Funktionen
(13)* Zusammengesetzte Funktionen
(14)* Der Interpreter
(15) Ein-/Ausgabe
(16) Globale Systemvariablen

Im Programmtext sind alle Funktionen und Systemvariablen von Standard LISP aufgeführt, auch wenn sie nicht neu zu definieren sind. Sie erscheinen dann als Kommentar. Aus Platzgründen konnten wir jedoch hier nicht das vollständige Programm wiedergeben. Aus den mit * gekennzeichneten Unterabschnitten sind nicht alle Programme abgedruckt. Aber auch hier erscheinen für alle Programme Name, Parameterliste und eine kurze Beschreibung als Kommentar.

(1) Elementare Prädikate

```
; ATOM
                    ; unverändert

(DEFINE-SYNONYM CODEP COMPILED-FUNCTION-P)
                    ; anderer Name

(DEFINE-INLINE CONSTANTP (X)
  (NOT (OR (CONSP X) (SYMBOLP X))))
                    ; Funktion ist nur in Standard LISP vorhanden, hat den Wert T
                    ; nur für Zahlen, Strings und Vektoren

; EQ
                    ; unverändert

(DEFINE-SYNONYM EQN EQL (X Y))
                    ; anderer Name

(DEFUN EQUAL (A B)
                    ; in Standard LISP sind Vektoren mit gleichen Komponenten
                    ; EQUAL
  (COND ((EQ A B) T)
                    ; A und B sind die gleichen Symbole
        ((OR (SYMBOLP A) (SYMBOLP B)) NIL)
                    ; nur eins der Argumente ist ein Symbol, oder A und B sind
                    ; verschiedene Symbole
        ((CONSP A) (AND (CONSP B)
                        (EQUAL (CAR A) (CAR B))
                        (EQUAL (CDR A) (CDR B))))
                    ; A ist ein Paar, ist außerdem B ein Paar, werden jeweils deren
                    ; CAR und CDR mit EQUAL verglichen
        ((CONSP B) NIL)
                    ; nur B ist ein Paar
        ((NUMBERP A) (AND (NUMBERP B) (EQL A B)))
                    ; A und B sind Zahlen
        ((NUMBERP B) NIL)
                    ; nur B ist eine Zahl
        ((STRINGP A) (AND (STRINGP B) (STRING= A B)))
                    ; A und B sind Strings
        ((STRINGP B) NIL)
                    ; nur B ist ein String
        ((SIMPLE-VECTOR-P A)
                    ; A ist ein Vektor
         (AND (SIMPLE-VECTOR-P B)
                    ; außerdem ist B ein Vektor
                    (LET ((A-LENGTH (LISP:LENGTH A)))
```

```
                    (AND (EQL A-LENGTH (LISP:LENGTH B))
                ; A und B können nur gleich sein, wenn sie die gleiche Länge
                ; haben
                         (DOTIMES (I A-LENGTH T)
                           (UNLESS (EQUAL (SVREF A I)
                                          (SVREF B I))
                ; die einzelnen Vektorelemente werden miteinander verglichen
                                   (RETURN NIL)))))))
          (T NIL)))

(DEFINE-SYNONYM FIXP INTEGERP)
                ; anderer Name

; FLOATP
                ; unverändert

(DEFINE-SYNONYM IDP SYMBOLP)
                ; anderer Name

; NULL
                ; unverändert

; NUMBERP
                ; unverändert

(DEFINE-INLINE ONEP (X)
  (AND (NUMBERP X) (= X 1)))
                ; nur in Standard LISP vorhanden, Abfrage auf eins

(DEFINE-SYNONYM PAIRP CONSP)
                ; anderer Name

; STRINGP
                ; unverändert

(DEFINE-SYNONYM VECTORP SIMPLE-VECTOR-P)
                ; anderer Name

(DEFINE-INLINE ZEROP (X)
  (AND (NUMBERP X) (LISP:ZEROP X)))
                ; in Standard LISP sind nicht nur Zahlen als Argument zulässig
```

(2) Funktionen auf Paaren

```
; CAR,CDR,C...R,CONS,LIST,RPLACA,RPLACD
                ; alle unverändert
```

(3) Identifier

```
; (DEFUN COMPRESS (X) ... )
                    ; nur in Standard LISP: konstruiert LISP-Objekte aus
                    ; Einzelsymbolen

; (DEFUN EXPLODE (X) ... )
                    ; nur in Standard LISP: zerlegt LISP-Objekt in Einzelsymbole

; GENSYM
                    ; wird aus COMMON LISP übernommen, hat aber dort mehr
                    ; Fähigkeiten als in Standard LISP

; (DEFUN INTERN (X) ... )
                    ; in Standard LISP akzeptiert INTERN auch ein Symbol als
                    ; Argument

(DEFINE-SYNONYM REMOB UNINTERN)
                    ; anderer Name
```

(4) Funktionen für Property-Listen

```
(DEFINE-INLINE GET (SYMBOL INDICATOR)
  (AND (SYMBOLP SYMBOL) (LISP:GET SYMBOL INDICATOR)))
                    ; in Standard LISP kann das Argument SYMBOL beliebig sein

(DEFUN FLAG (LIST INDICATOR)
  (WHEN (SYMBOLP INDICATOR)
                    ; das Flag wird nur gesetzt, wenn INDICATOR ein Symbol ist
        (DOLIST (ITEM LIST)
                (WHEN (SYMBOLP ITEM)
                      (SETF (LISP:GET ITEM INDICATOR)
                    ; für alle Symbole in LIST wird eine Property mit Indikator
                    ; INDICATOR gesetzt
                            T)))))

(DEFINE-SYNONYM FLAGP GET (X Y))
                    ; anderer Name

(DEFUN PUT (SYMBOL INDICATOR VALUE)
  (AND (SYMBOLP SYMBOL)
       (SYMBOLP INDICATOR)
       (SETF (LISP:GET SYMBOL INDICATOR) VALUE)))
                    ; die Argumente SYMBOL und INDICATOR können beliebig
                    ; sein, sind beides Symbole, wird die Property gesetzt
```

```
(DEFUN REMFLAG (LIST INDICATOR)
  (DOLIST (ITEM LIST)
          (REMPROP ITEM INDICATOR)))
                    ; Flags löschen, d. h. für alle Symbole in LIST die Property mit
                    ; Indikator INDICATOR löschen

; REMPROP
                    ; unverändert
```

(5) Funktionsdefinition

```
(DEFVAR *COMP NIL)
                    ; globale Systemvariable in Standard LISP: bestimmt, ob
                    ; Funktionen vor der Definition kompiliert werden sollen

(DEFMACRO DE (NAME ARGLIST &BODY BODY)
  `(DEFUN ,NAME ,ARGLIST ,@BODY))
                    ; DE ist nur in Standard LISP vorhanden, dient zur Definition von
                    ; Funktionen vom Typ EXPR

; (DEFMACRO DF (NAME (PARAMETER) &BODY BODY) ... )
                    ; DF ist nur in Standard LISP vorhanden, dient zur Definition von
                    ; Funktionen vom Typ FEXPR

; (DEFMACRO DM (NAME (PARAMETER) &REST BODY) ... )
                    ; DM ist nur in Standard LISP vorhanden, dient zur Definition
                    ; von Funktionen vom Typ MACRO

; (DEFUN GETD (X) ... )
                    ; nur in Standard LISP: liefert die Funktion, falls X
                    ; Funktionsname ist

; (DEFUN PUTD (NAME TYPE FN) ... )
                    ; nur in Standard LISP: ordnet dem Namen NAME die Funktion
                    ; FN vom Typ TYPE (EXPR, FEXPR oder MACRO) zu

; (DEFUN REMD (NAME) ... )
                    ; nur in Standard LISP: löscht Funktionsdefinition von NAME
```

(6) Variablen und Bindungsarten

```
; (DEFMACRO FLUID (VAR-LIST) ... )
                    ; nur in Standard LISP: Deklaration von SPECIAL-Variablen
```

```
; (DEFUN FLUIDP (X) ... )
                    ; nur in Standard LISP: Abfrage auf Typ FLUID

; (DEFMACRO GLOBAL (VAR-LIST) ... )
                    ; nur in Standard LISP: Deklaration von globalen Variablen

; (DEFUN GLOBALP (X) ... )
                    ; nur in Standard LISP: Abfrage auf Typ GLOBAL

; SET
                    ; unverändert

; SETQ
                    ; wird aus COMMON LISP übernommen, hat dort aber erweiterte
                    ; Fähigkeiten

; (DEFMACRO UNFLUID (VAR-LIST) ... )
                    ; nur in Standard LISP: FLUID-Deklaration rückgängig machen
```

(7) Funktionen für das Program Feature

```
; GO
                    ; wird aus COMMON LISP übernommen, hat dort aber erweiterte
                    ; Fähigkeiten

; PROG
                    ; wird aus COMMON LISP übernommen, hat dort aber erweiterte
                    ; Fähigkeiten

; PROGN
                    ; unverändert

; PROG2
                    ; wird aus COMMON LISP übernommen, hat dort aber erweiterte
                    ; Fähigkeiten

; RETURN
                    ; unverändert
```

(8) Fehlerbehandlung

```
(DEFVAR *MESSAGE-P* T)

(DEFVAR EMSG*)
                    ; globale Systemvariable in Standard LISP: enthält MESSAGE
                    ; des letzten Aufrufs von ERROR
```

```
; (DEFUN ERROR (NUMBER MESSAGE) ... )
                    ; in Standard LISP: Rücksprung in eine durch ERRORSET
                    ; definierte Umgebung (ähnlich wie THROW)

; (DEFUN ERRORSET (FORM *MESSAGE-P* TRACE-P) ... )
                    ; nur in Standard LISP: Definition einer Umgebung, in die durch
                    ; ERROR zurückgesprungen werden kann (wie CATCH)
```

(9) Vektoren

```
(DEFINE-SYNONYM GETV SVREF (X Y))
                    ; anderer Name

(DEFINE-INLINE MKVECT (UPPER-BOUND)
  (MAKE-ARRAY (THE FIXNUM (1+ UPPER-BOUND))
              :INITIAL-ELEMENT NIL))
                    ; nur in Standard LISP vorhanden, Erzeugung eines Vektors mit
                    ; UPPER-BOUND+1 Elementen, die von 0 bis UPPER-BOUND
                    ; indiziert werden; das Ergebnis ist ein simple vector im Sinne
                    ; von COMMON LISP

(DEFINE-INLINE PUTV (VECTOR INDEX ELEMENT)
  (SETF (SVREF VECTOR INDEX) ELEMENT))
                    ; Zuweisung eines Vektorelementes

(DEFINE-INLINE UPBV (VECTOR)
  (THE FIXNUM
       (1- (LISP:LENGTH (THE SIMPLE-VECTOR VECTOR)))))
                    ; Länge eines Vektors bestimmen
```

(10) Boolesche Funktionen und bedingte Anweisungen

```
; AND
                    ; unverändert

; COND
                    ; wird aus COMMON LISP übernommen, hat dort aber erweiterte
                    ; Fähigkeiten

; NOT
                    ; unverändert

; OR
                    ; unverändert
```

(11) Arithmetische Funktionen

```
; ABS
                        ; unverändert

(DEFINE-SYNONYM ADD1 1+)
                        ; anderer Name

(DEFINE-SYNONYM DIFFERENCE - (X Y))
                        ; anderer Name

(DEFUN DIVIDE (X Y)
  (MULTIPLE-VALUE-BIND (Q R)
                       (TRUNCATE X Y)
                       (CONS Q R)))
                        ; nur in Standard LISP vorhanden, ganzzahlige Division mit
                        ; Rest, Ergebnis ist ein Paar

; EXPT
                        ; unverändert

(DEFINE-SYNONYM FIX FLOOR)
                        ; anderer Name

; FLOAT
                        ; unverändert

(DEFINE-SYNONYM GREATERP > (X Y))
                        ; anderer Name

(DEFINE-SYNONYM LESSP < (X Y))
                        ; anderer Name

; MAX
                        ; unverändert

(DEFINE-SYNONYM MAX2 MAX (X Y))
                        ; anderer Name, Maximum zweier Zahlen bestimmen

; MIN
                        ; unverändert

(DEFINE-SYNONYM MIN2 MIN (X Y))
                        ; anderer Name, Minimum zweier Zahlen bestimmen

(DEFINE-SYNONYM MINUS -)
                        ; anderer Name
```

```
(DEFMACRO PLUS (&REST NUMBERS)
  `(+ ,@NUMBERS))
                    ; anderer Name

(DEFINE-SYNONYM PLUS2 + (X Y))
                    ; anderer Name, zwei Zahlen addieren

(DEFUN QUOTIENT (X Y)
  (IF (AND (INTEGERP X) (INTEGERP Y))
      (TRUNCATE X Y)
                    ; bei ganzzahligen Argumenten ist das Ergebnis von QUOTIENT
                    ; auch ganzzahlig, nicht rational
      (/ X Y)))

(DEFINE-SYNONYM REMAINDER REM (X Y))
                    ; anderer Name

(DEFINE-SYNONYM SUB1 1-)
                    ; anderer Name

(DEFMACRO TIMES (&REST NUMBERS)
  `(* ,@NUMBERS))
                    ; anderer Name

(DEFINE-SYNONYM TIMES2 * (X Y))
                    ; anderer Name, zwei Zahlen multiplizieren
```

(12) Map-Funktionen

```
(DEFINE-REVERSED-ARGUMENTS-N MAP LISP:MAPL)
                    ; wie MAPL in COMMON LISP, aber in Standard LISP
                    ; Argumente vertauscht und Wert NIL

(DEFINE-REVERSED-ARGUMENTS-N MAPC LISP:MAPC)
                    ; wie MAPC in COMMON LISP, aber in Standard LISP
                    ; Argumente vertauscht und Wert NIL

(DEFINE-REVERSED-ARGUMENTS MAPCAN LISP:MAPCAN)
                    ; wie MAPCAN in COMMON LISP, aber in Standard LISP
                    ; Argumente vertauscht

(DEFINE-REVERSED-ARGUMENTS MAPCAR LISP:MAPCAR)
                    ; wie MAPCAR in COMMON LISP, aber in Standard LISP
                    ; Argumente vertauscht
```

```
(DEFINE-REVERSED-ARGUMENTS MAPCON LISP:MAPCON)
                        ; wie MAPCON in COMMON LISP, aber in Standard LISP
                        ; Argumente vertauscht

(DEFINE-REVERSED-ARGUMENTS MAPLIST LISP:MAPLIST)
                        ; wie MAPLIST in COMMON LISP, aber in Standard LISP
                        ; Argumente vertauscht
```

(13) Zusammengesetzte Funktionen

```
; (DEFUN APPEND (U V) ... )
                        ; wird aus COMMON LISP übernommen, hat dort aber erweiterte
                        ; Fähigkeiten

; (DEFUN ASSOC (ITEM A-LIST) ... )
                        ; wie in COMMON LISP, aber Standard LISP benutzt zum
                        ; Vergleich EQUAL

; (DEFUN DEFLIST (SYMBOL-LIST INDICATOR) ... )
                        ; nur in Standard LISP: Zuweisung von Property-Werten an alle
                        ; Elemente einer Liste

; (DEFUN DELETE (ITEM LIST) ... )
                        ; andere Bedeutung in Standard LISP, ITEM wird beim ersten
                        ; Auftreten auf der obersten Ebene von LIST gelöscht

; (DEFUN DIGIT (X) ... )
                        ; nur in Standard LISP: prüft, ob ein Objekt ein Ziffern-Symbol
                        ; ist

(DEFUN LENGTH (L)
  (DO ((I 0 (+ I 1))
       (LL L (REST LL)))
      ((ATOM LL) I)
      (DECLARE (FIXNUM I))))
                        ; in Standard LISP nur für Listen verwendbar

; (DEFUN LITER (X) ... )
                        ; nur in Standard LISP: prüft, ob ein Objekt ein Buchstaben-
                        ; Symbol ist

; (DEFUN MEMBER (ITEM IN-LIST) ... )
                        ; in Standard LISP wird EQUAL zum Vergleich benutzt

; (DEFUN MEMQ (ITEM IN-LIST) ... )
                        ; nur in Standard LISP: wie MEMBER, aber zum Vergleich wird
                        ; EQ benutzt
```

```
; NCONC
                    ; wird aus COMMON LISP übernommen, hat dort aber erweiterte
                    ; Fähigkeiten

(DEFINE-SYNONYM PAIR PAIRLIS (X Y))
                    ; anderer Name

; REVERSE
                    ; in Standard LISP nur für Listen

; (DEFUN SASSOC (ITEM LIST FN) ... )
                    ; nur in Standard LISP: wie ASSOC, aber falls ITEM nicht
                    ; vorhanden, Aufruf von FN

; (DEFUN SUBLIS (ALIST FORM) ... )
                    ; nur in Standard LISP: Ersetzung von Elementen in der Liste
                    ; FORM in allen Ebenen durch Werte in ALIST

; (DEFUN SUBST (NEW OLD FORM)
                    ; in Standard LISP wird EQUAL zum Vergleich benutzt
```

(14) Der Interpreter

```
; APPLY
                    ; wird aus COMMON LISP übernommen, hat dort aber erweiterte
                    ; Fähigkeiten

; EVAL
                    ; unverändert

; (DEFUN EVLIS (X) ... )
                    ; nur in Standard LISP: alle Elemente der Liste X werden
                    ; evaluiert

; (DEFUN EXPAND (L FN) ... )
                    ; nur in Standard LISP: wird im Zusammenhang mit Macros
                    ; benutzt

; (DEFMACRO FUNCTION (X) ... )
                    ; ähnlich FUNCTION in COMMON LISP

; QUOTE
                    ; unverändert
```

(15) Ein-/Ausgabe

```
(DEFUN EJECT ()
  (WRITE-CHAR #\PAGE))
                    ; nur in Standard LISP vorhanden, Seitenvorschub

(DEFVAR *STREAM-LINELENGTHS* NIL
        "A-LIST (STREAM . LINELENGTH)")
                    ; Hilfsvariable, Zeilenlängen der offenen Dateien werden in einer
                    ; Assoziationsliste gehalten

(DEFCONSTANT DEFAULT-LINELENGTH 80.)
                    ; Hilfskonstante, Standard-Zeilenlänge ist 80 Zeichen

(DEFUN LINELENGTH (X)
                    ; setzt die aktuelle Zeilenlänge auf X, oder liefert die aktuelle
                    ; Zeilenlänge als Wert, wenn das Argument NIL ist
                    ; Achtung: die PRINT-Funktionen werden in dieser Implemen-
                    ; tation durch den Aufruf von LINELENGTH nicht beeinflußt
  (LET
    ((CURRENT-LINELENGTH
            (LISP:ASSOC *STANDARD-OUTPUT*
                        *STREAM-LINELENGTHS*
                        :TEST #'EQ)))
                    ; ist für *STANDARD-OUTPUT* bereits eine Zeilenlänge
                    ; definiert, wird sie auf CURRENT-LINELENGTH gespeichert,
                    ; sonst wird der File *STANDARD-OUTPUT* mit Zeilenlänge in
                    ; die Liste *STREAM-LINELENGTHS* eingefügt
    (WHEN (NULL CURRENT-LINELENGTH)
          (SETF CURRENT-LINELENGTH
                (CONS *STANDARD-OUTPUT*
                      DEFAULT-LINELENGTH))
          (PUSH CURRENT-LINELENGTH
                *STREAM-LINELENGTHS*))
    (LET ((OLD-LINELENGTH (CDR CURRENT-LINELENGTH)))
                    ; Feststellen der vorherigen Zeilenlänge
      (WHEN (NOT (NULL X))
            (SETF (CDR CURRENT-LINELENGTH) X))
                    ; Umsetzen der Zeilenlänge, wenn X nicht NIL ist
      OLD-LINELENGTH)))
                    ; Wert ist die alte Zeilenlänge

(DEFUN LPOSN () 0)
                    ; Anzahl der bereits auf einer Seite gedruckten Zeilen, nicht
                    ; implementiert
```

```
(DEFUN OPEN (FILE HOW)
                    ; Öffnen einer Datei, in Standard LISP sind für HOW nur die
                    ; Werte INPUT oder OUTPUT zulässig
  (LET ((STREAM
          (LISP:OPEN FILE
            :DIRECTION
            (OR (CDR (LISP:ASSOC
                          HOW '((INPUT . :INPUT)
                                (OUTPUT . :OUTPUT))))
                HOW))))
    STREAM))
                    ; Wert von OPEN ist ein mit FILE verknüpfter Ein- oder
                    ; Ausgabe-Stream; der Wert wird in den anderen Ein-Ausgabe-
                    ; funktionen als Argument benötigt

(DEFUN CLOSE (STREAM)
  (SETQ *STREAM-LINELENGTHS*
        (LISP:DELETE STREAM
                     *STREAM-LINELENGTHS*
                     :KEY #'CAR))
  (LISP:CLOSE STREAM))
                    ; Schließen eines Streams, außerdem wird der zugehörige Stream
                    ; samt Zeilenlänge aus der Liste *STREAM-LINELENGTHS*
                    ; entfernt

(DEFUN PAGELENGTH (X) 0)
                    ; Setzen der Seitenlänge, nicht implementiert

(DEFUN POSN () 0)
                    ; Position in der Ausgabezeile, nicht implementiert

(DEFUN PRIN1 (X &OPTIONAL (STREAM *STANDARD-OUTPUT*))
  (PRIN1-2 X T STREAM)
  X)
                    ; wie PRIN1 in COMMON LISP, Ausdruck mit Fluchtsymbolen
                    ; und Stringbegrenzern

(DEFUN PRIN2 (X &OPTIONAL (STREAM *STANDARD-OUTPUT*))
  (PRIN1-2 X NIL STREAM)
  X)
                    ; wie PRINC in COMMON LISP, Ausdruck ohne Fluchtsymbole
                    ; und Stringbegrenzer

(DEFUN PRINC (X &OPTIONAL (STREAM *STANDARD-OUTPUT*))
  (PRIN1-2 X NIL STREAM)
  X)
                    ; andere Bedeutung als in COMMON LISP, Ausgabe eines
                    ; Ein-Zeichen-Symbols
```

```
(DEFUN PRINT (X &OPTIONAL (STREAM *STANDARD-OUTPUT*))
  (PRIN1 X STREAM)
  (TERPRI STREAM)
  X)
                    ; ähnlich wie PRINT in COMMON LISP, aber in Standard LISP
                    ; Zeilenende nach Ausgabe

(DEFMACRO PRINT-CHARACTER (CH STREAM)
  `(WRITE-CHAR ,CH ,STREAM))
                    ; Hilfsfunktion, Ausgabe eines Zeichens

(DEFMACRO PRINT-STRING-CONTENTS (STRING STREAM)
  `(WRITE-STRING ,STRING ,STREAM))
                    ; Hilfsfunktion, Ausgabe eines Strings

(DEFMACRO WHITESPACE (STREAM)
  `(WRITE-CHAR #\SPACE ,STREAM))
                    ; Hilfsfunktion, Ausgabe eines Leerzeichens

(DEFMACRO TOKEN-DONE ()
  NIL)
                    ; Hilfsfunktion

(DEFMACRO PRINT-ANYTHING (OBJECT SLASHIFY-P STREAM)
                    ; Ausdrucken eines beliebigen LISP-Objektes, hat SLASHIFY-P
                    ; den Wert T, so wird mit PRIN1, sonst wird mit PRINC
                    ; gedruckt
  (LET ((OBJ (GENSYM))
        (STR (GENSYM)))
       `(LET ((,OBJ ,OBJECT)
              (,STR ,STREAM))
             (IF ,SLASHIFY-P
                 (LISP:PRIN1 ,OBJ ,STR)
                 (LISP:PRINC ,OBJ ,STR)))))

(DEFUN PRIN1-2 (OBJECT SLASHIFY-P STREAM)
                    ; Ausdrucken eines LISP-Objektes, im folgenden COND werden
                    ; je nach Typ von OBJECT verschiedene Druckfunktionen
                    ; aufgerufen
  (COND ((CONSP OBJECT) (PRIN1-2-CONS OBJECT
                                      SLASHIFY-P
                                      STREAM))
                    ; OBJECT ist ein Paar
        ((SYMBOLP OBJECT) (PRIN1-2-SYMBOL OBJECT
                                          SLASHIFY-P
                                          STREAM))
                    ; OBJECT ist ein Symbol
```

```
        ((ARRAYP OBJECT) (PRIN1-2-ARRAY OBJECT
                                        SLASHIFY-P
                                        STREAM))
                ; OBJECT ist ein Array
        (T (PRINT-ANYTHING OBJECT SLASHIFY-P STREAM))))

(DEFUN PRIN1-2-CONS (OBJECT SLASHIFY-P STREAM)
                ; Hilfsfunktion zur Ausgabe eines Paares
  (PRINT-CHARACTER #\( STREAM)
                ; linke Klammer vor CAR des Paares drucken
  (TOKEN-DONE)
  (PRIN1-2 (CAR OBJECT) SLASHIFY-P STREAM)
                ; CAR des Paares ausgeben
  (DO ((LIST (CDR OBJECT) (CDR LIST)))
                ; in diesem DO wird der CDR des Paares ausgegeben, die
                ; Ausgabe ist beendet, wenn dieser CDR nur noch ein Atom ist
                ; (das kann auch NIL sein)
      ((ATOM LIST) (WHEN (NOT (NULL LIST))
                         (WHITESPACE STREAM)
                         (PRINT-CHARACTER #\. STREAM)
                         (WHITESPACE STREAM)
                         (PRIN1-2 LIST
                                  SLASHIFY-P
                                  STREAM)))
                ; ist der CDR von OBJECT irgendwann ein von NIL
                ; verschiedenes Atom, so muß ein Punkt und anschließend dieser
                ; CDR ausgegeben werden
      (WHITESPACE STREAM)
      (PRIN1-2 (CAR LIST) SLASHIFY-P STREAM))
                ; in der DO-Schleife werden nacheinander die Elemente des CDR
                ; von OBJECT ausgegeben
  (PRINT-CHARACTER #\) STREAM)
                ; abschließende rechte Klammer drucken
  (TOKEN-DONE))

(DEFUN PRIN1-2-SYMBOL (OBJECT SLASHIFY-P STREAM)
                ; Ausgabe eines Symbols, hat SLASHIFY-P den Wert T, so
                ; erfolgt die Ausgabe mit Fluchtsymbolen
  (LET* ((NAME (SYMBOL-NAME OBJECT))
         (LEN (LISP:LENGTH NAME)))
    (IF SLASHIFY-P
                ; SLASHIFY-P hat den Wert T
        (PROGN (IF (= LEN 0)
                   (PRINT-STRING-CONTENTS "||" STREAM)
                ; Symbolname hat die Länge Null
                   (IF (DIGIT-CHAR-P (CHAR NAME 0))
                       (PRINT-CHARACTER #\! STREAM)))
                ; Name beginnt mit Ziffer, erstes Zeichen muß geflüchtet werden
```

```
                (DOTIMES (I LEN)
                  (LET
                    ((CH (CHAR NAME I)))
                    (WHEN (NOT (OR (UPPER-CASE-P CH)
                                   (DIGIT-CHAR-P CH)))
                          (PRINT-CHARACTER #\! STREAM))
                    (PRINT-CHARACTER CH STREAM))))
                ; restliche Zeichen des Symbolnamens werden (evtl. mit
                ; Fluchtsymbol) einzeln ausgegeben
          (PRINT-STRING-CONTENTS NAME STREAM))
                ; SLASHIFY-P hat Wert NIL, Ausgabe des Namens mit PRINT-
                ; STRING-CONTENTS
      (TOKEN-DONE)))

(DEFUN PRIN1-2-ARRAY (OBJECT SLASHIFY-P STREAM)
                ; Ausgabe eines Arrays
  (IF (EQL (ARRAY-RANK OBJECT) 1)
                ; Spezielle Ausgabefunktionen nur für Array mit Rang 1 (Vektor)
      (TYPECASE OBJECT
                (STRING (PRIN1-2-STRING
                              OBJECT SLASHIFY-P STREAM))
                ; auszugebender Vektor ist ein String
                ((VECTOR T) (PRIN1-2-VECTOR
                                 OBJECT SLASHIFY-P STREAM))
                ; Ausgabe eines "echten" Vektors
                (OTHERWISE (PRINT-ANYTHING
                                OBJECT SLASHIFY-P STREAM)))
      (PRINT-ANYTHING OBJECT SLASHIFY-P STREAM)))

(DEFUN PRIN1-2-STRING (OBJECT SLASHIFY-P STREAM)
                ; Ausgabe eines Strings, hat SLASHIFY-P den Wert T, so
                ; erfolgt die Ausgabe mit Fluchtsymbolen und Stringbegrenzern
  (IF SLASHIFY-P
      (PROGN (PRINT-CHARACTER #\" STREAM)
                ; einleitenden Stringbegrenzer ausgeben
             (DOTIMES (I (LISP:LENGTH OBJECT))
                      (LET
                        ((CH (CHAR OBJECT I)))
                        (WHEN (CHAR= CH #\")
                              (PRINT-CHARACTER #\"
                                               STREAM))
                        (PRINT-CHARACTER CH STREAM)))
                ; String zeichenweise ausdrucken
             (PRINT-CHARACTER #\" STREAM))
                ; abschließenden Stringbegrenzer ausgeben
      (PRINT-STRING-CONTENTS OBJECT STREAM)))
                ; Ausgabe des Strings ohne Fluchtsymbole und Stringbegrenzer
```

```
(DEFUN PRIN1-2-VECTOR (OBJECT SLASHIFY-P STREAM)
                    ; Ausgabe eines "echten" Vektors, hat SLASHIFY-P den Wert T,
                    ; so erfolgt die Ausgabe der einzelnen Vektorelemente mit
                    ; Fluchtsymbolen und Stringbegrenzern
  (LET ((LEN (LISP:LENGTH OBJECT)))
       (PRINT-CHARACTER #\[ STREAM)
                    ; beginnende linke eckige Klammer ausgeben
       (WHEN (> LEN 0)
             (TOKEN-DONE)
             (PRIN1-2 (SVREF OBJECT 0)
                      SLASHIFY-P STREAM)
                    ; 0-te Vektorkomponente ausgeben
             (DO ((I 1 (+ I 1)))
                 ((>= I LEN))
                 (WHITESPACE STREAM)
                 (PRIN1-2 (SVREF OBJECT I)
                          SLASHIFY-P
                          STREAM)))
                    ; weitere Vektorkomponenten einzeln durch Leerzeichen getrennt
                    ; ausdrucken
       (TOKEN-DONE)
       (PRINT-CHARACTER #\] STREAM)
                    ; abschließende rechte eckige Klammer ausgeben
       (TOKEN-DONE)))

(DEFUN RDS (STREAM)
                    ; Umsetzen des aktuellen Eingabefiles
  (WHEN (NULL STREAM)
        (SETF STREAM *TERMINAL-IO*))
                    ; hat STREAM den Wert NIL, so wird der Eingabefile auf den
                    ; Standardfile *TERMINAL-IO* zurückgesetzt
  (PROG1 *STANDARD-INPUT*
         (SETF *STANDARD-INPUT* STREAM)))
                    ; ansonsten wird der Eingabefile auf STREAM umgesetzt; Wert
                    ; ist der vorige Eingabefile

; READ
                    ; unverändert, die Funktionalität wurde durch Abwandlung der
                    ; Readtable geändert

(DEFVAR $EOF$ '$EOF$)
                    ; globale Systemvariable in Standard LISP, Wert der
                    ; Eingabefunktionen bei Erreichen des Endes der Lesedatei
```

```
(DEFUN READCH ()
                  ; Lesen eines Zeichens und wandeln in ein Ein-Zeichen-Symbol
  (LET ((CH (READ-CHAR *STANDARD-INPUT* NIL $EOF$)))
    (IF (EQ CH $EOF$)
        CH
        (SVREF SINGLE-CHARACTER-SYMBOLS
               (CHAR-CODE CH)))))
                  ; das zum eingelesenen Zeichen gehörende Ein-Zeichen-Symbol
                  ; wird aus dem Array SINGLE-CHARACTER-SYMBOLS geholt

; TERPRI
                  ; unverändert

(DEFUN WRS (STREAM)
                  ; Umsetzen des aktuellen Ausgabefiles
  (WHEN (NULL STREAM)
        (SETF STREAM *TERMINAL-IO*))
                  ; hat STREAM den Wert NIL, so wird der Ausgabefile auf den
                  ; Standardfile *TERMINAL-IO* zurückgesetzt
  (PROG1 *STANDARD-OUTPUT*
         (SETF *STANDARD-OUTPUT* STREAM)))
                  ; ansonsten wird der Ausgabefile auf STREAM umgesetzt; Wert
                  ; ist der vorige Ausgabefile
```

(16) Globale Systemvariablen

Zu den globalen Systemvariablen gehören auch die bereits oben definierten Variablen *COMP, EMSG* und EOF.

```
(DEFVAR $EOL$ '\ )
                  ; nur in Standard LISP: Wert von READCH und Argument von
                  ; PRINC bei Zeilenende
                  ; Achtung: Hier echtes <eol>-Zeichen einfügen!

(DEFVAR *GC NIL)
                  ; nur in Standard LISP vorhanden, Ausgabe von Information bei
                  ; Garbage Collections, nicht implementiert

; NIL
                  ; unverändert

(DEFVAR *RAISE T)
                  ; nur in Standard LISP vorhanden, Eingabe wird automatisch in
                  ; Großbuchstaben gewandelt, nicht implementiert

; T
                  ; unverändert
```

Aufgaben

Aufgabe 2-1 - LITER, ASSOC, SUBLIS

Man definiere die folgenden Standard LISP-Funktionen:

a) (LITER X)

LITER prüft, ob das Argument X ein alphabetisches Ein-Zeichen-Symbol ist. Beispiel:

```
> (LITER 'X)
= T
> (LITER 'XY)
= NIL
> (LITER '!7)
= NIL
> (LITER 7)
= NIL
```

b) (ASSOC X ALIST)

ASSOC geht die Paare in der Assoziationsliste ALIST nacheinander durch und vergleicht deren CAR mit X. Sobald es ein Paar antrifft, dessen CAR mit X übereinstimmt, gibt es dieses Paar als Wert zurück. Findet es kein solches Paar, ist der Wert NIL. Zum Vergleich wird EQUAL benutzt - in Abweichung vom Default EQL in COMMON LISP. Beispiel:

```
> (ASSOC '(Y Z) '((X . A) ((Y Z) . B)))
= ((Y Z) . B)
```

c) (SUBLIS ALIST L)

SUBLIS hat als Argumente eine Assoziationsliste ALIST und eine beliebige Liste L. SUBLIS ersetzt in L alle Elemente, zu denen es ein Paar mit gleichem CAR gibt, durch den entsprechenden CDR. Beispiel:

```
> (SUBLIS '((A . 1) (B . 2) (C . 3)) '(C A R))
= (3 1 R)
> (SUBLIS '((CAR . FIRST) (CDR . REST)) '(CAR
(CDR X)))
= (FIRST (REST X))
```

Aufgabe 2-2 - FLUID, FLUIDP

Man definiere die Standard LISP-Funktionen FLUID und FLUIDP. FLUID hat als Argument eine Liste von Variablen, die es als SPECIAL deklariert. FLUIDP prüft, ob eine Variable als SPECIAL deklariert ist. Beispiel:

```
> (FLUID '(!*A1!* !*A2!*))
= NIL
> (FLUIDP '!*A1!*)
= T
```

Aufgabe 2-3 - COMPRESS, EXPLODE

Man definiere die Standard LISP-Funktionen COMPRESS und EXPLODE. COMPRESS erzeugt aus einer Liste von Ein-Zeichen-Symbolen ein nicht-interniertes Symbol, eine Zahl oder einen String. Beispiel:

```
> (COMPRESS '(A !1 B !2))
= #:A1B2                                  nicht-interniertes Symbol
> (COMPRESS '(!1 !2 !3))
= 123                                     Zahl
> (COMPRESS '(!" S T R !1 !"))
= "STR1"                                  String
```

EXPLODE ist die Umkehrfunktion zu COMPRESS. Sie zerlegt ein Symbol, eine Zahl oder einen String in Ein-Zeichen-Symbole. Beispiel:

```
> (EXPLODE 'AT1)
= (A T !1)
> (EXPLODE 12.4)
= (!1 !2 !. !4)
> (EXPLODE "a..z,A..Z")
= (!" !a !. !. !z !, A !. !. Z !")
```

3

Suchen

In der Künstlichen Intelligenz treten häufig Problemstellungen auf, zu deren Lösung kein konstruktiver Algorithmus, wie etwa der zur Lösung einer quadratischen Gleichung, bekannt ist. Solche Probleme werden mit einer Versuch- und Irrtum-Strategie angegangen, indem man eine Menge, von der man weiß, daß sie Lösungen des Problems enthält, systematisch nach einer Lösung durchsucht. Die Algorithmen, die so vorgehen, nennt man allgemein *Suchalgorithmen*.

Ein Beispiel für eine derartige Problemstellung ist das Acht-Damen-Problem: Man stelle acht Damen (die sich horizontal, vertikal und diagonal bewegen können) so auf ein Schachbrett, daß sie sich nicht gegenseitig bedrohen. Zur Lösung geht man so vor, daß man die Damen nacheinander plaziert. Wenn eine weitere Plazierung unmöglich ist, muß man bereits gesetzte Damen wieder entfernen (s. Bild 3-1).

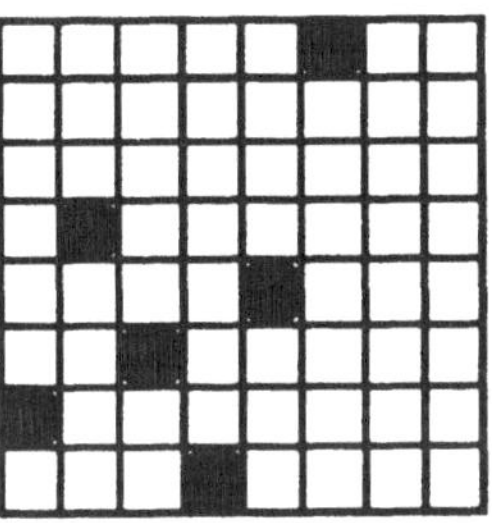

Bild 3-1: Acht-Damen-Problem

Ein etwas anders geartetes Problem ist es, in dem in Bild 3-2 dargestellten Ausschnitt des süddeutschen Autobahnnetzes einen Weg von Frankfurt nach Stuttgart zu finden.

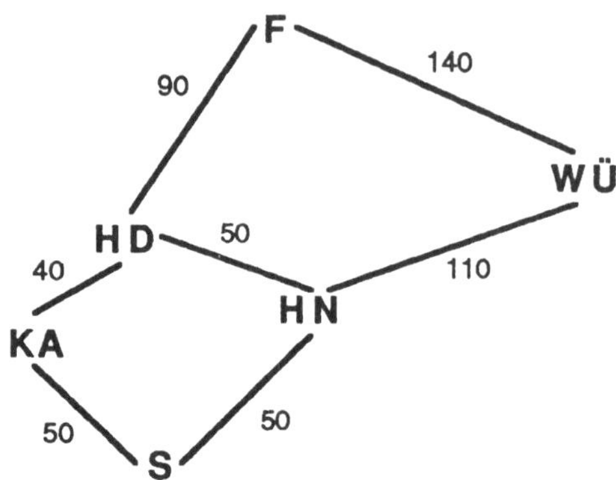

Bild 3-2: Autobahnnetz

Diese Aufgabe wird der Mensch normalerweise nicht durch "Versuch und Irrtum" lösen, er wird sofort einen Weg "sehen". Nicht so leicht "sieht" man dagegen die Lösung der Aufgabe, den kürzesten Weg zu finden.

Im ersten Teil dieses Kapitels beschreiben wir nach der Einführung einiger Bezeichnungen verschiedene Algorithmen zur Lösung von Suchproblemen. Wir unterscheiden zwei Klassen von Algorithmen: solche, die überhaupt eine Lösung finden, und solche, die eine optimale Lösung finden. Wir behandeln zunächst die beiden Grundalgorithmen zur Ermittlung einer beliebigen Lösung: *Depth First-* und *Breadth First-Suche* und anschließend den *Branch and Bound-* und den *A*-Algorithmus* zur Bestimmung einer optimalen Lösung. Im zweiten Teil des Kapitels folgt ein Programm für den A*-Algorithmus. Er wird auf eine konkrete Aufgabe, die Lösung des "15-Puzzles", angewandt.

Eine besondere Art von Suchproblemen stellen die Spiele mit zwei Spielern dar. Hier kann der Weg von der Anfangsstellung zur Gewinnstellung nicht im voraus bestimmt werden, da jeweils die Reaktionen des Gegners zu berücksichtigen sind. Das Suchen in Spielbäumen behandeln wir wegen seiner Besonderheiten in einem eigenen Kapitel.

Suchalgorithmen

Bezeichnungen

Suchalgorithmen finden von einer Anfangssituation, dem *Anfangszustand*, ausgehend eine Lösung, einen *Zielzustand*. Von einem Zustand aus erreichen sie einen oder mehrere neue Zustände durch Ausführung einer problemabhängigen Operation:

"Bestimmung der direkten Folgezustände". Diese Operation ist z. B. beim Acht-Damen-Problem das Aufstellen einer zusätzlichen Dame auf das Brett. Die Menge aller vom Anfangszustand aus durch mehrfache Anwendung dieser Operation erreichbaren Zustände wird als *Zustandsraum* bezeichnet. Deshalb spricht man auch vom *Suchen im Zustandsraum* (state space search). Eine Folge von Zuständen heißt *Weg*, eine Folge von Zuständen, die vom Anfangs- zum Zielzustand führen, heißt *Lösungsweg*.

Es ist nützlich, sich den Zustandsraum als *Netz* oder *Baum* vorzustellen. Die *Knoten* im Netz oder Baum entsprechen dann den Zuständen, die *Kanten* verbinden Zustände mit den direkten Folgezuständen. Im Falle eines Baumes bildet der Anfangszustand, der *Startknoten*, die *Wurzel* des Baums. Durch die Bestimmung der Folgezustände erhält man die *direkten Nachfolger* eines Knotens; der Knoten selbst wird als der *direkte Vorgänger* dieser neuen Knoten bezeichnet. Der Baum, der auf diese Art als Abbildung des Zustandsraumes entsteht, heißt *Suchbaum*. Im Gegensatz zum Baum kann in einem Netz ein Knoten mehrere direkte Vorgänger haben. Dabei sind *Rundwege* von einem Knoten über mehrere Nachfolger zum gleichen Knoten zurück möglich. Netze lassen sich immer in Bäume transformieren, wenn man Rundwege ausschließt. Man beendet Äste, wenn sich der Nachfolger eines Knotens bereits im Ast befindet. Bild 3-3 zeigt die Baumdarstellung des Autobahnnetzes aus Bild 3-2.

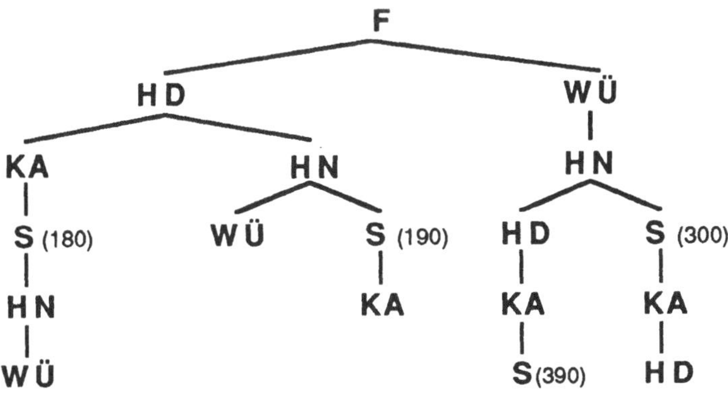

Bild 3-3: Autobahnnetz in Baumdarstellung

Das Erzeugen der direkten Nachfolger eines Knotens heißt *Expandieren* oder *Expansion* des Knotens. Ein Knoten, der keine Nachfolger hat, heißt *Blattknoten*, ein Knoten, der einen Zielzustand darstellt, heißt *Zielknoten*. In einem Netz oder Suchbaum kann es mehrere Zielknoten geben.

Grundsätzlich sind zwei Typen von Suchalgorithmen zu unterscheiden: solche, die irgendeinen Lösungsweg finden, und solche, die einen kürzesten Weg finden. Im zweiten Fall ist mit jeder Kante ein Wert verbunden, welcher ihre *Länge* darstellt, z. B. beim Problem des Autobahnnetzes die Weglänge. Allgemein stellt dieser Wert die *Kosten* dar, die beim Übergang von einem Knoten zu einem direkten Nachfolger entstehen. Ein *kürzester* oder *optimaler Weg* ist dann ein Lösungsweg, bei dem die Gesamtkosten möglichst gering sind. Diesen Lösungsweg bezeichnet man auch als *Optimallösung*. In unserem Wegenetz gibt es mehrere Wege von F nach S. Die Optimallösung ist offensichtlich der Weg (F HD KA S).

Depth First-, Breadth First- und Branch and Bound-Algorithmus formulieren wir für Bäume, um die Grundideen der Suchalgorithmen zu vermitteln. Den A*-Algorithmus formulieren wir so, daß er auch für Netze geeignet ist.

Suchalgorithmen für beliebige Lösungen: Depth First- und Breadth First-Suche

Die Suchalgorithmen durchsuchen den Suchbaum, ausgehend von der Wurzel, nach einem Zielknoten. Haben sie einen solchen gefunden, geben sie den Zielknoten und evtl. auch den Weg von der Wurzel zum Zielknoten als Lösung aus. Wegen des oft großen Umfangs stellt man den Suchbaum nicht vollständig vor Beginn der Suche auf, sondern erzeugt die Knoten bei Bedarf während der Suche. Die Expansion eines Knotens ist meist sehr aufwendig - man denke an den Aufwand, eine erlaubte Position für eine zusätzliche Dame auf dem Spielbrett zu finden. Die Suchalgorithmen unterscheiden sich insbesondere darin, in welcher Reihenfolge und in welchem Umfang die Knoten des Baums untersucht werden. Ein wichtiges Ziel ist, möglichst wenige Knoten zu expandieren.

Der *Depth First-Algorithmus* geht - wie sein Name sagt - "in die Tiefe" des Suchbaums. Ist man an einem Knoten angelangt, der kein Zielknoten ist, untersucht man sofort einen seiner direkten Nachfolgerknoten. Ist dieser auch kein Zielknoten, geht man sofort eine Ebene tiefer in den Baum, usw. Alternativen auf der gleichen Ebene werden ignoriert, solange Aussicht besteht, auf dem begonnenen Weg ans Ziel zu gelangen. Erst wenn sich ein Ast als Irrweg herausgestellt hat, geht man zur letzten Gabelung zurück und durchsucht einen anderen von dort abgehenden Ast.

Algorithmus: Depth First

1. Bilde eine einelementige Warteschlange, die nur aus dem Startknoten besteht.
2. Ist die Warteschlange leer?

   ja: Fehler, es gibt keinen Weg vom Start- zum Zielknoten.

   nein: Gehe nach 3.
3. Ist das erste Element der Warteschlange ein Zielknoten?

   ja: Fertig, Lösung ausgeben.

   nein: Hole das erste Element aus der Warteschlange heraus und füge seine direkten Nachfolger (wenn vorhanden) am Anfang der Warteschlange ein, gehe dann nach 2.

Das zentrale Hilfsmittel dieses Algorithmus ist die Warteschlange, welche die nicht expandierten Knoten enthält, die im Verlauf der Suche evtl. noch betrachtet werden. Solche Knoten bezeichnen wir im folgenden als *offene Knoten*. Knoten, die bereits untersucht und expandiert sind, heißen *geschlossene Knoten*. Beim Depth First-Algorithmus werden die Nachfolger eines Knotens vorne in die Warteschlange eingefügt. Dadurch werden sie anschließend sofort als erste untersucht. Im folgenden LISP-Programm ist der Kern des Depth First-Algorithmus realisiert. Die Funktion GOALP prüft, ob ein Knoten ein Zielknoten ist.

```
(DEFUN DEPTH-FIRST-SEARCH (START GOAL)
  (SEARCH1 (CONS START NIL) GOAL)  )

(DEFUN SEARCH1 (NODE-LIST GOAL)
  (COND ((NULL NODE-LIST) 'NOSOLUTION)
        ((GOALP (CAR NODE-LIST)) (LISTSOLUTION ...))
        (T (SEARCH1 (APPEND (EXPAND (CAR NODE-LIST))
                            (CDR NODE-LIST))
                    GOAL)))  )
```

Vorsicht: Der Depth First-Algorithmus "verläuft" sich leicht auf langen Ästen, die nicht zum Ziel führen. In der Praxis baut man daher oft eine Schranke für die Suchtiefe ein, die nicht überschritten werden darf. Der Algorithmus ist gut geeignet, wenn die maximale Suchtiefe von Anfang an durch das Problem gegeben ist. Ein Beispiel hierfür ist das Acht-Damen-Problem, bei dem die Suchtiefe maximal acht beträgt.

Das Gegenstück zur Depth First-Suche ist die *Breadth First-Suche*. Hier geht man "in die Breite" des Suchbaums. Man untersucht zunächst alle Knoten auf der gleichen Ebene, erst dann betrachtet man die Knoten auf der nächsten Ebene des Baums. Breadth First-Algorithmus und Depth First-Algorithmus unterscheiden sich lediglich darin, daß beim Breadth First-Algorithmus neu erzeugte Knoten am Ende der Warteschlange eingefügt werden. Damit ist nur Schritt 3 des Depth First-Algorithmus zu ändern in:

3. Ist das erste Element der Warteschlange ein Zielknoten?

   ja: Fertig, Lösung ausgeben.

   nein: Hole das erste Element aus der Warteschlange heraus und füge seine direkten Nachfolger (wenn vorhanden) am Ende der Warteschlange ein, gehe dann nach 2.

Entsprechend wenig unterscheiden sich die LISP-Programme. In der Funktion BREADTH-FIRST-SEARCH werden die direkten Nachfolger am Ende der NODE-LIST eingefügt, während sie in der Funktion DEPTH-FIRST-SEARCH vorne in die NODE-LIST eingefügt werden.

```
(DEFUN BREADTH-FIRST-SEARCH (START GOAL)
  (SEARCH1 (CONS START NIL) GOAL)  )

(DEFUN SEARCH1 (NODE-LIST GOAL)
  (COND ((NULL NODE-LIST) 'NOSOLUTION)
        ((GOALP (CAR NODE-LIST)) (LISTSOLUTION ...))
        (T (SEARCH1 (APPEND (CDR NODE-LIST)
                            (EXPAND (CAR NODE-LIST)))
                  GOAL)))  )
```

Die Breadth First-Suche eignet sich gut für Bäume, deren Knoten immer nur wenige direkte Nachfolger haben. Andernfalls wird auf tieferen Ebenen des Suchbaums die Menge der zu untersuchenden Knoten zu groß.

Die beiden genannten Algorithmen lassen sich in verschiedener Weise dadurch verbessern, daß man eine Schätzung der Entfernung eines erzeugten Knotens vom Ziel in den Algorithmus einbezieht. Knoten, die dieser Schätzung nach näher am Ziel liegen, plaziert man in der Warteschlange vor solchen Knoten, die weiter vom Ziel entfernt scheinen. Um die Knoten in diesem Sinne bewerten zu können, verwendet man problemabhängige Informationen. Algorithmen dieser Art sind z. B. in Winston [1987] beschrieben.

Suchalgorithmen für optimale Lösungen: Branch and Bound und A*

In diesem Abschnitt werden Suchalgorithmen besprochen, welche einen kürzesten oder optimalen Weg von einem Startknoten zu einem Zielknoten finden. Der optimale Weg ist nicht notwendig eindeutig. Es wird vorausgesetzt, daß mit den Kanten zwischen einem Knoten und seinen direkten Nachfolgern Kosten verknüpft sind. Im Beispiel des Autobahnnetzes sind diese Kosten die Entfernungen zwischen zwei Städten in Straßenkilometern.

Als erste Möglichkeit, einen optimalen Weg zu finden, bietet sich folgendes Verfahren an: Zunächst suche man alle Lösungswege, berechne ihre Gesamtkosten und wähle anschließend den Weg mit den geringsten Gesamtkosten aus. Leider ist dieses Verfahren normalerweise wegen des Umfangs der Suchbäume nicht durchführbar. Deshalb versucht man durch geschicktes "Voraussehen", möglichst wenige Wege auszuprobieren und trotzdem einen optimalen zu finden.

Wir wollen hier einen der wichtigsten Algorithmen zur Ermittlung einer optimalen Lösung vorstellen und anwenden, den A*-Algorithmus. Er beinhaltet eine Reihe von Ideen, die wir nacheinander erläutern. Praktisch beeinflussen sie alle die Reihenfolge, in der die offenen Knoten in die Warteschlange eingefügt werden.

Die entscheidende Frage ist, wie man überhaupt ohne Auswertung aller Lösungswege einen optimalen Weg finden kann. Eine erste Idee ist, jeweils den Knoten an die

Spitze der Warteschlange zu stellen und als ersten zu untersuchen, der den kürzesten Abstand (d. h. die geringsten Kosten) vom Startknoten hat.

Die zweite Idee wollen wir anhand eines Beispiels erläutern. Betrachten wir das Autobahnnetz in Bild 3-2, in dem ein optimaler Weg von Frankfurt nach Karlsruhe gefunden werden soll. Expansion von F führt zu den Knoten HD mit der Entfernung 90 und WÜ mit der Entfernung 140. Also wird als nächstes der Knoten HD expandiert und der Nachfolger KA gefunden, der gleichzeitig Zielknoten ist. Mit der Entfernung 40 zwischen HD und KA hat der Lösungsweg F-HD-KA die Gesamtlänge 130. Jeder Weg von F über WÜ nach KA ist länger, da bereits der Teilweg F-WÜ die Länge 140 hat, und braucht deshalb nicht weiter verfolgt zu werden.

Allerdings ist nicht immer der erste Weg, der das Ziel erreicht, auch der optimale. Wie das folgende Beispiel zeigt, kann der letzte Schritt eines Weges zum Zielknoten mit sehr großen Kosten verbunden sein und dadurch ein Weg, der zunächst hohe Kosten zu haben schien, doch ein optimaler sein.

Beispiel: Suche einen kürzesten Weg von S nach G

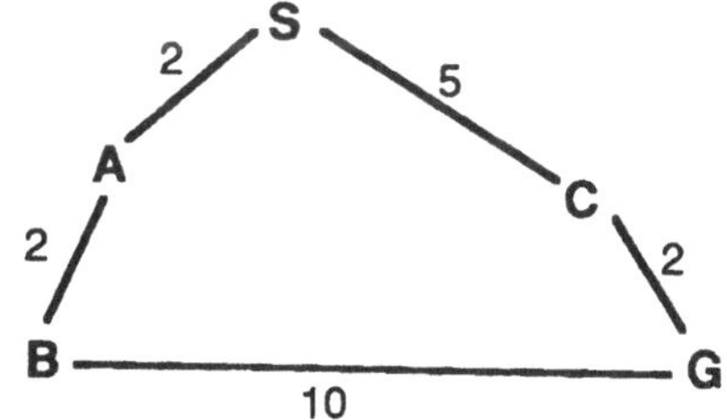

Der Weg über B erscheint zunächst kürzer, aber die Entfernung 10 zwischen B und G ergibt einen Weg der Länge 14, während der Weg S - C - G nur die Länge 7 hat.

Deshalb heißt das Abbruchkriterium für den Algorithmus:

> Die Suche ist beendet, wenn der kürzeste unvollständige Weg länger ist als der kürzeste vollständige Weg.

Der geschilderte Algorithmus wird *Branch and Bound-Algorithmus* genannt.

Algorithmus: Branch and Bound

1. Bilde eine Warteschlange aus Teilwegen. Zuerst besteht diese Schlange nur aus dem Teilweg mit den Kosten Null vom Startknoten zum Startknoten.
2. Ist die Warteschlange leer?

   ja: Fehler, es gibt keinen Weg vom Start- zum Zielknoten.

   nein: Gehe nach 3.

3. Erreicht der erste Teilweg der Warteschlange das Ziel?

   ja: Fertig, Teilweg ist optimaler Weg, diesen ausgeben.

   nein: a) Lösche den ersten Teilweg in der Warteschlange.

   b) Expandiere den letzten Knoten des ersten Teilweges, es entstehen neue Teilwege.

   c) Füge die entstandenen neuen Teilwege in die Warteschlange ein.

   d) Sortiere die Wege in der Warteschlange nach ihrer Länge, so daß der Weg mit den geringsten Kosten am Anfang steht.

   e) Gehe nach 2.

Da in dieser Formulierung des Algorithmus auch die Wege in die Warteschlange eingefügt werden, die das Ziel bereits erreicht haben, wird das Abbruchkriterium automatisch realisiert. Man beachte, daß die Warteschlange aus Wegen und nicht einfach aus Knoten besteht.

Der A*-Algorithmus ist eine in zwei Punkten verbesserte Variante des Branch and Bound-Algorithmus. Die erste Verbesserung ist folgende: Wenn es zu einem bestimmten Knoten mehrere Wege gibt, genügt es offensichtlich, den mit den geringsten Kosten weiter zu verfolgen. Dadurch wird die Warteschlange verkürzt.

Die zweite Änderung ist nicht so offensichtlich, und der Grad der Verbesserung (verglichen mit dem erhöhten Rechenaufwand) kann nicht genau bestimmt werden. Bei vielen Problemen kann man schätzen, wie weit ein Knoten vom Ziel entfernt ist. In einem Netz von Städten ist z. B. die Luftlinie eine solche Schätzung. Diese Schätzung verwendet man in Verbindung mit der berechneten Entfernung vom Startknoten. Man erhält damit für jeden betrachteten Knoten einen Schätzwert für die Länge des Lösungsweges über diesen Knoten. Den Teilweg mit dem kleinsten Schätzwert verfolgt man dann weiter.

Zur Erleichterung der Diskussion führen wir folgende Bezeichnungen ein. Wenn N ein Knoten im Netz ist, bezeichne

$g(N)$	-	die Kosten des Weges mit den geringsten Kosten vom Startknoten S nach N,
$h(N)$	-	die Kosten des Weges mit den geringsten Kosten von N zum Zielknoten G,
$f(N) = g(N) + h(N)$	-	die Kosten des Weges mit den geringsten Kosten von S über N nach G.

Wären diese Werte von vornherein bekannt, könnte man auf die Suche ganz verzichten. Man brauchte nur jeweils zum Nachfolger mit dem kleinsten f-Wert zu gehen. Bekannt werden aber im Laufe der Suche nur folgende Werte (für die sich die Bezeichnungen g-Dach usw. eingebürgert haben):

g^(N)	-	Kosten des Weges mit den geringsten Kosten unter den bisher gefundenen Wegen von S nach N,
h^(N)	-	geschätzte Kosten des Weges mit den geringsten Kosten von N nach G,
f^(N) = g^(N)+h^(N)	-	geschätzte Kosten des Weges mit den geringsten Kosten von S über N nach G.

Der g^-Wert eines Knotens kann sich ändern, wenn während der Suche weitere Wege zu diesem Knoten gefunden werden. Hat ein neuer Teilweg zu einem Knoten N Kosten, die kleiner als g^(N) sind, so bekommt N als neuen g^-Wert diese geringeren Kosten zugewiesen.

Weiter ist zu beachten, daß das Verfahren nur dann garantiert einen optimalen Weg von S nach G findet, wenn die Funktion h^ in jedem Knoten die verbleibenden Kosten zum Ziel unterschätzt. Dadurch wird gewährleistet, daß vollständige Wege nicht besser eingestuft werden als unvollständige Wege, deren Gesamtkosten man überschätzt hat und die in Wirklichkeit geringer sind. Ist die in h^ gegebene Schätzung zu groß, läuft der Algorithmus evtl. lange um die optimale Lösung herum oder findet sie überhaupt nicht.

Beispiel: Suche eines kürzesten Weges von S nach G bei Überschätzung von h^:

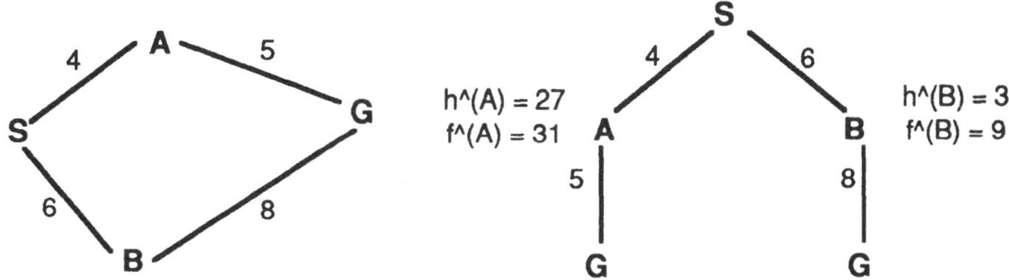

Die Schätzung der Länge des Weges über A nach G ist 31, die über B nach G ist 9, also wird der Teilweg S-B weiterverfolgt und der Weg S-B-G mit der Länge 14, der offenbar nicht der kürzeste Weg ist, als Lösung gefunden.

Algorithmus: A* (Version 1)

1. Bilde eine Warteschlange aus Teilwegen. Zuerst besteht diese Schlange nur aus dem Teilweg mit den Kosten Null vom Startknoten zum Startknoten.
2. Ist die Warteschlange leer?

   ja: Fehler, es gibt keinen Weg vom Start- zum Zielknoten.

   nein: Gehe nach 3.

3. Erreicht der erste Teilweg der Warteschlange das Ziel?

   ja: Fertig, Teilweg ist optimaler Weg, diesen ausgeben.

   nein: a) Lösche den ersten Teilweg in der Warteschlange.

   b) Expandiere den letzten Knoten des ersten Teilweges (wenn möglich), es entstehen neue Teilwege.

   c) Füge die entstandenen neuen Teilwege in die Warteschlange ein.

   d) Sortiere die Wege in der Warteschlange nach dem f^-Wert des jeweils letzten Knotens der Teilwege, so daß der Teilweg mit dem kleinsten f^-Wert am Anfang steht.

   e) Gibt es in der Warteschlange mehr als einen Weg zu einem bestimmten Knoten, so behalte nur den mit den geringsten Kosten (den mit kleinstem g^-Wert) in der Schlange.

   f) Gehe nach 2.

Man beachte, daß sich gegenüber dem Branch and Bound-Algorithmus nur die Schritte 3d und 3e geändert haben.

Eine genaue Untersuchung des A*-Algorithmus findet sich bei Nilsson [1971].

In der obigen Form ist der A*-Algorithmus schwer in ein effizientes Programm umzusetzen. Insbesondere sind die Realisierung des Schrittes 3e und die Abspeicherung der Wege aufwendig. Deshalb geben wir noch eine andere Darstellung des Algorithmus, die sich nicht an den Wegen sondern an den Knoten orientiert. Zwei Listen, OPEN und CLOSED, sind dabei wesentliche Hilfsmittel. CLOSED enthält die bereits expandierten (geschlossenen) Knoten, und OPEN enthält die zwar schon erzeugten, aber noch offenen Knoten, die evtl. später noch untersucht und expandiert werden. Zusammen mit jedem Knoten müssen sein f^-Wert und ein Verweis auf seinen direkten Vorgänger abgelegt werden. Die Knoten in OPEN und CLOSED sind nach aufsteigenden f^-Werten angeordnet. Mit Hilfe der Verweise auf den Vorgänger rekonstruiert man nach dem Auffinden eines Zielknotens den Lösungsweg.

Algorithmus: A* (Version 2)

1. Startknoten S in Liste OPEN einfügen, Berechnung von f^(S).
2. Ist OPEN leer?

   ja: Fehler, es gibt keinen Weg vom Start- zum Zielknoten.

   nein: Gehe nach 3.

3. Lösche in OPEN den Knoten mit dem kleinsten f^-Wert, bezeichne ihn mit N und füge ihn in die Liste CLOSED ein.

4. Ist N ein Zielknoten?

   ja: Fertig, über Zeiger auf Vorgänger den Lösungsweg ausgeben.

   nein: Gehe nach 5.

5. Ist N ein Blattknoten?

   ja: Weg führt nicht zum Ziel, gehe nach 2.

   nein: Expandiere N, berechne f^(N_i) für alle direkten Nachfolger N_i von N, gehe dann nach 6.

6. Unterscheide für alle Nachfolgerknoten N_i die folgenden Fälle:

   Falls N_i in OPEN enthalten ist und der neue f^-Wert kleiner ist als der alte, setze den f^-Wert und den Zeiger auf den Vorgänger auf die neuen Werte um und ordne N_i neu in OPEN ein.

   Falls N_i in CLOSED enthalten ist und der neue f^-Wert kleiner ist als der alte, entferne N_i aus CLOSED und ordne ihn mit dem neuen f^-Wert und dem neuen Zeiger auf den Vorgänger in OPEN ein.

   Falls N_i weder in OPEN noch in CLOSED enthalten ist, ordne ihn mit seinem f^-Wert und dem Zeiger auf den Vorgänger in OPEN ein.

   Gehe anschließend nach 2.

Beide Formulierungen des A*-Algorithmus sind auch für Netze geeignet. Rundwege werden in Version 1 durch die Regel 3e bzw. in Version 2 durch die Konstruktion von CLOSED eliminiert.

Das Programm 15-PUZZLE

Im zweiten Teil dieses Kapitels beschreiben wir nun ein Programm für den A*-Algorithmus in der Version 2 anhand eines konkreten Suchproblems. Die Aufgabe besteht darin, eine Lösung für das klassische 15-Puzzle zu suchen. Zunächst wird die Aufgabenstellung präzisiert, dann werden die Datenstrukturen und die problemabhängigen Funktionen behandelt, und schließlich folgen die problemunabhängigen Funktionen, die den A*-Algorithmus realisieren.

Aufgabenstellung

Das 15-Puzzle besteht aus einem 4 mal 4-Feld, auf dem sich fünfzehn gegeneinander verschiebbare, von eins bis fünfzehn numerierte Plättchen und ein Leerfeld befinden. Das Leerfeld soll so verschoben werden, daß eine Startkonfiguration der Plättchen in

Bild 3-4: Eine Start- und eine Zielkonfiguration beim 15-Puzzle

eine Zielkonfiguration überführt wird. Dabei soll die Zielkonfiguration mit möglichst wenig Schritten erreicht werden (s. Bild 3-4).

Eine besondere Eigenschaft des 15-Puzzles hat in der zweiten Hälfte des vergangenen Jahrhunderts die Aufmerksamkeit der Mathematiker auf dieses Spiel gelenkt. Es läßt sich nämlich nicht von jeder Startkonfiguration aus jede Zielkonfiguration erreichen. Es kann zuletzt ein Paar gegeneinander vertauschter Zahlen übrig bleiben, das durch Verschieben des Leerfeldes nicht mehr in die gewünschte Reihenfolge zu bringen ist. Das Programm muß eine solche Situation natürlich erkennen können und mit einer Fehlermeldung abbrechen.

Ahrens [1918] erläutert ein Kriterium, mit dem man relativ einfach die Lösbarkeit einer 15-Puzzle-Aufgabe überprüfen kann.

Zunächst denke man sich das Spielfeld des 15-Puzzles als sechzehnelementige Liste von Zahlen dargestellt, in der die Nummern der einzelnen Plättchen reihenweise hintereinander stehen. An der Stelle des Leerfeldes im Spielfeld sei in der Liste ein X eingetragen. Der Start- und der Zielknoten aus Bild 3-4 haben somit die Darstellung

(5 7 1 3 10 X 2 4 9 14 6 8 13 15 11 12),

bzw.

(1 2 3 4 5 6 7 8 9 10 11 12 13 14 15 X).

Die gleiche Darstellung des Spielfeldes werden wir später im Programm benutzen.

Ausgehend von dieser Listendarstellung einer Konfiguration des Puzzles sei f(i) die Anzahl der Zahlen, die in der Liste hinter der Position i stehen und die kleiner sind als die Zahl an der Position i .

Betrachten wir z. B. die Konfiguration (1 7 3 4 5 2 11 8 9 6 15 12 13 10 14 X) , dann ist f(7) = 4 , denn an Position 7 steht die Zahl 11 , dahinter folgen nur noch die vier Zahlen 8, 9, 6 und 10 , die kleiner sind als 11 .

Mit S(state) = f(1) + f(2) + ... + f(16) sei die Summe aller f(i) bezeichnet, wobei bei der Summenbildung das Leerfeld ausgelassen wird.

Für das obige Beispiel gilt also:

S(state) = 0 + 5 + 1 + 1 + 1 + 0 + 4 + 1 + 1 + 0 + 4 + 1 + 1 + 0 + 0 = 20

Das Kriterium von Ahrens für die Lösbarkeit des 15-Puzzles lautet:

> Zwei Konfigurationen des 15-Puzzles, state1 und state2, lassen sich ineinander überführen, wenn gilt:
>
> 1. Das Leerfeld liegt in state1 und state2 an der gleichen Position und
> 2. S(state1) und S(state2) sind beide gerade Zahlen oder S(state1) und S(state2) sind beide ungerade Zahlen.

Durch Simulation des Verschiebens des Leerfeldes einer beliebigen Startkonfiguration auf die Position des Leerfeldes der Zielkonfiguration läßt sich dieses Kriterium auf den allgemeinen Fall erweitern. Es ist in einem Programm einfach nachprüfbar.

Wir wollen nun ein Beispiel für die Benutzung des Programms 15-PUZZLE geben und dazu einen vollständigen Dialog mit dem Programm darstellen. Dabei sind aus Gründen der Platzersparnis jeweils zwei aufeinanderfolgende Spielkonfigurationen, die das Programm untereinander ausgibt, nebeneinander gedruckt. Der Deutlichkeit halber sind die Konfigurationen außerdem numeriert.

```
>(SETQ  START
          '(1  3  7  4  5  2  15  8  9  6  X  11  13  10  14  12))
=(1 3 7 4 5 2 15 8 9 6 X 11 13 10 14 12)
>(SETQ  GOAL
          '(1  2  3  4  5  6  7  8  9  10  11  12  13  14  15  X))
=(1 2 3 4 5 6 7 8 9 10 11 12 13 14 15 X)
>(15-PUZZLE  START  GOAL)

 1.  ---------------------      2.  ---------------------
     |  1 |  3 |  7 |  4 |          |  1 |  3 |  7 |  4 |
     ---------------------          ---------------------
     |  5 |  2 | 15 |  8 |          |  5 |  2 |  X |  8 |
     ---------------------          ---------------------
     |  9 |  6 |  X | 11 |          |  9 |  6 | 15 | 11 |
     ---------------------          ---------------------
     | 13 | 10 | 14 | 12 |          | 13 | 10 | 14 | 12 |
     ---------------------          ---------------------

 3.  ---------------------      4.  ---------------------
     |  1 |  3 |  X |  4 |          |  1 |  X |  3 |  4 |
     ---------------------          ---------------------
     |  5 |  2 |  7 |  8 |          |  5 |  2 |  7 |  8 |
     ---------------------          ---------------------
     |  9 |  6 | 15 | 11 |          |  9 |  6 | 15 | 11 |
     ---------------------          ---------------------
     | 13 | 10 | 14 | 12 |          | 13 | 10 | 14 | 12 |
     ---------------------          ---------------------
```

```
5.  ---------------------
    | 1 | 2 | 3 | 4 |
    ---------------------
    | 5 | X | 7 | 8 |
    ---------------------
    | 9 | 6 | 15 | 11 |
    ---------------------
    | 13 | 10 | 14 | 12 |
    ---------------------

6.  ---------------------
    | 1 | 2 | 3 | 4 |
    ---------------------
    | 5 | 6 | 7 | 8 |
    ---------------------
    | 9 | X | 15 | 11 |
    ---------------------
    | 13 | 10 | 14 | 12 |
    ---------------------

7.  ---------------------
    | 1 | 2 | 3 | 4 |
    ---------------------
    | 5 | 6 | 7 | 8 |
    ---------------------
    | 9 | 10 | 15 | 11 |
    ---------------------
    | 13 | X | 14 | 12 |
    ---------------------

8.  ---------------------
    | 1 | 2 | 3 | 4 |
    ---------------------
    | 5 | 6 | 7 | 8 |
    ---------------------
    | 9 | 10 | 15 | 11 |
    ---------------------
    | 13 | 14 | X | 12 |
    ---------------------

9.  ---------------------
    | 1 | 2 | 3 | 4 |
    ---------------------
    | 5 | 6 | 7 | 8 |
    ---------------------
    | 9 | 10 | X | 11 |
    ---------------------
    | 13 | 14 | 15 | 12 |
    ---------------------

10. ---------------------
    | 1 | 2 | 3 | 4 |
    ---------------------
    | 5 | 6 | 7 | 8 |
    ---------------------
    | 9 | 10 | 11 | X |
    ---------------------
    | 13 | 14 | 15 | 12 |
    ---------------------

11. ---------------------
    | 1 | 2 | 3 | 4 |
    ---------------------
    | 5 | 6 | 7 | 8 |
    ---------------------
    | 9 | 10 | 11 | 12 |
    ---------------------
    | 13 | 14 | 15 | X |
    ---------------------

Loesung gefunden in  10  Schritten!
Anzahl der erzeugten Knoten 56
```

Das 15-Puzzle ist eine typische Anwendung für den A*-Algorithmus. Wir wollen im folgenden den Zusammenhang zwischen der Aufgabenstellung und dem A*-Algorithmus herstellen und insbesondere beschreiben, wie die anwendungsabhängigen Teile des Algorithmus formuliert werden können. Der Zustandsraum besteht hier aus den verschiedenen Konfigurationen des Puzzles. Die Knoten sind in Form eines Netzes miteinander verbunden. Es sind "Rundwege" möglich, da man nach mehreren Zügen wieder zu einer früheren Konfiguration gelangen kann.

Expansion eines Knotens bedeutet beim 15-Puzzle die Verschiebung des Leerfeldes in alle möglichen Richtungen. Der Startknoten aus Bild 3-4 hat z. B. die in Bild 3-5 dargestellten vier direkten Nachfolger.

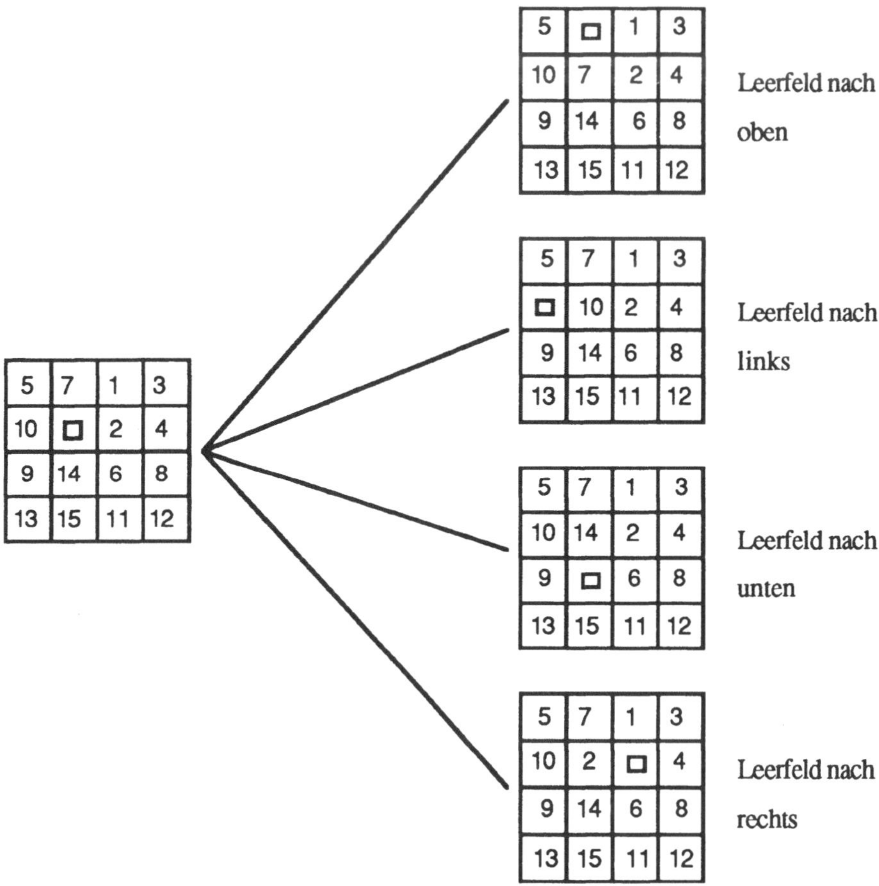

Bild 3-5: Nachfolgezustände erzeugen

Zur Anwendung des A*-Algorithmus werden außerdem die Funktionen g^ und h^ benötigt. Die Kosten des Übergangs von einem Knoten N zu einem seiner direkten Nachfolger setzen wir immer mit Eins an. Für g^ folgt daraus:

g^(N) := bisherige Mindestanzahl der Leerfeldbewegungen, um von der Startkonfiguration ausgehend die Konfiguration N zu erreichen

Für h^ bietet sich folgende Definition an:

h^(N) := Anzahl der Plättchen (ohne das Leerfeld), die nicht an der Stelle liegen, welche die Zielkonfiguration vorschreibt

g^(N) ist gleichbedeutend mit der geringsten bisher angetroffenen Tiefe des Knotens im Suchbaum. h^ unterschätzt sicherlich die Anzahl der noch durchzuführenden Leerfeldbewegungen.

Die Anfangskonfiguration in dem oben ausgeführten Beispiel hat den h^-Wert neun, da neun Plättchen und das Leerfeld nicht so liegen wie in der Zielkonfiguration.

Datenstrukturen und Zugriffsfunktionen

Wir wollen zunächst die Datenstrukturen festlegen, auf denen das Programm arbeiten soll und gleichzeitig die Zugriffsfunktionen definieren.

Ein Knoten im Suchbaum (in allen Funktionen mit NODE bezeichnet) läßt sich problemunabhängig durch eine vierelementige Liste darstellen, bestehend aus den Komponenten

Zustand des Knotens (immer mit STATE bezeichnet),

g^-Wert des Knotens,

f^-Wert des Knotens,

Vorgängerknoten.

Haben wir bis zu dieser Stelle die Begriffe *Zustand* und *Knoten* praktisch synonym verwandt, so bezeichnen wir von nun an mit Knoten immer die vierelementige Datenstruktur, von der der Zustand die erste Komponente ist.

Entsprechend der Struktur eines Knotens gibt es Zugriffsfunktionen GET-STATE, GET-GHAT, GET-FHAT und GET-PARENT, die Zustand, g^-Wert, f^-Wert und Vorgänger eines Knotens liefern. Sie sind aus Effizienzgründen als Macros realisiert

```
(DEFMACRO GET-STATE  (NODE) `(CAR ,NODE)   )
(DEFMACRO GET-GHAT   (NODE) `(CADR ,NODE) )
(DEFMACRO GET-FHAT   (NODE) `(CADDR ,NODE))
(DEFMACRO GET-PARENT (NODE) `(CAR (CDDDR ,NODE)))
```

Das Macro MAKE-NODE dient zur Erzeugung eines Knotens. Aus Zustand, g^-Wert, f^-Wert und Vorgänger wird eine vierelementige Liste erstellt.

```
(DEFMACRO MAKE-NODE (STATE GHAT FHAT PARENT)
  `(LIST ,STATE ,GHAT ,FHAT ,PARENT))
```

Die Darstellung des Zustands eines Knotens - hier der Konfiguration des Spielfeldes - ist problemabhängig. Wie bereits angedeutet, stellen wir eine Konfiguration des Spielfeldes durch eine 16-elementige Liste dar, in der die Nummern der Plättchen reihenweise hintereinander angeordnet sind. Das Leerfeld wird durch das Symbol X dargestellt.

Die SPECIAL-Variable *SUCCESSOR-LIST* (definiert in der Steuerfunktion 15-PUZZLE) dient zur Bestimmung der Nachfolger eines Knotens. *SUCCESSOR-LIST* ist eine Liste, deren Elemente wieder Listen sind. Die i-te dieser Unterlisten enthält die Positionen, an die das Leerfeld geschoben werden kann, wenn es an Position i steht. *SUCCESSOR-LIST* ist dann folgende Liste:

```
((2 5) (1 6 3) (2 7 4) (3 8) (1 6 9) (2 5 10 7)
(3 6 11 8) (4 7 12) (5 13 10) (6 9 14 11)
(7 10 15 12) (8 11 16) (9 14) (10 13 15) (11 14 16)
(12 15))
```

Die Felder im 15-Puzzle sind dabei wie folgt bezeichnet

1	2	3	4
5	6	7	8
9	10	11	12
13	14	15	16

Befindet sich das Leerfeld z. B. an Position 9, so sucht man in *SUCCESSOR-LIST* das neunte Element. Das ist die Liste (5 13 10), d. h. das Leerfeld kann an die Positionen 5, 13 oder 10 geschoben werden.

Programmstruktur

Die Hauptfunktionen des LISP-Programms für das 15-Puzzle bilden die in Bild 3-6 dargestellte Aufrufhierarchie. Die Funktionen SEARCH, ADD-TO-OPEN und LIST-SOLUTION stellen die problemunabhängigen Teile des A*-Algorithmus dar. Sie lehnen sich in ihrer Struktur an Shapiro [1979] an. Die übrigen Funktionen sind problemspezifisch.

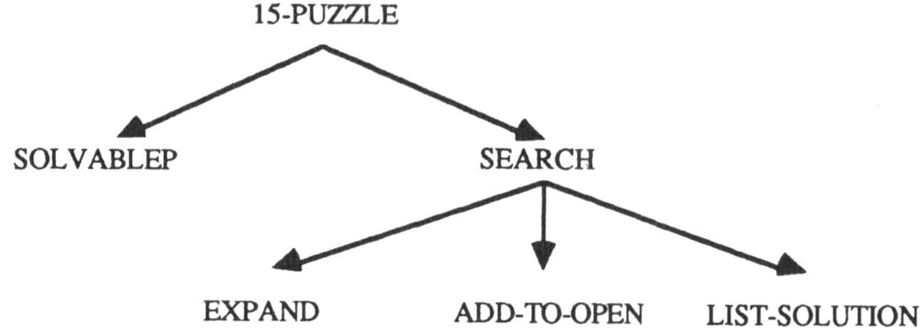

Bild 3-6: Hauptfunktionen von 15-PUZZLE

ADD-TO-OPEN dient der Ausführung des Schrittes 6 des A*-Algorithmus in Version 2, SEARCH realisiert die Schritte 1 bis 5 des Algorithmus. Schritt 5 des Algorithmus wird von SEARCH ohne die Abfrage auf Blattknoten realisiert, da beim 15-Puzzle keine Blattknoten auftreten können.

LIST-SOLUTION druckt eine gefundene Lösung aus, nachdem zunächst mit GET-PARENT der Weg vom Zielknoten zum Startknoten zurück aufgestellt wurde.

Die problemabhängige Funktion SOLVABLEP prüft anhand des Kriteriums von Ahrens, ob es überhaupt einen Weg vom Start- zum Zielknoten geben kann. EXPAND erzeugt alle direkten Nachfolger eines Knotens und berechnet deren g^- und f^-Werte. 15-PUZZLE ist die übergeordnete Steuerfunktion, mit welcher der Benutzer das Programm startet.

Problemabhängige Funktionen

EXPAND - Expandieren eines Knotens

Neben EXPAND werden bei der Expansion eines Knotens noch die problemabhängigen Funktionen HHAT, CHANGE-X-POSITION und GET-X-POSITION benötigt, die alle direkt von EXPAND aufgerufen werden. Dabei berechnet HHAT den h^-Wert eines Knotens, GET-X-POSITION ermittelt die Position des Leerfeldes und CHANGE-X-POSITION schiebt das Leerfeld an eine neue Position. Die in HHAT auftretende SPECIAL-Variable *GOAL* wird in der Funktion SEARCH initialisiert.

```
(DEFUN HHAT (STATE)
  (DECLARE (SPECIAL *GOAL*))
  (LET ((SUM 0))
                    ; auf SUM werden die falsch liegenden Plättchen gezählt
```

```
  (DOLIST (POSITION *GOAL* SUM)
          ; Schleife über die Plättchen in *GOAL*, Wert von HHAT ist
          ; SUM
        (AND (NUMBERP (CAR STATE))
          ; das Leerfeld wird nicht mitgezählt
             (NOT (EQL (CAR STATE) POSITION))
             (INCF SUM))
          ; stimmt ein Plättchen in STATE nicht mit dem Plättchen an
          ; gleicher Position in *GOAL* überein, wird SUM um eins
          ; erhöht
        (POP STATE)))  )
```

Die Funktion GET-X-POSITION arbeitet rekursiv. Sie durchläuft die Liste STATE so lange, bis das Symbol X gefunden wird. Der Wert von GET-X-POSITION ist die Position des Leerfeldes.

```
(DEFUN GET-X-POSITION (STATE)
  (COND ((NULL STATE) 0)
        ((EQ (CAR STATE) 'X) 1)
        (T (+ 1 (GET-X-POSITION (CDR STATE)))))  )
```

Die Funktion CHANGE-X-POSITION schiebt im Knoten mit Zustand STATE das Leerfeld an die Position NEW-X-POSITION. Der Wert der Funktion ist der veränderte Zustand.

```
(DEFUN CHANGE-X-POSITION (STATE NEW-X-POSITION)
  (LET ((NEW-STATE NIL)
        (NEWCONT (NTH (- NEW-X-POSITION 1) STATE)))
              ; Initialisierung: auf NEW-STATE wird der neue Knotenzustand in
              ; umgekehrter Reihenfolge aufgebaut, NEWCONT ist die Nummer
              ; des Plättchens an der Position NEW-X-POSITION
    (DO ((OLD-STATE STATE (CDR OLD-STATE)))
              ; Schleife über STATE, den zu verändernden Zustand
        ((NULL OLD-STATE) (REVERSE NEW-STATE))
              ; Verlassen der Schleife, wenn die ganze Liste OLD-STATE
              ; abgearbeitet ist
        (COND ((EQL (CAR OLD-STATE) NEWCONT)
               (PUSH 'X NEW-STATE))
              ; X für NEWCONT einfügen
              ((EQL (CAR OLD-STATE) 'X)
               (PUSH NEWCONT NEW-STATE))
              ; NEWCONT für X einfügen
              (T (PUSH (CAR OLD-STATE)
                       NEW-STATE)))))  )
              ; alte Plättchen übernehmen
```

Die Funktion EXPAND schließlich erzeugt alle Nachfolger eines Knotens. Nach der Bestimmung der Position des Leerfeldes werden aus der Liste *SUCCESSOR-LIST* die Positionen bestimmt, an die das Leerfeld geschoben werden kann. Hier könnte das Programm so verbessert werden, daß der Zug zurück in die vorherige Position nicht mehr erzeugt wird. Durch Verschiebung des Leerfeldes entstehen die Zustände der Nachfolgerknoten, deren g^- und f^-Wert noch zu berechnen sind. Auf der SPECIAL-Variablen *NODES-GENERATED* wird die Gesamtzahl aller erzeugten Knoten gezählt.

```
(DEFUN EXPAND (NODE)
  (DECLARE
    (SPECIAL *NODES-GENERATED* *SUCCESSOR-LIST*))
  (LET (NEW-STATE
        (OLD-STATE (GET-STATE NODE))
        (OLD-X-POSITION
          (GET-X-POSITION (GET-STATE NODE))))
                ; Initialisierung: NEW-STATE ist eine Hilfsvariable, auf welcher
                ; der Zustand jeweils eines Nachfolgers gehalten wird,
                ; OLD-STATE ist der Zustand des Knotens NODE und
                ; OLD-X-POSITION ist die Position des Leerfeldes in diesem
                ; Knoten
    (MAPCAR
      #'(LAMBDA (NEW-X-POSITION)
          (INCF *NODES-GENERATED*)
                ; Anzahl der erzeugten Knoten um eins erhöhen
          (MAKE-NODE
            (SETQ NEW-STATE
                  (CHANGE-X-POSITION OLD-STATE
                                     NEW-X-POSITION))
                ; Zustand eines Nachfolgerknotens bestimmen
            (+ 1 (GET-GHAT NODE))
                ; Berechnung des g^-Wertes des Nachfolgers
            (+ 1 (GET-GHAT NODE) (HHAT NEW-STATE))
                ; Berechnung des f^-Wertes des Nachfolgers
            NODE))
      (NTH (- OLD-X-POSITION 1) *SUCCESSOR-LIST*)))  )
                ; Bestimmung der möglichen neuen Positionen für das Leerfeld
```

PRINT-STATE - Ausgabe des Spielfeldes

PRINT-STATE gibt den Zustand eines Knotens aus (vgl. Beispiel).

```
(DEFUN PRINT-STATE (STATE)
  (TERPRI)
  (DOTIMES (I 16)
                ; Schleife über die Positionen im Knotenzustand, einer Liste
```

```
    (LET ((N (POP STATE)))
                    ; N ist jeweils die Nummer eines Plättchens oder X für das
                    ; Leerfeld
         (IF (EQ (MOD I 4) 0)
                    ; ist die Position im Zustand eine durch 4 teilbare Zahl, muß
                    ; eine neue Zeile begonnen werden
             (PROGN (TERPRI)
                    (PRINC "---------------------")
                    (TERPRI) (PRINC "| ")))
         (IF (OR (SYMBOLP N) (< N 10))
             (PRINC " "))
                    ; Ausgabe eines Leerzeichens, falls N das Leerfeld oder eine Zahl
                    ; kleiner als zehn ist
         (PRIN1 N)
                    ; Ausgabe von N
         (PRINC " | ")))
  (TERPRI) (PRINC "---------------------") (TERPRI) )
```

SOLVABLEP - Überprüfen der Lösbarkeit

Zur Anwendung des Kriteriums von Ahrens müssen die Leerfelder der beiden Zustände an der gleichen Position stehen. Dazu werden zunächst die Zustände "normiert" in dem Sinne, daß das Leerfeld vor Anwendung des Tests an Position 16 geschoben wird. Diese Normierung geschieht mit den beiden Funktionen X-TO-LAST-COLUMN, die das Leerfeld in die letzte Spalte schiebt, und X-TO-LAST-ROW, die das Leerfeld in die letzte Zeile schiebt. Die Funktion X-TO-LAST-ROW erhält als Argument einen Zustand, bei dem das Leerfeld bereits in der letzten Spalte stehen muß.

```
(DEFUN X-TO-LAST-COLUMN (STATE)
  (LET ((X-POS (GET-X-POSITION STATE))
        COUNT)
                    ; Initialisierung: X-POS ist die Position des Leerfeldes, auf
                    ; COUNT wird die Zahl der Leerfeldbewegungen gespeichert, die
                    ; erforderlich sind, um dieses in die letzte Spalte zu schieben
    (IF (EQ (SETQ COUNT (MOD X-POS 4)) 0)
                    ; ist X-POS eine durch vier teilbare Zahl, befindet sich das
                    ; Leerfeld bereits in der letzten Spalte (Position 4, 8, 12 oder
                    ; 16), und es sind keine Verschiebungen erforderlich
        STATE
        (DOTIMES (I (- 4 COUNT) STATE)
          (SETQ STATE
                (CHANGE-X-POSITION STATE
                                   (+ X-POS I 1)))))) )
                    ; ansonsten wird in einer Schleife das Leerfeld um die durch
                    ; COUNT angegebene Anzahl Positionen nach rechts verschoben
```

```
(DEFUN X-TO-LAST-ROW (STATE)
  (LET ((X-POS (GET-X-POSITION STATE)))
                    ; X-POS ist die Position des Leerfeldes, die hier nur 4, 8, 12 oder
                    ; 16 sein kann
    (DOTIMES (I (- 4 (TRUNCATE (/ X-POS 4))) STATE)
                    ; Berechnung der Anzahl der Zeilen, um die das Leerfeld nach
                    ; unten zu schieben ist
      (SETQ STATE
            (CHANGE-X-POSITION STATE
                               (+ X-POS
                                  (* 4 (1+ I))))))))   )
                    ; Leerfeld um eine Zeile nach unten schieben
```

Zur Überprüfung der Lösbarkeit werden als weitere Hilfsfunktionen NLESS und TESTSUM benötigt. NLESS berechnet die im Lösbarkeitskriterium als f(i) bezeichnete Zahl und TESTSUM berechnet S(state). Argumente für NLESS sind der Wert NUM eines Plättchens und die Liste NUMLIST der folgenden Plättchen.

```
(DEFUN NLESS (NUM NUMLIST)
  (LET ((SUM 0))
                    ; auf SUM werden die Plättchen in NUMLIST gezählt, deren
                    ; Werte kleiner als NUM sind
    (DOLIST (TESTNUM NUMLIST SUM)
                    ; Schleife über die Plättchen in NUMLIST
            (AND (NUMBERP TESTNUM)
                 (< TESTNUM NUM)
                 (INCF SUM)))))   )
                    ; SUM um eins erhöhen für jede Plättchen mit einem Wert kleiner
                    ; als NUM

(DEFUN TESTSUM (STATE)
  (LET ((SUM 0))
    (DOLIST (NUM STATE SUM)
      (IF (NUMBERP NUM)
          (SETQ SUM (+ (NLESS NUM
                              (SETQ STATE (CDR STATE)))
                       SUM)))))   )
                    ; Berechnung von f(i) für jede Zahl in STATE und Addition
                    ; dieser Werte
```

Die Funktion SOLVABLEP schließlich überprüft, ob S(STATE1) und S(STATE2) beide gerade oder beide ungerade Zahlen sind. Vor Aufruf der Funktion TESTSUM müssen STATE1 und STATE2 zunächst mittels der Funktionen X-TO-LAST-ROW und X-TO-LAST-COLUMN normiert werden.

```
(DEFUN SOLVABLEP (STATE1 STATE2)
  (EQL (MOD (TESTSUM
              (X-TO-LAST-ROW (X-TO-LAST-COLUMN STATE1)))
             2)
       (MOD (TESTSUM
              (X-TO-LAST-ROW (X-TO-LAST-COLUMN STATE2)))
             2)) )
```

Problemunabhängige Funktionen

Neben den bereits erwähnten Hauptfunktionen SEARCH und ADD-TO-OPEN werden hier noch einige einfache Hilfsfunktionen benötigt, die zusammen mit den übergeordneten Funktionen die in Bild 3-7 wiedergegebene Aufrufhierarchie bilden.

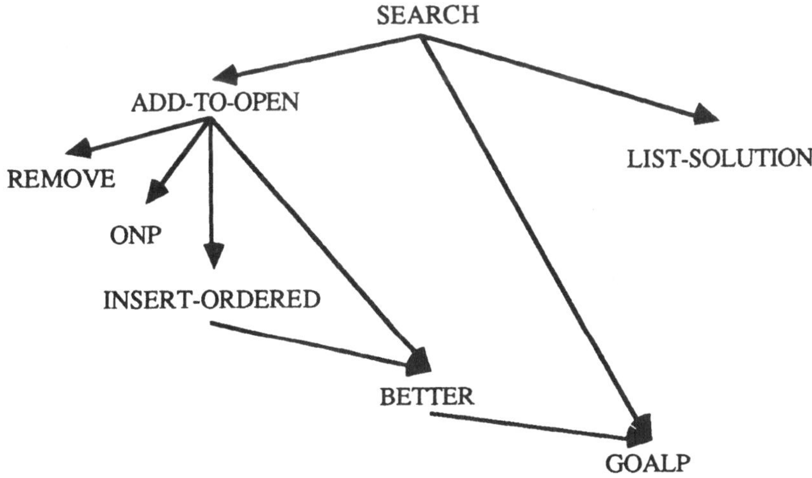

Bild 3-7: Problemunabhängige Funktionen des A*-Algorithmus

In der Funktion SEARCH werden die SPECIAL-Variablen *START*, *GOAL*, *CLOSED* und *OPEN* deklariert. *START* und *GOAL* enthalten den Zustand des Start- bzw. des Zielknotens. *CLOSED* und *OPEN* sind Listen von Knoten und entsprechen den im Algorithmus beschriebenen Listen CLOSED und OPEN. Die Funktion GOALP testet, ob ein gegebener Zustand ein Zielzustand ist, BETTER vergleicht zwei Knoten bzgl. ihrer f^-Werte, ONP sucht einen Knoten mit gegebenem Zustand in einer Liste von Knoten, REMOVE löscht einen Knoten in einer Liste von Knoten, und INSERT-ORDERED fügt einen Knoten in eine nach aufsteigenden f^-Werten geordnete Liste von Knoten ein.

ADD-TO-OPEN - Einfügen eines Knotens in *OPEN*

Zunächst beschreiben wir die von ADD-TO-OPEN benötigten Hilfsfunktionen.

GOALP prüft, ob ein Zustand gleich dem Zustand *GOAL* des Zielknotens ist.

```
(DEFUN GOALP (STATE)
  (DECLARE (SPECIAL *GOAL*))
  (EQUAL STATE *GOAL*)   )
```

Die Funktion BETTER prüft, ob der Knoten NODE1 "besser" ist als NODE2. Sie hat den Wert T, wenn der f^-Wert von NODE1 kleiner ist als der f^-Wert von NODE2 oder wenn die f^-Werte gleich sind und NODE1 ein Zielknoten ist. Sonst hat BETTER den Wert NIL.

```
(DEFUN BETTER (NODE1 NODE2)
  (LET ((F1 (GET-FHAT NODE1))
        (F2 (GET-FHAT NODE2)))
              ; Initialisierung: F1 ist der f^-Wert von NODE1 und F2 ist der
              ; f^-Wert von NODE2
    (COND ((< F1 F2) T)
          ((> F1 F2) NIL)
          (T (GOALP (GET-STATE NODE1)))))   )
```

Die Funktion INSERT-ORDERED fügt den Knoten NODE in die nach steigendem f^-Wert geordnete Liste von Knoten NODE-LIST ein.

```
(DEFUN INSERT-ORDERED (NODE NODE-LIST)
  (COND ((NULL NODE-LIST) (LIST NODE))
              ; ist NODE-LIST die leere Liste, wird eine Liste gebildet, die
              ; NODE als einziges Element enthält
        ((BETTER NODE (CAR NODE-LIST))
         (CONS NODE NODE-LIST))
              ; ist NODE besser als der erste Knoten in NODE-LIST, wird
              ; NODE vorne in NODE-LIST eingefügt
        (T (CONS (CAR NODE-LIST)
                 (INSERT-ORDERED NODE
                                 (CDR NODE-LIST)))))   )
              ; Rekursion, NODE muß weiter hinten in NODE-LIST eingefügt
              ; werden
```

Die Funktion ONP sucht einen Knoten mit Zustand STATE auf der Liste von Knoten NODE-LIST. Der Wert von ONP ist NIL, wenn dieser Knoten nicht gefunden wird, sonst ist er der ganze Knoten.

```
(DEFUN ONP (STATE NODE-LIST)
  (COND ((NULL NODE-LIST) NIL)
              ; Knoten mit Zustand STATE nicht gefunden
        ((EQUAL STATE (GET-STATE (CAR NODE-LIST)))
         (CAR NODE-LIST))
              ; Knoten mit Zustand STATE ist erstes Element von NODE-LIST
        (T (ONP STATE (CDR NODE-LIST))))  )
              ; Rekursion, gesuchter Knoten wird weiter hinten in NODE-LIST
              ; gesucht
```

Die Funktion REMOVE löscht in der Liste NODE-LIST den Knoten, der den gleichen Zustand hat wie NODE.

```
(DEFUN REMOVE (NODE NODE-LIST)
  (COND ((NULL NODE-LIST) NIL)
        ((EQUAL (GET-STATE NODE)
                (GET-STATE (CAR NODE-LIST)))
         (CDR NODE-LIST))
        (T (CONS (CAR NODE-LIST)
                 (REMOVE NODE (CDR NODE-LIST)))))  )
```

Wie bereits erwähnt, dient die Funktion ADD-TO-OPEN der Ausführung von Schritt 6 des A*-Algorithmus in Version 2. Die Behandlung des Knotens NODE hängt davon ab, ob ein Knoten mit gleichem Zustand bereits in einer der Listen *OPEN* oder *CLOSED* vorhanden ist.

```
(DEFUN ADD-TO-OPEN (NODE)
  (DECLARE (SPECIAL *OPEN* *CLOSED*))
  (LET (OLD-NODE)
              ; OLD-NODE dient als Hilfsvariable zur Speicherung eines
              ; Knotens aus *OPEN* oder *CLOSED*, der den gleichen
              ; Zustand hat wie NODE
    (COND
      ((SETQ OLD-NODE
             (ONP (GET-STATE NODE) *OPEN*))
              ; ein Knoten mit dem gleichen Zustand wie NODE befindet sich
              ; in der Liste *OPEN*
        (IF (BETTER NODE OLD-NODE)
            (SETQ *OPEN*
                  (INSERT-ORDERED
                    NODE (REMOVE OLD-NODE *OPEN*)))))
              ; NODE ist besser als der alte Knoten, dieser wird deshalb durch
              ; NODE ersetzt
      ((SETQ OLD-NODE
             (ONP (GET-STATE NODE) *CLOSED*))
              ; ein Knoten mit dem gleichen Zustand wie NODE befindet sich
              ; in der Liste *CLOSED*
```

```
        (IF (BETTER NODE OLD-NODE)
            (PROGN (SETQ *CLOSED*
                         (REMOVE OLD-NODE *CLOSED*))
                   (SETQ *OPEN*
                         (INSERT-ORDERED
                           NODE *OPEN*)))))
                ; NODE ist besser als der alte Knoten, dieser wird deshalb in
                ; *CLOSED* gelöscht und NODE in *OPEN* eingefügt
       (T (SETQ *OPEN* (INSERT-ORDERED NODE *OPEN*))))))
                ; ein Knoten, der weder in *OPEN* noch in *CLOSED* ein
                ; Gegenstück mit gleichem Zustand hat, wird einfach in *OPEN*
                ; eingefügt
```

LIST-SOLUTION - Ausgabe der Lösung

Zur Ausgabe der Lösung sind außer der Funktion LIST-SOLUTION die Funktionen GET-SOLUTION-PATH und PRINT-STATE vorhanden, von denen nur PRINT-STATE problemabhängig ist. GET-SOLUTION-PATH verfolgt über GET-PARENT den Lösungsweg vom Zielknoten zum Startknoten zurück. Der Wert dieser Funktion ist eine Liste von Zuständen.

```
(DEFUN GET-SOLUTION-PATH (NODE)
  (DECLARE (SPECIAL *START*))
  (IF (EQUAL (GET-STATE NODE) *START*)
      (LIST *START*)
              ; ist der Zustand von NODE gleich dem Zustand des Start-
              ; knotens, wird mit diesem der Lösungsweg initialisiert
      (APPEND (GET-SOLUTION-PATH (GET-PARENT NODE))
              (LIST (GET-STATE NODE))))  )
              ; ansonsten wird der Weg vom Vorgänger von NODE aus weiter
              ; zurückverfolgt und der Zustand von NODE an die resultierende
              ; Liste angehängt
```

Die Funktion LIST-SOLUTION steuert die Ausgabe der Lösung. Alle Zustände in der von GET-SOLUTION-PATH gelieferten Liste werden mit PRINT-STATE ausgegeben.

```
(DEFUN LIST-SOLUTION (NODE)
  (MAPC #'(LAMBDA (STATE) (PRINT-STATE STATE))
        (GET-SOLUTION-PATH NODE))  )
```

SEARCH - Suchen einer Lösung

Die Funktion SEARCH realisiert die Schritte 1 bis 5 des A*-Algorithmus in Version 2. Die Argumente von SEARCH sind der Start- und der Zielzustand. Der

Wert von SEARCH ist der g^-Wert des Zielknotens, also die Länge des kürzesten Weges vom Start- zum Zielzustand.

```
(DEFUN SEARCH (*START* *GOAL*)
  (DECLARE (SPECIAL *START* *GOAL*))
  (LET (NODE *CLOSED* *OPEN*)
                      ; die lokale Variable NODE enthält jeweils den gerade
                      ; betrachteten Knoten (im Algorithmus mit N bezeichnet)
    (DECLARE (SPECIAL *CLOSED* *OPEN*))
    (SETQ *OPEN*
      (LIST (MAKE-NODE *START* 0 (HHAT *START*) NIL)))
    (SETQ *CLOSED* NIL)
                      ; Initialisierung von *OPEN* und *CLOSED*, *OPEN* enthält
                      ; zunächst nur den Startknoten, *CLOSED* ist die leere Liste
    (DO ()
        ((NULL *OPEN*) NIL)
                      ; Fehlerausgang, es gibt keine Lösung
        (SETQ NODE (POP *OPEN*))
                      ; ersten Knoten aus *OPEN* löschen
        (PUSH NODE *CLOSED*)
                      ; Knoten in *CLOSED* einfügen
        (IF (GOALP (GET-STATE NODE))
            (PROGN (LIST-SOLUTION NODE)
                   (RETURN (GET-GHAT NODE))))
                      ; ist der betrachtete Knoten ein Zielknoten, wird die Lösung
                      ; ausgegeben, und der Wert von SEARCH ist der g^-Wert des
                      ; Knotens
        (MAPC #'ADD-TO-OPEN (EXPAND NODE)))) )
                      ; ist NODE kein Zielknoten, wird er expandiert, und seine
                      ; Nachfolger werden gemäß Schritt 6 des Algorithmus
                      ; behandelt
```

Steuerfunktion 15-PUZZLE

Die Funktion 15-PUZZLE dient zum Aufruf des Programms und zur Steuerung. Hier werden die SPECIAL-Variablen *SUCCESSOR-LIST* und *NODES-GENERATED* initialisiert. Nach dem Test auf Lösbarkeit wird im positiven Fall mit SEARCH eine Lösung gesucht, sonst wird eine entsprechende Meldung ausgegeben. Die Variable *NODES-GENERATED* enthält die Zahl der erzeugten Knoten und gibt so Aufschluß über den Aufwand, der zum Finden der Lösung erforderlich war. Der Wert von SEARCH, der g^-Wert des Zielknotens, ist beim 15-Puzzle die Anzahl der Leerfeldbewegungen, die man mindestens vom Startzustand zum Zielzustand benötigt.

```
(DEFUN 15-PUZZLE (START GOAL)
  (LET (RESULT *NODES-GENERATED* *SUCCESSOR-LIST*)
    (DECLARE (SPECIAL *NODES-GENERATED*
                      *SUCCESSOR-LIST*))
    (SETQ *NODES-GENERATED* 0)
    (SETQ *SUCCESSOR-LIST*
          '((2 5) (1 6 3) (2 7 4) (3 8) (1 6 9)
            (2 5 10 7) (3 6 11 8) (4 7 12) (5 13 10)
            (6 9 14 11) (7 10 15 12) (8 11 16) (9 14)
            (10 13 15) (11 14 16) (12 15)))
    (IF (SOLVABLEP START GOAL)
                  ; Test auf Lösbarkeit
        (PROGN (SETQ RESULT (SEARCH START GOAL))
                  ; Aufruf von SEARCH, Ergebnis wird auf RESULT festgehalten
               (TERPRI)
               (PRINC "Loesung gefunden in  ")
               (PRIN1 RESULT)
                  ; Anzahl der benötigten Leerfeldbewegungen ausgeben
               (PRINC "  Schritten!") (TERPRI)
               (PRINC "Anzahl der erzeugten Knoten ")
               (PRIN1 *NODES-GENERATED*) (TERPRI) )
                  ; Anzahl der erzeugten Knoten ausgeben
        (PROGN (TERPRI)
               (PRINC "Es gibt keine Loesung!")
                  ; Fehlermeldung bei Nicht-Lösbarkeit
               (TERPRI)))) )
```

Es sollte nicht unerwähnt bleiben, daß das Programm 15-PUZZLE bei Anfangsstellungen, die erheblich von der Zielstellung abweichen, wegen der Größe des Suchbaums sehr viel Speicherplatz und Rechenzeit benötigen kann.

Aufgaben

Aufgabe 3-1 - Acht-Damen-Problem

Schreiben Sie ein Programm zur Lösung des am Anfang des Kapitels vorgestellten Acht-Damen-Problems: Auf einem Schachbrett sind acht Damen so aufzustellen, daß sie sich nicht gegenseitig bedrohen.

Hinweis: Als Zustand interpretiere man die Situation auf dem Spielbrett nach dem Aufstellen einer gewissen Anzahl von Damen. Der Startzustand ist das leere Spielbrett, der Zielzustand ein Spielbrett mit acht sich nicht bedrohenden Damen.

Der Suchbaum hat die maximale Suchtiefe acht. Da jeder Zielzustand in genau acht Schritten erreicht wird, ist jeder Lösungsweg bereits ein optimaler Weg. Es ist daher angebracht, den einfachen Depth First-Algorithmus zu verwenden. Wandeln Sie das Programm DEPTH-FIRST-SEARCH so ab, daß es alle 92 Lösungen des Problems findet!

Aufgabe 3-2 - Magisches Dreieck

Gegeben seien die folgenden neun gleichseitigen Dreiecke, deren Seiten zusätzlich mit einer Zahl markiert sind:

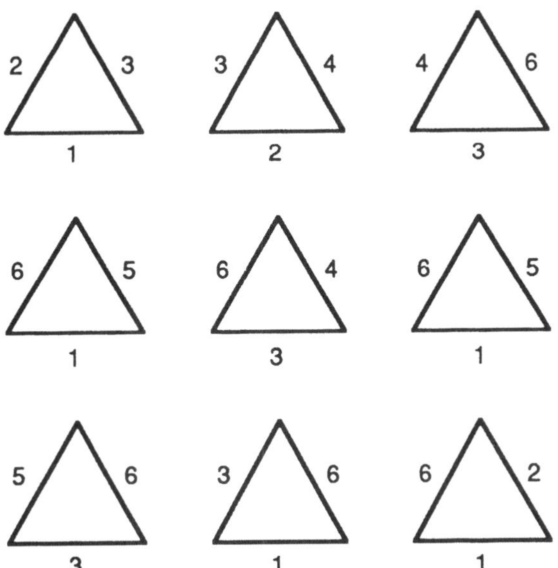

Diese Dreiecke sind zu einem großen Dreieck folgender Gestalt zusammenzusetzen:

Dieses große Dreieck wird "magisch" durch die Bedingung, daß nur gewisse Seiten aneinandergrenzen dürfen, und zwar

1 an 2, 3 an 4 und 5 an 6.

Die Formulierung wird anschaulicher, wenn man sich vorstellt, daß jedes zulässige Zahlenpaar eine in zwei Teile zerschnittene Figur darstellt und daß auf jeder Dreiecksseite ein Teil einer Figur klebt.

Hinweis: Auch diese Aufgabe ist eine Anwendung für die Depth First-Suche.

4

Suchen in Spielbäumen

Der Ablauf vieler Spiele für zwei Spieler läßt sich durch *Bäume* beschreiben. Dabei stellen die Knoten jeweils eine *Spielsituation* und die Kanten die *Ausführung eines Zuges* dar. Die verschiedenen Nachfolger eines Knotens sind die Ergebnisse der verschiedenen Züge, die ein Spieler in einer gegebenen Spielsituation ausführen kann. Man nennt einen Baum, der den Ablauf eines Spiels darstellt, einen *Spielbaum*.

Wir stellen in diesem Kapitel zwei Algorithmen vor, den *Minimax*- und den *Alpha-Beta-Algorithmus*, nach denen der Computer vorgehen kann, wenn er den Part eines Spielers übernimmt. Diese Algorithmen eignen sich für *Zwei-Personen-Spiele* ohne Zufallskomponente, bei denen die Spieler abwechselnd ziehen und wissen, welche Züge sie bereits gemacht haben und welche Züge sie im weiteren Spielverlauf machen können. Außerdem muß eine Partie - wenn man Schleifen ausschließt - nach einer endlichen Anzahl von Zügen mit dem Sieg eines der beiden Spieler oder einem Unentschieden enden. Solche Spiele sind etwa Schach, Dame, Tic-Tac-Toe, Go oder das im folgenden beschriebene Quattro.

Im Prinzip ist man daran interessiert, alle möglichen Alternativen des Spielverlaufs bis zum Ende, also bis zu Sieg, Niederlage oder Unentschieden, zu verfolgen. Man möchte dann prüfen, ob es einen nächsten Zug gibt, der garantiert, d. h. unter Berücksichtigung aller möglichen Züge des Gegners, zu einem Sieg führt. Einen solchen Zug würde man selbstverständlich ausführen. Falls es ihn nicht gibt, möchte man wissen, ob es Züge gibt, die garantiert, d. h. unabhängig von den eigenen Folgezügen, zu einer Niederlage führen. Solche Züge würde man dann vermeiden. Die übrigen möglichen Züge möchte man dahingehend bewerten, inwieweit sie die Ausgangsposition für den späteren Spielverlauf verbessern und den Spieler einer Situation näher bringen, von der aus ein garantierter Weg zum Sieg möglich ist.

Um garantierte Wege zu Sieg oder Niederlage zu finden, müßte man den gesamten Spielbaum aufstellen. Da jedoch bei den meisten Spielen der Spielbaum sehr umfangreich ist, läßt sich dies in der Praxis nicht durchführen. Deshalb beschränkt man die Anforderungen darauf, in einer gegebenen Spielsituation einen guten nächsten Zug zu finden, der lediglich einige wenige Folgezüge berücksichtigt. Dann wird der gegnerische Zug abgewartet und von dieser neuen Position aus wieder ein guter nächster Zug gesucht.

Minimax- und Alpha-Beta-Algorithmus sind solche Algorithmen, die nur einige Ebenen des Spielbaumes untersuchen und aus dieser Vorausschau einen guten nächsten Zug ermitteln. Die beiden Algorithmen werden in diesem Kapitel am Beispiel des Spiels Quattro besprochen. Als Quelle zu weiterführender Literatur zum Thema Spielen, insbesondere zu Schach, verweisen wir auf Frey [1984].

Quattro - Spielregeln und Beispiel

Quattro ist ein Spiel für zwei Spieler. Es besteht aus einer *Spielwand* mit sieben *Schächten*. Die Spieler erhalten Chips (auch *Steine* genannt) in unterschiedlichen Farben und werfen abwechselnd einen Chip in einen Schacht. Jeder Schacht kann bis zu sechs Chips aufnehmen. Gewonnen hat, wer als erster eine waagerechte, senkrechte oder diagonale Folge von vier Chips hat. Wir nennen eine solche Folge künftig eine *Viererfolge* .

In Bild 4-1 ist eine typische Spielposition dargestellt. Der Spieler mit den schwarzen Steinen ist am Zug und gewinnt, wenn er einen Stein in den links außen gelegenen Schacht der Spielwand wirft.

Bild 4-1: Spielwand von Quattro

Im folgenden ist ein Dialog mit dem Programm QUATTRO abgedruckt, der den Verlauf einer Partie Quattro wiedergibt, die zwischen dem Programm (spielt mit den Steinen P) und einem menschlichen Gegner (spielt mit den Steinen O) gespielt wurde. Dabei ist die Ausgabe komprimiert dargestellt, ein Zug des Programms und der darauf folgende Zug des Gegners stehen jeweils nebeneinander.

```
> (QUATTRO)

Herzlich Willkommen zu Quattro !

Moechten Sie beginnen ?  (j/n) N
Wie gut soll ich spielen?  (0,1,2)     1

Ich setze in Spalte  1
( 41  Knoten ausgewertet)
 ---------------------------
       P
 ---------------------------
   0   1   2   3   4   5   6

Ihr Zug:  3
 ---------------------------
       P       O
 ---------------------------
   0   1   2   3   4   5   6

Ich setze in Spalte  3
( 37  Knoten ausgewertet)
 ---------------------------
               P
 ---------------------------
       P       O
 ---------------------------
   0   1   2   3   4   5   6

Ihr Zug:  4
 ---------------------------
               P
 ---------------------------
       P       O   O
 ---------------------------
   0   1   2   3   4   5   6

Ich setze in Spalte  5
( 50  Knoten ausgewertet)
 ---------------------------
               P
 ---------------------------
       P       O   O   P
 ---------------------------
   0   1   2   3   4   5   6

Ihr Zug:  4
 ---------------------------
               P   O
 ---------------------------
       P       O   O   P
 ---------------------------
   0   1   2   3   4   5   6

Ich setze in Spalte  4
( 42  Knoten ausgewertet)
 ---------------------------
                   P
 ---------------------------
               P   O
 ---------------------------
       P       O   O   P
 ---------------------------
   0   1   2   3   4   5   6

Ihr Zug:  3
 ---------------------------
               O   P
 ---------------------------
               P   O
 ---------------------------
       P       O   O   P
 ---------------------------
   0   1   2   3   4   5   6
```

```
Ich setze in Spalte  2
( 38  Knoten ausgewertet)
 ---------------------------
             O   P
 ---------------------------
             P   O
 ---------------------------
     P   P   O   O   P
 ---------------------------
 0   1   2   3   4   5   6
```

```
Ihr Zug:  2
 ---------------------------
             O   P
 ---------------------------
         O   P   O
 ---------------------------
     P   P   O   O   P
 ---------------------------
 0   1   2   3   4   5   6
```

```
Ich setze in Spalte  4
( 47  Knoten ausgewertet)
 ---------------------------
                 P
 ---------------------------
             O   P
 ---------------------------
         O   P   O
 ---------------------------
     P   P   O   O   P
 ---------------------------
 0   1   2   3   4   5   6
```

```
Ihr Zug:  2
 ---------------------------
                 P
 ---------------------------
         O   O   P
 ---------------------------
         O   P   O
 ---------------------------
     P   P   O   O   P
 ---------------------------
 0   1   2   3   4   5   6
```

```
Ich setze in Spalte  2
( 40  Knoten ausgewertet)
 ---------------------------
         P       P
 ---------------------------
         O   O   P
 ---------------------------
         O   P   O
 ---------------------------
     P   P   O   O   P
 ---------------------------
 0   1   2   3   4   5   6
```

```
Ihr Zug:  3
 ---------------------------
         P   O   P
 ---------------------------
         O   O   P
 ---------------------------
         O   P   O
 ---------------------------
     P   P   O   O   P
 ---------------------------
 0   1   2   3   4   5   6
```

```
Ich setze in Spalte  4
( 39  Knoten ausgewertet)

----------------------------
                  P
----------------------------
          P   O   P
----------------------------
          O   O   P
----------------------------
          O   P   O
----------------------------
      P   P   O   O   P
----------------------------
  0   1   2   3   4   5   6
```

```
Ihr Zug: 4
----------------------------
                  O
----------------------------
                  P
----------------------------
          P   O   P
----------------------------
          O   O   P
----------------------------
          O   P   O
----------------------------
      P   P   O   O   P
----------------------------
  0   1   2   3   4   5   6
```

```
Ich setze in Spalte  3
( 26  Knoten ausgewertet)
----------------------------
                  O
----------------------------
              P   P
----------------------------
          P   O   P
----------------------------
          O   O   P
----------------------------
          O   P   O
----------------------------
      P   P   O   O   P
----------------------------
  0   1   2   3   4   5   6
```

```
Ihr Zug: 1
----------------------------
                  O
----------------------------
              P   P
----------------------------
          P   O   P
----------------------------
          O   O   P
----------------------------
      O   O   P   O
----------------------------
      P   P   O   O   P
----------------------------
  0   1   2   3   4   5   6
```

```
Ich setze in Spalte  0
( 17  Knoten ausgewertet)
----------------------------
                  O
----------------------------
              P   P
----------------------------
          P   O   P
----------------------------
          O   O   P
----------------------------
      O   O   P   O
----------------------------
  P   P   P   O   O   P
----------------------------
  0   1   2   3   4   5   6
```

```
Ihr Zug: 1
----------------------------
                  O
----------------------------
              P   P
----------------------------
          P   O   P
----------------------------
      O   O   O   P
----------------------------
      O   O   P   O
----------------------------
  P   P   P   O   O   P
----------------------------
  0   1   2   3   4   5   6
```

```
Ich setze in Spalte  2
( 22  Knoten ausgewertet)
 --------------------------
                 O
 --------------------------
           P   P   P
 --------------------------
           P   O   P
 --------------------------
       O   O   O   P
 --------------------------
       O   O   P   O
 --------------------------
   P   P   P   O   O   P
 --------------------------
   0   1   2   3   4   5   6
```

```
Ihr Zug: 0
 --------------------------
                 O
 --------------------------
           P   P   P
 --------------------------
           P   O   P
 --------------------------
       O   O   O   P
 --------------------------
   O   O   O   P   O
 --------------------------
   P   P   P   O   O   P
 --------------------------
   0   1   2   3   4   5   6
```

```
Ich setze in Spalte  0
( 12  Knoten ausgewertet)
 --------------------------
                 O
 --------------------------
           P   P   P
 --------------------------
           P   O   P
 --------------------------
   P   O   O   O   P
 --------------------------
   O   O   O   P   O
 --------------------------
   P   P   P   O   O   P
 --------------------------
   0   1   2   3   4   5   6
```

```
Ihr Zug: 0
 --------------------------
                 O
 --------------------------
           P   P   P
 --------------------------
   O       P   O   P
 --------------------------
   P   O   O   O   P
 --------------------------
   O   O   O   P   O
 --------------------------
   P   P   P   O   O   P
 --------------------------
   0   1   2   3   4   5   6
Sie haben gewonnen !
DANKE
```

Algorithmen für Spielbäume

Wir wollen nun einige wichtige algorithmische Ideen für das Programmieren von Spielen erörtern. Insbesondere wollen wir den Begriff des *Spielbaumes* erklären sowie den Minimax-Algorithmus und den Alpha-Beta-Algorithmus zum Suchen in Spielbäumen erläutern.

Spielbäume

Der Spielverlauf wird als Baum dargestellt. Jeder ***Knoten*** entspricht einer bestimmten Spielsituation, die ***Kanten*** entsprechen einem Zug. ***Wurzel*** des Baumes ist der Knoten, der die Anfangssituation des Spiels darstellt. Aus später deutlich werdenden Gründen nennen wir die beiden Spieler Max und Min. Der obere Teil des Spielbaumes einer vereinfachten Version von Quattro (die Spielwand hat vier Schächte) hat die in Bild 4-2 dargestellte Gestalt (Max beginnt und spielt mit den Steinen P).

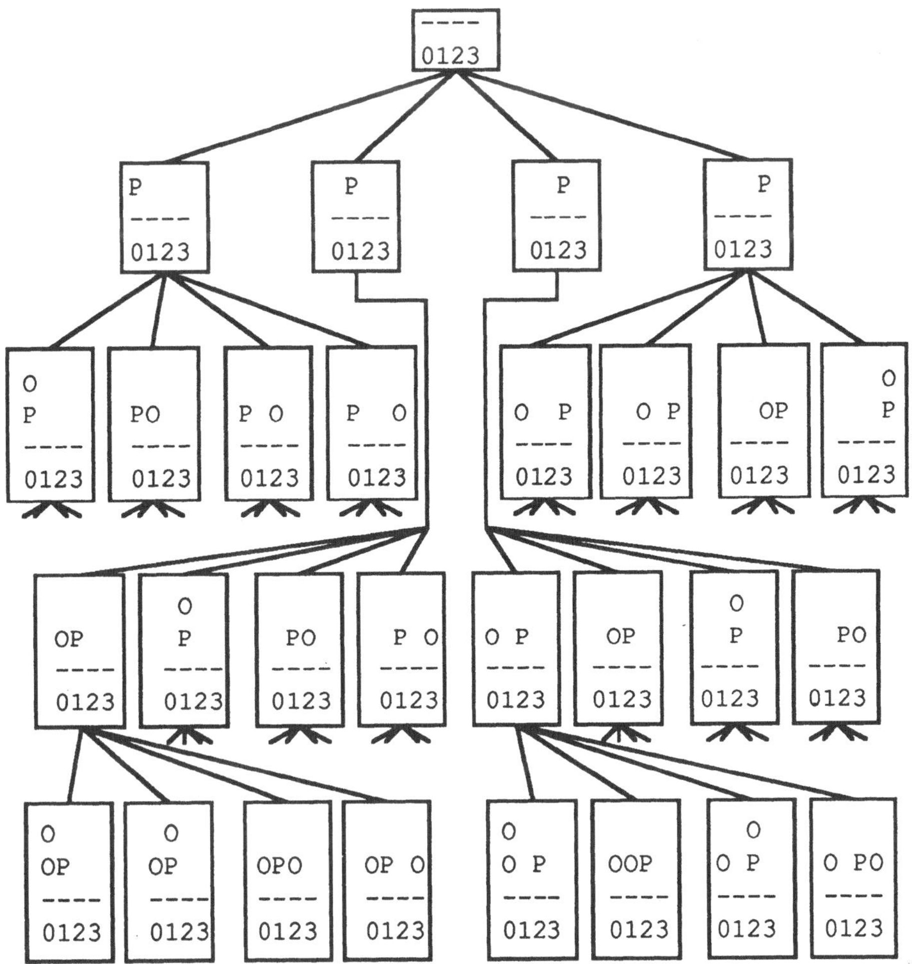

Bild 4-2: Spielbaum bei Quattro

Der Minimax-Algorithmus

Wir betrachten nun das Spiel aus der Sicht des Spielers Max, der am Zug ist und gewinnen will. Wenn man für Max den besten nächsten Zug sucht, hat man von dem gesamten Spielbaum nur noch den Teilbaum zu betrachten, dessen Wurzel die aktuelle Spielsituation ist. Grundsätzlich strebt man an, alle Äste dieses Teilbaumes bis zum Ende zu verfolgen. Gibt es einen Blattknoten, der einen Sieg von Max darstellt, so ist gezeigt, daß Max in der gegebenen Spielsituation überhaupt gewinnen kann. Außerdem läßt sich ermitteln, ob es Wege gibt, auf denen Max bei beliebigen Gegenzügen von Min zum Sieg kommen kann, oder ob dies nur bei "Fehlern" von Min möglich ist, d. h. wenn Min nicht immer den für ihn optimalen Zug wählt.

In der Praxis ist die Analyse kompletter Spielbäume zu aufwendig. Stattdessen wird nur ein gewisser Teil des Spielbaumes aufgestellt, d. h. es werden nur einige Züge im voraus berechnet, woraus dann eine Schätzung für den "besten" nächsten Zug abgeleitet wird. Diese Schätzung benutzt u. a. die sogenannte *statische Bewertungsfunktion* (static evaluation function). Diese erlaubt die Bewertung einer beliebigen Spielsituation. Jedem Blattknoten des aufgestellten Teilbaumes wird mit ihrer Hilfe ein Wert zugewiesen, der Aufschluß darüber gibt, wie gut die durch diesen Knoten dargestellte Spielsituation für Max ist. Im allgemeinen wählt man die statische Bewertungsfunktion so, daß sie bei Spielsituationen, die für Max von Vorteil sind, einen positiven Wert annimmt, während sie negativ wird, wenn es sich um eine für Min vorteilhafte Situation handelt.

Die von uns gewählte Bewertungsfunktion für Quattro wird später genau beschrieben. Vereinfacht gilt: Für einen beliebigen Knoten N im Spielbaum ist die statische Bewertung e(N) definiert als

$$e(N) := \begin{cases} +\infty, & \text{falls N einen Sieg für Max darstellt,} \\ -\infty, & \text{falls N einen Sieg für Min darstellt,} \\ \text{(Anzahl der begonnenen Viererfolgen für Max)} & \\ \quad - \text{(Anzahl der begonnenen Viererfolgen für Min),} & \text{sonst.} \end{cases}$$

Beispiel: Bei der Spielsituation

```
---------------------------
             P   O
---------------------------
    P        O   O   P
---------------------------
0   1    2   3   4   5   6
```

hat Max in den Spalten 1, 3 und 5 jeweils einen Stein für eine senkrechte Viererfolge, die Steine in den Spalten 1 und 3 könnten außerdem später in drei diagonalen Folgen auftreten. Also hat Max sechs offene Folgen. Min dagegen hat in Spalte 4 bereits zwei Steine für eine senkrechte Viererfolge, weiterhin mit dem Stein in Spalte 3 eine offene diagonale Folge nach links und zusammen mit dem oberen Stein in Spalte 4 eine offene diagonale Folge nach rechts (bereits mit zwei Steinen besetzt). Der obere Stein in Spalte 4 wiederum kann noch einmal in eine diagonale Folge nach links eingebaut werden. Damit hat Min also vier offene Viererfolgen, von denen zwei bereits zwei Steine enthalten.

Zur Bewertung aller Knoten im Spielbaum geht man von den Bewertungen der Blattknoten aus und ordnet den darüberliegenden Vorgängerknoten davon abgeleitete Bewertungen zu (sogenannte *hochgerückte Werte* oder *backed-up values*). Dabei stellt man folgende Überlegung an:

Ist Max am Zug, so wird er von allen möglichen Zügen den für ihn günstigsten auswählen. Das ist gerade der, für den die Bewertung den höchsten Wert annimmt. Einem Knoten, der eine Spielsituation mit Max am Zug darstellt, wird daher als Bewertung das Maximum der Bewertungen der Nachfolger zugewiesen. Ein solcher Knoten heißt *maximierender Knoten*. Ist andererseits Min am Zug, so wird er den Zug mit der niedrigsten Bewertung auswählen, daher wird dem entsprechenden Knoten als Bewertung gerade das Minimum der Bewertungen der Nachfolger zugewiesen. Ein solcher Knoten heißt *minimierender Knoten*.

Nach der Bewertung aller Knoten wählt Max schließlich als "besten" Zug den aus, der zu dem Nachfolger mit der höchsten Bewertung führt (vgl. Bild 4-3).

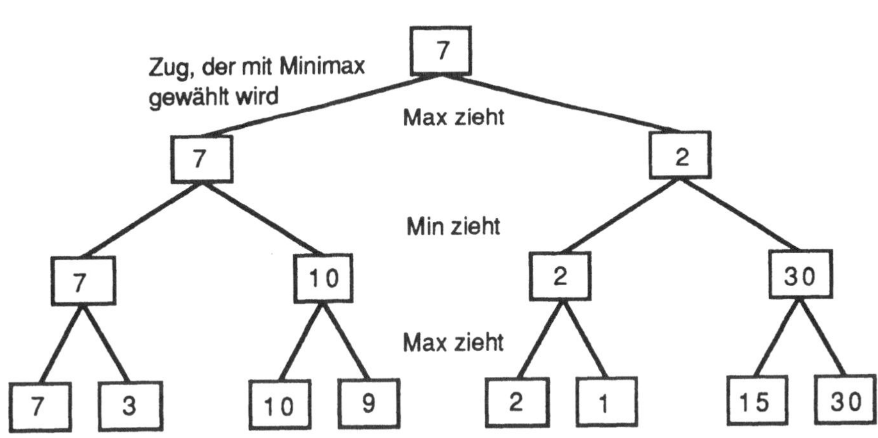

Bild 4-3: Bewertung mit dem Minimax-Algorithmus
(Die Zahlen in den Knoten sind die Werte der Knoten.)

Der geschilderte Algorithmus wird *Minimax-Algorithmus* genannt. Zusammenfassend läßt er sich wie folgt formulieren:

Minimax-Algorithmus zur Auswahl des nächsten Zuges

1. Stelle ausgehend von der aktuellen Spielsituation den Spielbaum bis zur gewünschten Tiefe auf.
2. Bewerte die Blattknoten mit Hilfe der statischen Bewertungsfunktion.
3. Bewerte die übrigen Knoten, ausgehend von den Blattknoten, wie folgt:
   a) Die Bewertung eines maximierenden Knotens ist das Maximum der Bewertungen der Nachfolgerknoten.
   b) Die Bewertung eines minimierenden Knotens ist das Minimum der Bewertungen der Nachfolgerknoten.
4. Wähle als nächsten Zug denjenigen aus, der vom aktuellen Knoten zu dem Nachfolger mit der höchsten Bewertung führt.

Der Alpha-Beta-Algorithmus

Der Alpha-Beta-Algorithmus ist eine Variante des Minimax-Algorithmus, bei der weniger Knoten erzeugt und bewertet werden müssen. Aufstellen des Suchbaumes und Bewertung der Knoten erfolgen parallel, und es ist möglich, auf die Aufstellung und Bewertung mancher Äste des Baums ganz zu verzichten, ohne dabei Information zu verlieren. Die Grundidee des Algorithmus soll an dem in Bild 4-4 dargestellten Beispiel gezeigt werden.

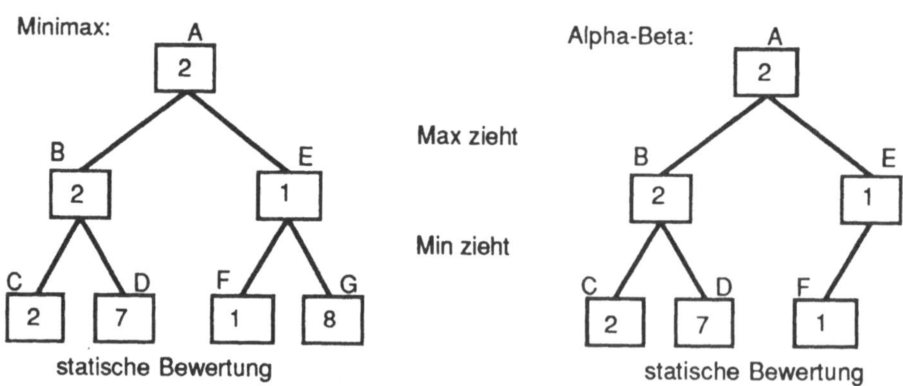

Bild 4-4: Grundidee des Alpha-Beta-Algorithmus

Zunächst wird der linke Ast aufgestellt und bewertet. Auf diesem Ast kann Max eine Bewertung von mindestens 2 erreichen. Beim Aufstellen und Bewerten des rechten Astes genügt es, die Knoten E und F zu betrachten. Nachdem nämlich der Knoten F mit der Bewertung 1 gefunden wurde, ist klar, daß E als Wert höchstens 1 hat und für die Bewertung von A nicht berücksichtigt zu werden braucht. Insbesondere ist es nicht erforderlich, weitere Nachfolger von E zu bewerten.

Was man beim obigen Beispiel "sieht", muß im Algorithmus formal verfügbar gemacht werden, nämlich Information über die Werte bereits behandelter Knoten. Hierzu werden das Aufstellen des Suchbaums und seine Bewertung parallel durchgeführt, und jeder Knoten bekommt bei seiner Erzeugung zwei Werte mit: Alpha und Beta (Alpha < Beta). Alpha ist eine nach den bisherigen Informationen untere Schranke für den Wert, den Max erreichen kann. Der Alpha-Wert kann sich bei der Bewertung maximierender Knoten ändern. Er kann nur größer werden. Analog dazu ist Beta eine nach den bisherigen Informationen obere Schranke für den Wert, den Min erreichen kann. Der Beta-Wert kann sich bei der Bewertung minimierender Knoten ändern. Er kann nur kleiner werden. Zu Beginn wird Alpha = $-\infty$, Beta = $+\infty$ gesetzt.

Alpha und Beta bilden also ein "Fenster", in dem die endgültige Bewertung liegt. Sie ist größer oder gleich Alpha und kleiner oder gleich Beta. Im Verlauf der Rechnung wird dieses Alpha-Beta-Fenster immer kleiner.

Die Einführung des Alpha-Beta-Fensters hat zwei Konsequenzen. Die wichtigere ist die, daß das oben heuristisch beschriebene "Abschneiden" von Ästen möglich wird. Die Regel dazu lautet:

- Bei einem maximierenden Knoten brauchen keine weiteren Nachfolger bewertet zu werden, sobald sein bisher ermittelter Wert größer oder gleich Beta ist (Beta-Cutoff).
- Bei einem minimierenden Knoten brauchen keine weiteren Nachfolger bewertet zu werden, sobald sein bisher ermittelter Wert kleiner oder gleich Alpha ist (Alpha-Cutoff).

Die zweite Konsequenz ist eher technischer Natur. Man kann als Anfangswert für den Wert eines maximierenden Knotens immer Alpha und für den Wert eines minimierenden Knotens immer Beta annehmen. Werte unter Alpha bzw. über Beta liefern keinen Beitrag zum Gesamtergebnis. Daher braucht man den Wert eines Knotens nicht gesondert abzuspeichern. Es genügt, bei maximierenden Knoten den Alpha- bzw. bei minimierenden Knoten den Beta-Wert nach jeder Bewertung eines Nachfolgerknotens zu revidieren. Bei maximierenden Knoten setzt man Alpha auf das Maximum von bisherigem Alpha-Wert und Wert des Nachfolgerknotens. Analog setzt man bei minimierenden Knoten Beta auf das Minimum von bisherigem Beta-Wert und Wert des Nachfolgerknotens. Als endgültiger Wert kann bei maximierenden Knoten dann der Alpha-Wert, bei minimierenden Knoten der Beta-Wert zurückgegeben werden. Blattknoten haben als Wert wie beim Minimax-Algorithmus ihren statischen Wert.

Die mit dem geschilderten Alpha-Beta-Algorithmus ermittelten Werte weichen zum Teil von den mit dem Minimax-Algorithmus ermittelten Werten ab. Dies hat jedoch keinen Einfluß auf den Wert des Wurzelknotens. Bild 4-5 gibt ausführlich den Ablauf der Alpha-Beta-Bewertung des in Bild 4-3 mit Minimax bewerteten Spielbaums wieder.

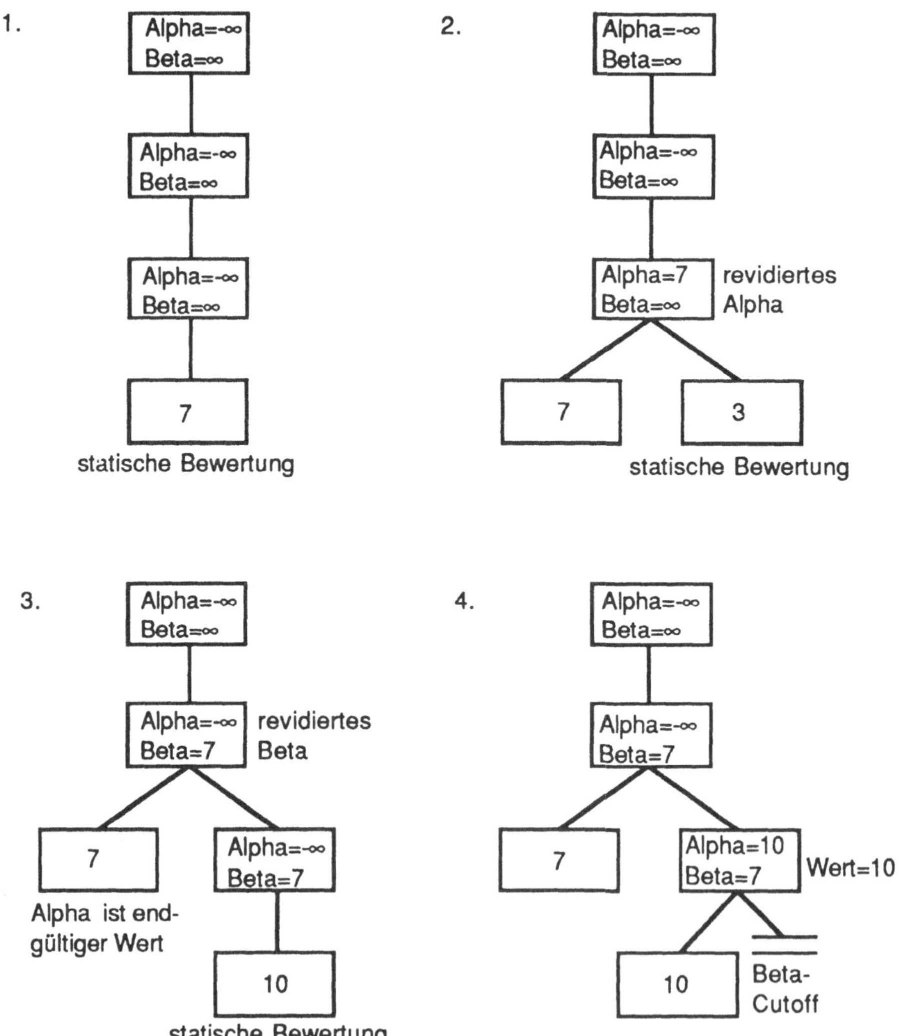

Die endgültige Bewertung des linken Astes ist 7, er wird im folgenden nicht mehr mitgezeichnet.

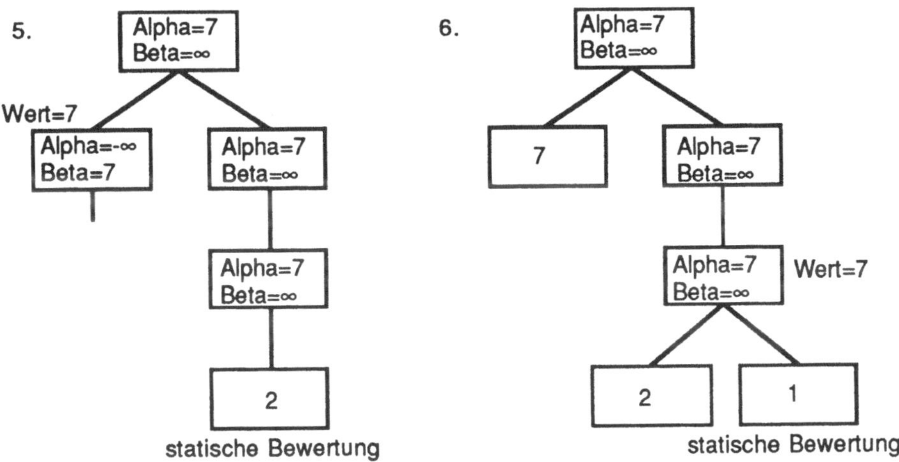

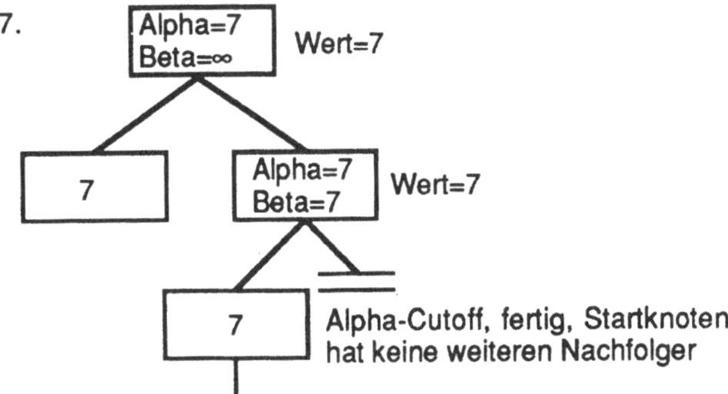

Bild 4-5: Bewertung mit dem Alpha-Beta-Algorithmus

Damit läßt sich der Alpha-Beta-Algorithmus folgendermaßen formulieren:

Alpha-Beta-Algorithmus zur Bewertung eines Knotens N

1. Falls N der Wurzelknoten ist, wird der Algorithmus mit Alpha = $-\infty$ und Beta = $+\infty$ gestartet. Sonst erhält N die aktuellen Alpha- und Beta-Werte des Vorgängers.

2. Falls N ein Blattknoten ist, beende die Suche und gib den statischen Wert von N zurück.

3. Falls N ein maximierender Knoten ist:

   3.1 Für alle direkten Nachfolger N_i von N:

   a) Berechne mit diesem Algorithmus den Wert von N_i, wobei der momentane Alpha-Wert und der Beta-Wert von N übernommen werden.

   b) Setze den Alpha-Wert von N auf das Maximum von altem Alpha-Wert und Wert von N_i.

   c) Ist der Alpha-Wert von N größer oder gleich dem Beta-Wert, so beende die Bewertung und gib den Alpha-Wert als Wert von N zurück (Beta-Cutoff).

   3.2 Falls kein Beta-Cutoff stattgefunden hat, gib den Alpha-Wert als Wert von N zurück.

4. Falls N ein minimierender Knoten ist:

   4.1 Für alle direkten Nachfolger N_i von N:

   a) Berechne mit diesem Algorithmus den Wert von N_i, wobei der Alpha-Wert und der momentane Beta-Wert von N übernommen werden.

   b) Setze den Beta-Wert von N auf das Minimum von altem Beta-Wert und Wert von N_i.

   c) Ist der Beta-Wert von N kleiner oder gleich dem Alpha-Wert, so beende die Bewertung und gib den Beta-Wert als Wert von N zurück (Alpha-Cutoff).

   4.2 Falls kein Alpha-Cutoff stattgefunden hat, gib den Beta-Wert als Wert von N zurück.

Der so formulierte Algorithmus sieht als LISP-Programm folgendermaßen aus:

```
(DEFUN SEARCH (NODE ALPHA BETA)
  (IF (LEAF NODE)
                ; ist NODE ein Blattknoten?
      (STATIC-VALUE NODE)
                ; Bewertung von NODE mit statischer Bewertungsfunktion
      (IF (MAXER NODE)
                ; ist NODE ein maximierender Knoten?
          (DOLIST (SUCCESSOR (EXPAND NODE) ALPHA)
                ; Erzeugung der Nachfolger von NODE
                (SETQ ALPHA (MAX ALPHA
                                 (SEARCH SUCCESSOR
                                         ALPHA
                                         BETA)))
                ; setze den Alpha-Wert von NODE auf das Maximum von
                ; altem Alpha-Wert und Wert des Nachfolgers
                (IF (>= ALPHA BETA) (RETURN ALPHA)))
                ; Beta-Cutoff
          (DOLIST (SUCCESSSOR (EXPAND NODE) BETA)
                ; NODE ist ein minimierender Knoten
                (SETQ BETA (MIN BETA
                                (SEARCH SUCCESSOR
                                        ALPHA
                                        BETA)))
                ; setze den Beta-Wert von NODE auf das Minimum von
                ; altem Beta-Wert und Wert des Nachfolgers
                (IF (<= BETA ALPHA) (RETURN BETA))))))
                ; Alpha-Cutoff
```

Zur Bewertung eines Wurzelknotens ist die Funktion SEARCH aufzurufen durch

```
    (SEARCH  NODE  -∞  +∞).
```

In der obigen Formulierung muß in der Funktion SEARCH immer zwischen minimierenden und maximierenden Knoten unterschieden werden. Für Spiele, bei denen die beiden Spieler immer abwechselnd ziehen (keine Mehrfachzüge), ist diese Unterscheidung überflüssig. Dann kann der Algorithmus in zwei sich gegenseitig aufrufenden Funktionen SEARCH-MAX und SEARCH-MIN realisiert werden:

```
(DEFUN SEARCH-MAX (NODE ALPHA BETA)
  (IF (LEAF NODE)
      (STATIC-VALUE NODE)
      (DOLIST (SUCCESSOR (EXPAND NODE) ALPHA)
              (SETQ ALPHA (MAX ALPHA
                               (SEARCH-MIN SUCCESSOR
                                           ALPHA
                                           BETA)))
              (IF (>= ALPHA BETA) (RETURN ALPHA))))  )
```

```
(DEFUN SEARCH-MIN (NODE ALPHA BETA)
  (IF (LEAF NODE)
      (STATIC-VALUE NODE)
      (DOLIST (SUCCESSOR (EXPAND NODE) BETA)
              (SETQ BETA (MIN BETA (SEARCH-MAX SUCCESSOR
                                                ALPHA
                                                BETA)))
              (IF (<= BETA ALPHA) (RETURN BETA))))  )
```

Zur Bewertung eines maximierenden bzw. eines minimierenden Wurzelknotens ruft man auf:

```
(SEARCH-MAX NODE -∞ +∞),
```

bzw.

```
(SEARCH-MIN NODE -∞ +∞).
```

Die Funktion EXPAND erzeugt alle Nachfolger eines Knotens auf einmal. Vom Algorithmus her gesehen ist das nicht nötig. Wenn das zugrunde liegende Spiel es erlaubt, sollte eine Funktion NEXT-SUCCESSOR benutzt werden, die nur jeweils einen Nachfolger erzeugt. SEARCH-MAX könnte dann etwa so aussehen:

```
(DEFUN SEARCH-MAX (NODE ALPHA BETA)
  (IF (LEAF NODE)
      (STATIC-VALUE NODE)
      (DO ((SUCCESSOR (NEXT-SUCCESSOR NODE)
                      (NEXT-SUCCESSOR NODE)))
          ((OR (NULL SUCCESSOR) (>= ALPHA BETA)) ALPHA)
          (SETQ ALPHA (MAX ALPHA
                           (SEARCH-MIN SUCCESSOR
                                       ALPHA
                                       BETA)))))  )
```

Zum Abschluß noch ein Hinweis auf den Aufwand, der beim Minimax- bzw. Alpha-Beta-Algorithmus entsteht. Ein Maß für diesen Aufwand ist die Anzahl der Bewertungen von Blattknoten. Hat der Spielbaum den Verzweigungsfaktor v (jeder Knoten hat v Nachfolger) und wird er bis zur Tiefe t (Anzahl der Ebenen unter der Wurzel) aufgestellt, so sind beim Minimax-Algorithmus v^t Blattknoten zu bewerten. Beim Alpha-Beta-Algorithmus beträgt diese Zahl nach Knuth/Moore [1975] im besten Fall ungefähr $2v^{t/2}$. Im ungünstigsten Fall ist sie ebenso hoch wie beim Minimax-Algorithmus. Erfahrungsgemäß liegt sie bei zufällig aufgestellten Bäumen eher in der Nähe der unteren Schranke, vgl. Winston [1987]. Genauere Aussagen findet man bei Knuth/Moore [1975].

Das Programm QUATTRO

Das LISP-Programm für Quattro läßt sich in vier weitgehend unabhängige Gruppen von Funktionen einteilen. Diese Gruppen sind durch ihre Hauptfunktionen charakterisiert:

VALUE	-	statische Bewertungsfunktion,
CHOOSE	-	Wahl des nächsten Zuges für das Programm (Max),
ALTMOVE	-	Wechsel zwischen Zügen des Programms und gegnerischen Zügen,
QUATTRO	-	Benutzeraufruf, übergeordnete Steuerfunktion, Bereitstellung globaler Variablen.

Nach der Darstellung der Datenstruktur für die Spielwand werden wir die Funktionsgruppen in dieser Reihenfolge besprechen.

Darstellung und Veränderung der Spielwand

Die Spielwand ist die einzige im Programm benötigte Datenstruktur. Sie steht unter der in der Funktion QUATTRO bereitgestellten SPECIAL-Variablen *BOARD* zur Verfügung. Die Spielwand ist als Liste mit sieben Elementen realisiert. Jedes Element ist selbst wieder eine Liste, welche die Steine eines Schachtes (einer Spalte) der Spielwand enthält. Dabei ist das letzte Element einer solchen Unterliste jeweils der Stein, der im entsprechenden Schacht der Spielwand oben liegt.

Beispiel: Die Spielwand

```
-----------------------------
          P       P
-----------------------------
          O   O   P
-----------------------------
          O   P   O
-----------------------------
      P   P   O   O   P
-----------------------------
  0   1   2   3   4   5   6
```

hat die Listendarstellung

(NIL (P) (P O O P) (O P O) (O O P P) (P) NIL).

Bei der Ausführung eines Zuges des Programms wird das Atom P, bei der Ausführung eines gegnerischen Zuges das Atom O am Ende der entsprechenden Spaltenliste eingefügt (P steht für "program" und O für "opponent"). Die Ausführung eines Zuges wird in der Funktion DROP realisiert. Argumente sind STONE (das kann P oder O sein) und COL-NUM, die Nummer der Spalte, die den Stein aufnehmen soll. Die sieben Spalten und sechs Zeilen der Spielwand werden von 0 bis 6 bzw. von 0 bis 5 gezählt.

```
(DEFUN DROP (STONE COL-NUM)
  (DECLARE (SPECIAL *BOARD*))
  (LET (OLD-COLUMN)
                      ; OLD-COLUMN ist die Liste, welche die durch COL-NUM
                      ; gegebene Spalte darstellt
    (IF (AND (NUMBERP COL-NUM)
             (>= COL-NUM 0)
             (< COL-NUM 7)
             (< (LENGTH (SETQ OLD-COLUMN
                              (NTH COL-NUM *BOARD*)))
                6))
              ; COL-NUM muß eine Zahl zwischen 0 und 6 einschließlich
              ; sein, außerdem dürfen in der gewählten Spalte noch keine
              ; sechs Steine liegen
        (SETF (NTH COL-NUM *BOARD*)
              (APPEND OLD-COLUMN (LIST STONE)))))  )
              ; die SPECIAL-Variable *BOARD* wird durch SETF verändert
```

Der Wert von DROP ist NIL, wenn es nicht möglich ist, einen Stein in die Spalte COL-NUM zu werfen. DROP führt sowohl gegnerische Züge als auch Züge des Programms aus.

VALUE - Statische Bewertungsfunktion

Die Realisierung der statischen Bewertungsfunktion ist der aufwendigste Teil des Programms. Die Grundidee ist die, daß man die Anzahl der begonnenen Viererfolgen von Max der Anzahl der begonnenen Viererfolgen von Min gegenüberstellt. Begonnene Viererfolgen gehen freilich nur in die Bewertung ein, wenn sie sich noch zu vollen Viererfolgen erweitern lassen. Die einzelnen Folgen werden umso höher gewichtet, je länger sie bereits sind. Der Aufwand in der Prgrammierung und auch in der Ausführung dieses Vergleichs besteht darin, daß bei einer Bewertung für jede Position der Spielwand zu prüfen ist, ob dort ein Stein liegt, der zu einer Viererfolge gehört.

Bei der Bewertung begonnener Viererfolgen von Max bekommen Folgen, die erst einen Stein haben, den Wert 1, solche mit zwei Steinen den Wert 5, Folgen mit drei Steinen den Wert 25 (= 5*5) und volle Viererfolgen den Wert 125 (= 25*5). Letzterer wird sofort als Gewinnsituation erkannt. Folgen für Min erhalten entsprechende negative Werte. So hat etwa eine Folge mit drei Steinen für Min den Wert -25. Steine, die in mehreren Viererfolgen auftreten, werden auch mehrmals gezählt. Die Gesamtbewertung einer Spielsituation ist die Summe der Bewertungen aller begonnenen senkrechten, waagerechten und diagonalen Viererfolgen.

Der Faktor 5 in der Bewertung hat sich bewährt, da mit der sich ergebenden Bewertungsfunktion das Programm einen ernst zu nehmenden Gegner darstellt. Er ist freilich eine willkürlich gewählte Experimentiergröße und deshalb als SPECIAL-Variable *FACTOR* gespeichert. Von *FACTOR* abhängig sind die beiden SPECIAL-Variablen *MAXVAL* und *INFINITY*. *MAXVAL* enthält den Wert einer Viererfolge, also $*FACTOR*^3$ und *INFINITY* enthält eine Zahl, die bei der Bewertung einer Spielsituation als $+\infty$ verwendet werden kann. Sie wird hier auf $*FACTOR*^5$ gesetzt. Diese SPECIAL-Variablen werden in der Steuerfunktion QUATTRO deklariert und initialisiert.

Die statische Bewertungsfunktion besteht aus den in Bild 4-6 dargestellten Funktionen.

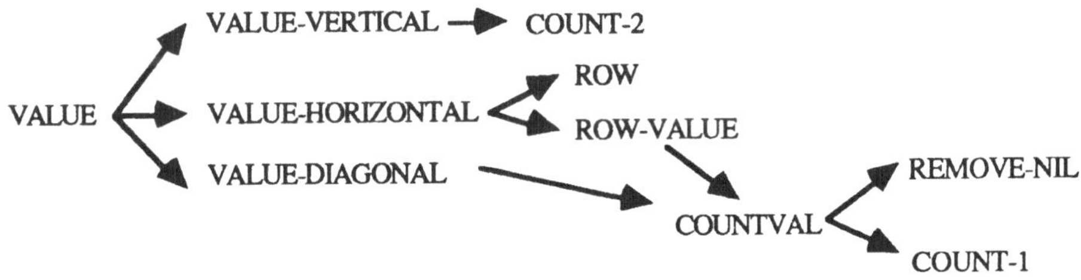

Bild 4-6: Funktionen für die statische Bewertung

VALUE-VERTICAL - Bewertung der senkrechten Viererfolgen

Die senkrechten Viererfolgen werden vom obersten Stein einer jeden Spalte aus betrachtet. Zunächst wird gezählt, wieviele Steine einer Farbe übereinander liegen, anschließend wird geprüft, ob noch genug Zeilen frei sind, um die Viererfolge zu vollenden.

Die Hilfsfunktion COUNT-2 zählt, wie oft das Zeichen S zu Beginn der Liste L steht. Der Wert von COUNT-2 ist diese Zahl erhöht um eins.

```
(DEFUN COUNT-2 (S L)
  (IF (OR (NULL L) (NOT (EQ S (CAR L))))
      1
                ; ist L die leere Liste oder ist das erste Element von L
                ; ungleich S, so ist der Wert 1
      (+ 1 (COUNT-2 S (CDR L))))   )
                ; Rekursion, Auftreten von S im Rest von L zählen
```

```
(DEFUN VALUE-VERTICAL (BOARD)
  (DECLARE (SPECIAL *FACTOR* *INFINITY*))
  (LET ((VAL 0)
        (COLUMN-VALUE 0))
    (DOLIST (COLUMN (MAPCAR #'REVERSE BOARD) VAL)
              ; wegen der Darstellung von *BOARD* muß die Reihenfolge der
              ; Elemente in den Unterlisten umgekehrt werden, COLUMN
              ; enthält dann jeweils die Steine einer Spalte, wobei der letzte
              ; Stein einer Spalte das erste Element in COLUMN ist
      (IF COLUMN
          (PROGN
            (SETQ COLUMN-VALUE
                  (CASE (COUNT-2 (CAR COLUMN)
                                 (CDR COLUMN))
              ; in COUNT-2 wird gezählt, wieviele Steine einer Sorte vorne in
              ; COLUMN liegen
                    (4 (IF (EQ (CAR COLUMN) 'P)
                           (THROW 'QUATTRO
                                  *INFINITY*)
                           (THROW 'QUATTRO
                                  (- *INFINITY*))))
              ; vier Steine einer Sorte; nach Überprüfung, ob es sich um eine
              ; Viererfolge für Max oder für Min handelt, wird durch THROW
              ; die gesamte Bewertung mit dem Wert +∞ bzw. -∞ abgebrochen
                    (3 (IF (< (LENGTH COLUMN) 6)
                           (* *FACTOR* *FACTOR*)
                           0))
              ; bei drei Steinen einer Sorte und genügend Platz erhält
              ; COLUMN-VALUE den Wert *FACTOR*^2
                    (2 (IF (< (LENGTH COLUMN) 5)
                           *FACTOR*
                           0))
              ; bei zwei Steinen einer Sorte und genügend Platz erhält
              ; COLUMN-VALUE den Wert *FACTOR*
                    (1 (IF (< (LENGTH COLUMN) 4)
                           1
                           0))))
              ; bei nur einem Stein und genügend Platz erhält
              ; COLUMN-VALUE den Wert 1
            (SETQ VAL (+ VAL
                         (IF (EQ (CAR COLUMN) 'P)
                             COLUMN-VALUE
                             (- COLUMN-VALUE)))))))   )
              ; Addition über alle Spalten, hier ist zu beachten, ob die
              ; Viererfolgen dem Programm oder dem Gegner gehören
```

Das zu THROW passende CATCH befindet sich in der aufrufenden Funktion VALUE. Es wird benutzt, um die Bewertung einer Spielsituation zu beschleunigen.

Wird nämlich irgendwo eine voll besetzte Viererfolge gefunden, so ist sofort die Gesamtbewertung der Situation +∞ oder -∞. Es ist dann nicht nötig, weitere begonnene Folgen zu zählen. Statt dessen werden alle Schleifen und Funktionsaufrufe durch THROW sofort abgebrochen, und es wird der Wert +∞ oder -∞ an das CATCH in VALUE gegeben.

VALUE-HORIZONTAL - Bewertung waagerechter Viererfolgen

Zur Bewertung der waagerechten Folgen untersucht man die Spielwand zeilenweise. Die Zeilen werden von links nach rechts untersucht. Da in den Spalten 4, 5 und 6 keine nach rechts gehenden Viererfolgen mehr beginnen können, braucht man nur die ersten vier Spalten nach beginnenden Viererfolgen zu untersuchen.

Bei vielen Quattro-Partien tritt im Verlauf des Spiels die Situation ein, daß keiner der Spieler in den unteren Reihen noch eine Viererfolge aufbauen kann. Es ist dann nicht mehr nötig, diese Zeilen zu durchsuchen. Die Nummer der untersten Zeile, in der Viererfolgen für einen der beiden Spieler möglich sind, ist auf der SPECIAL-Variablen *MIN-ROW* gespeichert. Sie wird nach der tatsächlichen Ausführung eines Zuges überprüft und gegebenenfalls erhöht.

VALUE-HORIZONTAL bildet zunächst mit ROW die Zeilen, bewertet diese mit ROW-VALUE und addiert die Einzelwerte. ROW-VALUE zerlegt jede Reihe in Listen von vier nebeneinander liegenden Feldern. Diese Felder können einen Stein (P oder O) enthalten oder leer sein. Ein leeres Feld wird durch NIL dargestellt.

Die Funktion COUNTVAL mit den Hilfsfunktionen REMOVE-NIL und COUNT-1, bewertet eine solche Liste von vier Feldern. Mit REMOVE-NIL wird zunächst die Argumentliste komprimiert, indem der Beginn der Liste bis zum ersten Element ungleich NIL verschoben wird. Anschließend wird in COUNT-1 (ähnlich wie oben in COUNT-2) geprüft, ob es sich um eine offene Viererfolge handelt, und im positiven Fall wird die Bewertung an COUNTVAL zurückgegeben. COUNTVAL legt dann den endgültigen Wert der Folge fest, je nachdem, ob es sich um eine Folge des Programms oder des Gegners handelt.

```
(DEFUN REMOVE-NIL (L)
  (COND ((NULL L) NIL)
        ((CAR L) L)
              ; fertig, erstes Element von L ist nicht NIL
        (T (REMOVE-NIL (CDR L))))  )
              ; NIL zu Beginn der Liste wird weggelassen
```

COUNT-1 bewertet bis zu vier aufeinanderfolgende Felder. Der Inhalt des ersten Feldes ist von NIL verschieden und in S abgelegt. Der Inhalt der folgenden Felder ist in L abgelegt.

```
(DEFUN COUNT-1 (S L)
  (DECLARE (SPECIAL *FACTOR*))
  (LET ((VAL 1))
                    ; VAL ist die Bewertung der durch S und L gegebenen Folge von
                    ; bis zu vier Steinen, die mindestens den Stein S enthält, also
                    ; ist VAL ≥ 1
    (DOLIST (X L VAL)
      (COND ((NULL X))
            ((EQ S X) (SETQ VAL (* *FACTOR* VAL)))
                    ; wird ein weiterer Stein der Farbe S gefunden, ist VAL mit
                    ; *FACTOR* zu multiplizieren
            (T (RETURN 0))))) )
                    ; ist ein Stein in L von anderer Farbe als S, so ist weder für
                    ; das Programm noch für den Gegner eine Viererfolge möglich

(DEFUN COUNTVAL (L)
  (DECLARE (SPECIAL *MAXVAL* *INFINITY*))
  (LET (VAL
        (L1 (REMOVE-NIL L)))
                    ; Leerpositionen zu Beginn der möglichen Viererfolge entfernen
    (IF L1
                    ; es kann auch vorkommen, daß alle Elemente von L NIL sind
        (PROGN (SETQ VAL (COUNT-1 (CAR L1) (CDR L1)))
                    ; Wert für Viererfolge berechnen
                     (IF (EQ (CAR L1) 'O)
                         (SETQ VAL (- VAL)))
                    ; gehört die Viererfolge dem Gegner, ist der Wert negativ
                     (COND ((= VAL *MAXVAL*)
                            (THROW 'QUATTRO *INFINITY*))
                           ((= VAL (- *MAXVAL*))
                            (THROW 'QUATTRO (- *INFINITY*))))
                    ; Abbruch aller Bewertungen bei voll besetzter Viererfolge
                     VAL)
        0)) )
```

Die Funktion ROW faßt die Felder der I-ten Zeile der Spielwand BOARD zu einer Liste zusammen, und die Funktion ROW-VALUE bewertet die waagerechten Folgen in dieser Zeile. Durch Anwendung der Funktion NTH in ROW werden nicht besetzte Felder durch NIL dargestellt. Bei der Spielwand

```
---------------------------
            O  P
---------------------------
         O  P  O
---------------------------
      P  P  O  O  P
---------------------------
   0  1  2  3  4  5  6
```

wäre der Wert von (ROW 1 BOARD) die Liste (NIL NIL O P O NIL NIL). An diesem Beispiel sieht man auch, daß in Zeile 0 und in Zeile 1 für keinen Spieler mehr eine volle Viererfolge möglich ist. In einer solchen Spielsituation hätte dann *MIN-ROW* den Wert 2, d. h. erst ab Zeile 2 ist nach waagerechten Viererfolgen zu suchen.

```
(DEFUN ROW (I BOARD)
  (MAPCAR #'(LAMBDA (X) (NTH I X)) BOARD)  )

(DEFUN ROW-VALUE (R)
  (LET ((VAL 0))
    (DOTIMES (I 4 VAL)
                  ; Schleife über die ersten vier Spalten der Spielwand
      (SETQ VAL (+ VAL
                   (COUNTVAL (LIST (POP R)
                                   (CAR R)
                                   (CADR R)
                                   (CADDR R)))))))  )
                  ; jeweils vier aufeinanderfolgende Felder werden als Argument für
                  ; COUNTVAL zu einer Liste zusammengefaßt, die Ergebnisse
                  ; von COUNTVAL auf VAL summiert
```

Die Funktion VALUE-HORIZONTAL schließlich enthält nur noch eine Schleife über die Zeilen der Spielwand. Diese wird nur bis zur maximal besetzten Höhe untersucht.

```
(DEFUN VALUE-HORIZONTAL (BOARD)
  (DECLARE (SPECIAL *MIN-ROW*))
  (LET ((VAL 0)
        (MAXROWS (APPLY 'MAX (MAPCAR 'LENGTH BOARD))))
                  ; höchste nichtleere Zeile
    (DO ((J *MIN-ROW* (+ J 1)))
                  ; Schleife beginnt bei *MIN-ROW*
        ((= J MAXROWS) VAL)
                  ; Schleife endet mit MAXROWS
        (SETQ VAL (+ VAL
                     (ROW-VALUE (ROW J BOARD))))))  )
                  ; Summation der Werte der einzelnen Zeilen
```

VALUE-DIAGONAL - Bewertung der diagonalen Viererfolgen

Das Vorgehen ist hier ähnlich wie im waagerechten Fall. Mit Hilfe der Funktion VALUE-DIAGONAL werden die Diagonalen bewertet, die von links unten nach rechts oben verlaufen. Deshalb braucht diese Funktion nur die ersten vier Spalten und die ersten drei Zeilen der Spielwand zu berücksichtigen. Anschließend werden die

Diagonalen von rechts unten nach links oben mit der gleichen Funktion behandelt, indem zunächst die Reihenfolge der Spalten der Spielwand umgekehrt wird.

```
(DEFUN VALUE-DIAGONAL (BOARD)
  (LET ((VAL 0)
        COLUMN1 COLUMN2 COLUMN3 COLUMN4)
    (DOTIMES (J 4 VAL)
                 ; Schleife über die ersten vier Spalten der Spielwand
      (SETQ COLUMN1          (POP   BOARD))
                 ; COLUMN1 ist eine ganze Spalte
      (SETQ COLUMN2 (CDR    (CAR   BOARD)))
                 ; COLUMN2 ist die folgende Spalte, sie beginnt aber erst mit
                 ; dem Element in Zeile 1
      (SETQ COLUMN3 (CDDR   (CADR  BOARD)))
                 ; COLUMN3 beginnt mit dem Element in Zeile 2
      (SETQ COLUMN4 (CDDDR (CADDR BOARD)))
                 ; COLUMN4 beginnt mit dem Element in Zeile 3, jeweils die
                 ; ersten Elemente von COLUMN1 bis COLUMN4 bilden eine
                 ; potentielle diagonale Viererfolge
      (DOTIMES (I 3)
                 ; Schleife über die ersten drei Zeilen der Spielwand
        (SETQ VAL
          (+ VAL
             (COUNTVAL (LIST (POP COLUMN1)
                             (POP COLUMN2)
                             (POP COLUMN3)
                             (POP COLUMN4))))))))   )
                 ; jeweils die ersten Elemente von COLUMN1 bis COLUMN4
                 ; werden als Argument für COUNTVAL zu einer Liste zusammen-
                 ; gefaßt, die Ergebnisse von COUNTVAL auf VAL summiert
```

VALUE - Gesamtbewertung einer Spielsituation

Zur Gesamtbewertung einer Spielsituation muß in VALUE die Summe der Bewertungen der senkrechten, waagerechten und diagonalen Viererfolgen gebildet werden. Die Funktion VALUE enthält ein (CATCH 'QUATTRO ...), welches das (THROW 'QUATTRO ...) aus COUNTVAL und VALUE-VERTICAL auffängt. Wird von einer dieser beiden Funktionen eine voll besetzte Viererfolge gefunden, so werden alle weiteren Bewertungen eingestellt, und der Wert von CATCH (und damit auch der Wert von VALUE) ist sofort $+\infty$ oder $-\infty$.

Die SPECIAL-Variable *NODES-EVALUATED* zählt bei jedem Zug des Programms die Anzahl der bewerteten Knoten. Diese Zahl gibt Aufschluß über den tatsächlich betriebenen Aufwand bei der Auswahl des nächsten Zuges. *NODES-EVALUATED* wird bei jedem Aufruf von VALUE um eins erhöht.

```
(DEFUN VALUE (BOARD)
  (DECLARE (SPECIAL *NODES-EVALUATED*))
  (INCF *NODES-EVALUATED*)
  (CATCH 'QUATTRO
         (+ (VALUE-HORIZONTAL BOARD)
            (VALUE-VERTICAL BOARD)
            (VALUE-DIAGONAL BOARD)
            (VALUE-DIAGONAL (REVERSE BOARD))))  )
              ; Bewertung der Diagonalen von rechts unten nach links oben
```

CHOOSE - Auswahl eines Zuges des Programms

Zur Auswahl eines Zuges des Programms dienen die mit dem Alpha-Beta-Algorithmus bestimmten Werte der Nachfolger der aktuellen Spielsituation. Der Alpha-Beta-Algorithmus ist hier in den beiden komplementären Funktionen SEARCH-MIN und SEARCH-MAX realisiert, denn bei Quattro gibt es keine Mehrfachzüge.

Die von CHOOSE aufgerufenen Funktionen bilden die in Bild 4-7 dargestellte Aufrufhierarchie. Die Funktionen TRY-MOVE und TRY-MOVE-1 bestimmen die Nachfolger eines Knotens. Die Funktion LEAF prüft, ob ein Knoten ein Blattknoten ist, und bewertet ihn mit Hilfe von VALUE. CHOOSE ruft die Funktion SEARCH-MIN auf, weil die zu bewertenden Nachfolger der aktuellen Spielsituation gegnerische Züge, also minimierende Knoten sind.

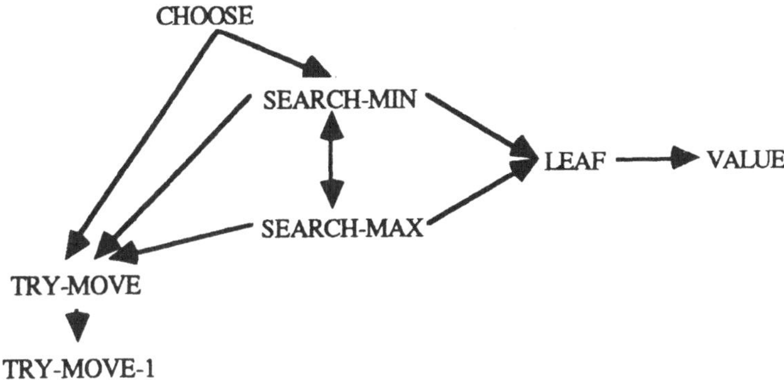

Bild 4-7: Funktionen für die Auswahl des nächsten Zuges

LEAF - Untersuchung eines Blattknotens

Die Funktion LEAF berechnet den Wert ihres Argumentes BOARD. Ist die maximale Suchtiefe erreicht oder der Wert von BOARD +∞ oder -∞, so stellt BOARD einen Blattknoten dar, und seine Bewertung wird als Wert von LEAF zurückgegeben. Sonst hat LEAF den Wert NIL. LEAF ruft die statische Bewertungsfunktion VALUE auf, um festzustellen, ob BOARD eine Gewinnposition darstellt.

```
(DEFUN LEAF (BOARD LEVEL)
  (DECLARE (SPECIAL *INFINITY*))
  (LET ((VAL (VALUE BOARD)))
                      ; Bewertung der Spielsituation BOARD
    (IF (OR (ZEROP LEVEL)
                      ; maximale Suchtiefe erreicht
                  (= VAL *INFINITY*)
                      ; BOARD stellt eine Gewinnposition für das Programm dar
                  (= VAL (- *INFINITY*)))
                      ; BOARD stellt eine Gewinnposition für den Gegner dar
        VAL))   )
```

TRY-MOVE - Nachfolger eines Knotens erzeugen

Bei Quattro lassen sich die Nachfolger eines Knotens leicht einzeln erzeugen. Ein Knoten hat höchstens sieben Nachfolger. Der I-te Nachfolger entsteht, indem ein Spieler (Variable PLAYER, Wert P oder O) einen Stein in den I-ten Schacht der Spielwand wirft. Enthält diese Spalte I bereits sechs Steine, entfällt dieser Nachfolger. Die Funktion TRY-MOVE überprüft, ob eine Spalte bereits voll ist. Falls ja, hat sie den Wert NIL, sonst liefert sie mit Hilfe der Funktion TRY-MOVE-1 die neue Spielsituation.

```
(DEFUN TRY-MOVE (I BOARD PLAYER)
  (IF (/= (LENGTH (NTH I BOARD)) 6)
                      ; die I-te Spalte ist noch nicht voll
      (TRY-MOVE-1 I BOARD PLAYER))   )
                      ; I-ten Nachfolger erzeugen

(DEFUN TRY-MOVE-1 (I BOARD PLAYER)
  (IF (ZEROP I)
      (CONS (APPEND (CAR BOARD) (LIST  PLAYER))
            (CDR BOARD))
                      ; ist I=0, so muß ein Stein in Spalte 0, also wird das erste
                      ; Element in der Liste BOARD verändert
      (CONS (CAR BOARD)
            (TRY-MOVE-1 (- I 1) (CDR BOARD) PLAYER))))
                      ; Rekursion, Stein kommt in eine weiter rechts liegende Spalte
```

SEARCH-MIN, SEARCH-MAX - Alpha-Beta-Algorithmus

Die Funktionen SEARCH-MAX und SEARCH-MIN sind so strukturiert wie im theoretischen Teil dieses Kapitels beschrieben. Zusätzlich tritt hier die Variable LEVEL auf, die beim ersten Aufruf die maximale Suchtiefe enthält. Sie wird bei jedem Abstieg im Suchbaum um eins verkleinert, so daß bei LEVEL = 0 die maximale Suchtiefe erreicht ist.

```
(DEFUN SEARCH-MAX (BOARD LEVEL ALPHA BETA)
  (COND ((LEAF BOARD LEVEL))
                    ; bei Blattknoten ist der Wert von LEAF der Wert der
                    ; Spielsituation BOARD
        ((LET (SUCCESSOR)
           (DOTIMES (I 7 ALPHA)
             (AND
               (SETQ SUCCESSOR (TRY-MOVE I BOARD 'P))
               (>= (SETQ ALPHA
                         (MAX ALPHA
                              (SEARCH-MIN
                                SUCCESSOR (- LEVEL 1)
                                ALPHA BETA)))
                   BETA)
               (RETURN ALPHA)))))  )

(DEFUN SEARCH-MIN (BOARD LEVEL ALPHA BETA)
  (COND ((LEAF BOARD LEVEL))
        ((LET (SUCCESSOR)
           (DOTIMES (I 7 BETA)
             (AND
               (SETQ SUCCESSOR (TRY-MOVE I BOARD 'O))
               (<= (SETQ BETA
                         (MIN BETA
                              (SEARCH-MAX
                                SUCCESSOR (- LEVEL 1)
                                ALPHA BETA)))
                   ALPHA)
               (RETURN BETA)))))  )
```

CHOOSE - Zug des Programms auswählen

Die Funktion CHOOSE bewertet alle Nachfolger der aktuellen Spielsituation *BOARD* und wählt als den besten Zug denjenigen, der zum Nachfolger mit der höchsten Bewertung führt. Das Argument von CHOOSE ist die maximale Suchtiefe LEVEL. Der Wert von CHOOSE ist die Nummer der Spalte, die das Programm für seinen Zug ausgewählt hat. CHOOSE gibt einen Text aus, der diese Nummer und die Anzahl der bewerteten Knoten enthält. Der ausgewählte Zug des Programms wird in CHOOSE nicht ausgeführt.

```
(DEFUN CHOOSE (LEVEL)
  (DECLARE
    (SPECIAL *INFINITY* *NODES-EVALUATED* *BOARD*))
  (LET ((BEST-COL-NUM 0)
        (BEST-VALUE (- *INFINITY*))
        NEW-BOARD
        VAL)
    (SETQ *NODES-EVALUATED* 0)
    (DOTIMES (I 7 I)
      (IF (SETQ NEW-BOARD (TRY-MOVE I *BOARD* 'P))
                ; Erzeugung des I-ten Nachfolgers
          (PROGN
            (SETQ VAL
                  (SEARCH-MIN NEW-BOARD LEVEL
                              BEST-VALUE *INFINITY*))
                ; NEW-BOARD ist als Nachfolger von *BOARD* ein
                ; minimierender Knoten
            (IF (= VAL *INFINITY*)
                (RETURN (SETQ BEST-COL-NUM I)))
                ; ist der Wert eines Nachfolgers +∞, so brauchen keine weiteren
                ; Nachfolger bewertet zu werden
            (IF (> VAL BEST-VALUE)
                (PROGN (SETQ BEST-COL-NUM I)
                       (SETQ BEST-VALUE VAL))))))
                ; es ist ein neuer "bester" Nachfolger gefunden
    (IF (= VAL BEST-VALUE (- *INFINITY*))
        (DOTIMES (I 7 I)
          (IF (TRY-MOVE I *BOARD* 'P)
              (RETURN (SETQ BEST-COL-NUM I)))))
                ; haben alle Nachfolger den Wert -∞, so wird der erste mögliche
                ; Zug ausgeführt
    (TERPRI) (PRINC "Ich setze in Spalte  ")
    (PRINC BEST-COL-NUM)
                ; Spalte, in die das Programm setzt
    (PRINC "   ( ")
    (PRINC *NODES-EVALUATED*)
                ; Anzahl der bewerteten Knoten ausgeben
    (PRINC " Knoten ausgewertet)") (TERPRI)
    BEST-COL-NUM)  )
```

ALTMOVE - Abwechseln zwischen Zügen des Programms und des Gegners

Die Funktion ALTMOVE enthält die Hauptschleife des Programms. Sie wechselt so lange zwischen Zügen des Programms und des Gegners, bis ein Spieler gewinnt oder alle Spalten voll sind. Die Züge des Programms werden mit CHOOSE ausgewählt, die gegnerischen Züge werden mit GET-MOVE eingelesen. Alle Züge werden mit DROP ausgeführt. Nach Ausführung eines Zuges wird mit PRINT-BOARD die neue Spielwand ausgegeben und mit ENDTEST überprüft, ob das Spiel beendet ist. Die von ALTMOVE aufgerufenen Funktionen bilden die in Bild 4-8 dargestellte Aufrufhierarchie.

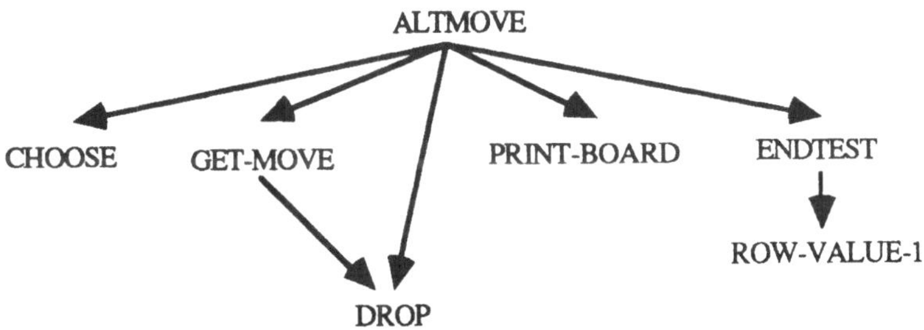

Bild 4-8: Funktionen zur Steuerung der Züge

```
(DEFUN PRINT-BOARD ()
  (DECLARE (SPECIAL *BOARD*))
  (LET ((MAXROWS (APPLY 'MAX (MAPCAR 'LENGTH *BOARD*)))
                 ; MAXROWS enthält die Anzahl der besetzten Zeilen, nur diese
                 ; werden ausgegeben
        STONE)
    (TERPRI)
    (PRINC "  ---------------------------") (TERPRI)
    (DOTIMES (I MAXROWS)
                 ; Schleife über die Zeilen der Spielwand
      (DOTIMES (J 7)
                 ; Schleife über die Spalten der Spielwand
        (PRINC "   ")
        (IF (SETQ STONE (NTH (- MAXROWS 1 I)
                             (NTH J *BOARD*)))
                 ; Ausgabe des J-ten Steines in der I-ten Zeile
            (PRINC STONE)
            (PRINC " ")))
      (TERPRI)
```

```
    (PRINC "   ---------------------------") (TERPRI))
    (DOTIMES (J 7)
      (PRINC "   ") (PRINC J) )
                  ; Ausgabe der Spaltennummern
    (TERPRI)  ))
```

GET-MOVE liest gegnerische Züge ein und führt sie mit DROP aus. Die Funktion fragt den Gegner in einer Schleife so lange nach seinem Zug, bis die Nummer einer noch nicht voll besetzten Spalte eingegeben wird.

```
(DEFUN GET-MOVE ()
  (TERPRI)
  (PRINC "Ihr Zug:  ")
  (UNLESS (DROP 'O (READ))
                  ; Mit READ wird der Zug des Gegners eingelesen und mit
                  ; DROP sofort ausgeführt. Ist die gewählte Spalte bereits voll,
                  ; wird nicht gezogen, und DROP hat den Wert NIL.
          (TERPRI)
          (PRINC "Zug nicht moeglich!")
          (GET-MOVE))  )
                  ; war der gewählte Zug nicht möglich, wird GET-MOVE noch
                  ; einmal aufgerufen
```

Die Funktion ENDTEST prüft, ob das Spiel beendet ist. Außerdem wird überprüft, ob in Zeile *MIN-ROW* noch Viererfolgen möglich sind. Wenn nicht, wird *MIN-ROW* um eins erhöht. Zur Überprüfung, ob in der Zeile *MIN-ROW* noch Viererfolgen möglich sind, wird eine Variante der Funktion ROW-VALUE, die Funktion ROW-VALUE1, benutzt. Sie addiert die Absolutwerte (nur positive Zahlen) aller potentiellen Viererfolgen der Zeile. Ist diese Summe Null, so ist für keinen Spieler eine voll besetzte Viererfolge in der Zeile *MIN-ROW* möglich.

```
(DEFUN ROW-VALUE1 (R)
  (LET ((VAL 0))
    (DOTIMES (J 4 VAL)
      (SETQ VAL
        (+ VAL (ABS (COUNTVAL (LIST (POP R)
                                    (CAR R)
                                    (CADR R)
                                    (CADDR R)))))))  )
```

```
(DEFUN ENDTEST ()
  (DECLARE (SPECIAL *BOARD* *MIN-ROW* *INFINITY*))
  (LET ((VAL (VALUE *BOARD*)))
                 ; Wert der aktuellen Spielwand berechnen
    (IF (ZEROP (CATCH 'QUATTRO
                      (ROW-VALUE1 (ROW *MIN-ROW*
                                       *BOARD*))))
        (INCF *MIN-ROW*))
                 ; in der Zeile *MIN-ROW* ist keine Viererfolge mehr möglich,
                 ; also wird *MIN-ROW* um eins erhöht
    (COND ((= VAL *INFINITY*)
           (PRINC "Ich habe gewonnen !"))
                 ; hat die Spielwand den Wert +∞, so gewinnt das Programm
          ((= VAL (- *INFINITY*))
           (PRINC "Sie haben gewonnen !"))
                 ; hat die Spielwand den Wert -∞, so gewinnt der Gegner
          ((= (APPLY #'MIN (MAPCAR #'LENGTH *BOARD*))
              6)
           (PRINC "Unentschieden !"))))  )
                 ; alle Spalten der Spielwand sind voll besetzt, das Spiel endet
                 ; unentschieden
```

Argumente für ALTMOVE sind START und LEVEL. START hat den Wert T, wenn das Programm beginnt, bzw. NIL, wenn der Gegner beginnt. LEVEL enthält die vom Gegner bestimmte maximale Suchtiefe für den Alpha-Beta-Algorithmus.

```
(DEFUN ALTMOVE (START LEVEL)
  (IF START
                 ; wenn START den Wert T hat, beginnt das Programm
      (LOOP
        (DROP 'P (CHOOSE LEVEL))
                 ; Auswahl und Ausführung eines Zuges des Programms
        (PRINT-BOARD)
                 ; Spielwand ausgeben
        (IF (ENDTEST)
            (RETURN))
                 ; wenn das Spiel beendet ist, wird die Schleife verlassen
        (GET-MOVE)
                 ; gegnerischen Zug lesen und ausführen
        (PRINT-BOARD)
                 ; Spielwand ausgeben
        (IF (ENDTEST)
            (RETURN)))
                 ; wenn das Spiel beendet ist, wird die Schleife verlassen
```

```
      (PROGN
                ; hat START den Wert NIL, beginnt der Gegner
        (PRINT-BOARD)
        (LOOP
          (GET-MOVE)
          (PRINT-BOARD)
          (IF (ENDTEST)
              (RETURN))
          (DROP 'P (CHOOSE LEVEL))
          (PRINT-BOARD)
          (IF (ENDTEST)
              (RETURN))))) )
```

QUATTRO - Steuerfunktion und Benutzeraufruf

Die Funktion QUATTRO ist die Funktion, die der Benutzer aufruft, wenn er Quattro spielen möchte. Hier werden alle SPECIAL-Variablen initialisiert, die von untergeordneten Funktionen benutzt oder verändert werden. Mit der Funktion GET-LEVEL fragt das Programm den Benutzer nach der gewünschten Suchtiefe für den Alpha-Beta-Algorithmus.

```
(DEFUN GET-LEVEL ()
  (TERPRI)
  (PRINC "Wie gut soll ich spielen?  (0,1,2)    ")
                ; der Benutzer hat die Auswahl zwischen drei Suchtiefen
  (LET ((LEVEL (READ)))
                ; Suchtiefe einlesen
    (IF (NOT (MEMBER LEVEL '(0 1 2)))
        (PROGN
          (TERPRI)
          (PRINC "Bitte waehlen Sie 0, 1 oder 2 !")
          (GET-LEVEL))
                ; ist LEVEL nicht 0, 1 oder 2, so wird GET-LEVEL noch einmal
                ; aufgerufen
        LEVEL)) )
                ; schließlich hat GET-LEVEL die gewünschte Suchtiefe als Wert
```

```
(DEFUN QUATTRO ()
  (LET (*NODES-EVALUATED*
                ; zählt bei jedem Zug des Programms die bewerteten Knoten
        *MIN-ROW*
                ; enthält die Nummer der Zeile, ab der noch waagerechte
                ; Viererfolgen möglich sind
        *FACTOR*
                ; Faktor bei der Bewertung der Viererfolgen
        *MAXVAL*
                ; Wert einer Viererfolge, ist von *FACTOR* abhängig
        *INFINITY*
                ; +∞ wird als "große" Zahl definiert
        *BOARD*)
                ; zu Beginn des Spieles leere Spielwand
    (DECLARE (SPECIAL *NODES-EVALUATED*
                      *MIN-ROW*
                      *FACTOR*
                      *MAXVAL*
                      *INFINITY*
                      *BOARD*))
    (SETQ *NODES-EVALUATED* 0)
    (SETQ *MIN-ROW* 0)
    (SETQ *FACTOR* 5)
    (SETQ *MAXVAL* (EXPT *FACTOR* 3))
                ; *MAXVAL* wird auf *FACTOR*^3 gesetzt
    (SETQ *INFINITY* (EXPT *FACTOR* 5))
                ; +∞ wird durch *FACTOR*^5 dargestellt
    (SETQ *BOARD* '(NIL NIL NIL NIL NIL NIL NIL))
    (TERPRI)
    (PRINC "Herzlich willkommen zu Quattro !   ")
    (TERPRI)
    (TERPRI) (PRINC "Moechten Sie beginnen ?  (j/n) ")
    (ALTMOVE (IF (EQ (READ) 'J) NIL T) (GET-LEVEL))
                ; Einlesen der Suchtiefe und Aufruf von ALTMOVE
    'DANKE)  )
```

Aufgaben

Aufgabe 4-1 - Kalah

Programmieren Sie mit Hilfe des Alpha-Beta-Algorithmus das Spiel *Kalah*. Dies ist ein altes afrikanisches Spiel für zwei Personen, für das nur kleine *Töpfe* und *Steine* benötigt werden. Jedem Spieler gehören sechs Töpfe und ein *Kalah*. Ein Kalah ist ebenfalls ein Topf, für den aber besondere Regeln gelten. Bild 4-9 zeigt die Anordnung von Töpfen und Kalahs.

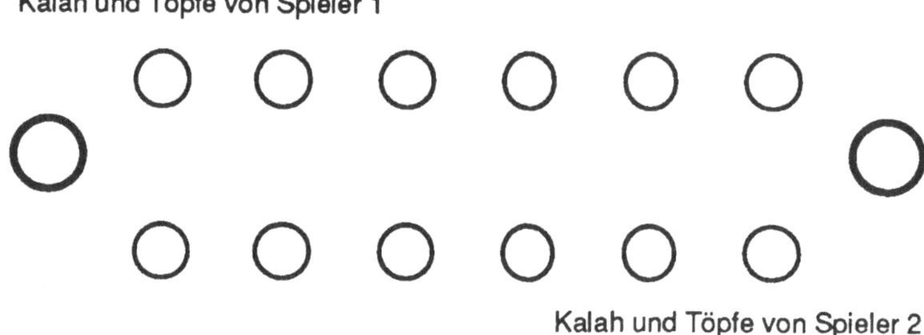

Bild 4-9: Spielfeld von Kalah

Zu Beginn des Spiels werden in jeden Topf sechs Steine gelegt. Ein Spieler beginnt. Bei jedem Zug nimmt ein Spieler alle Steine aus einem beliebigen seiner nichtleeren Töpfe und verteilt diese einzeln und entgegen dem Uhrzeigersinn auf seine Töpfe, seinen Kalah und die Töpfe des Gegners. Der Kalah des Gegners wird ausgelassen.

Beim Verteilen der Steine können drei Spezialfälle auftreten.

1. Landet der letzte Stein im Kalah des Spielers, so ist dieser noch einmal am Zug.
2. Landet der letzte Stein in einem leeren Topf des Spielers und ist der diesem Topf gegenüberliegende Topf des Gegners nicht leer, so darf der Spieler alle Steine aus diesen beiden Töpfen in seinen Kalah legen. Anschließend ist der Gegner am Zug.
3. Sind alle Töpfe auf einer Seite (egal, welcher) leer, so kommen alle Steine der nicht-leeren Seite in den Kalah des Spielers, dem diese gehört. Das Spiel ist beendet, und der Spieler mit den meisten Steinen in seinem Kalah gewinnt.

In allen anderen Fällen geschieht nichts besonderes, der Gegner ist am Zug. Sobald ein Spieler mehr als die Hälfte aller Steine in seinem Kalah hat, hat er das Spiel gewonnen.

5

Chart-Parser für natürliche Sprache

Die Nachbildung des Verständnisses natürlicher Sprache auf dem Computer hat in verschiedenen Gebieten große Bedeutung. Z. B. benötigt man sie in der Informatik für die Konstruktion anwenderfreundlicher Benutzerschnittstellen für Datenbank- oder Diagnosesysteme, in der theoretisch orientierten Sprachwissenschaft für die Erforschung der Struktur von Sprachen, in der praktisch ausgerichteten für den Bau von Systemen zur automatischen Übersetzung. Die Gesamtaufgabe enthält zwei wichtige Teilaufgaben, die Analyse gesprochener Sprache und ihre phonetische oder orthographische Transkription sowie das Verständnis eines geschriebenen Textes. Bisher können beide Teilaufgaben noch nicht vollständig gelöst werden.

Wir wollen hier ein Teilproblem des Sprachverstehens betrachten, für das bereits recht weitführende Lösungsansätze vorhanden sind: die *syntaktische Analyse* schriftlich gegebener Sätze. Dieser Arbeitsgang wird auch *Parsen* genannt. Ziel des Parsens ist es, festzustellen, ob eine gegebene Folge von Wörtern ein korrekter Satz einer gewissen Sprache ist. Im Verlauf der Analyse wird die formale Struktur eines Satzes festgestellt, und es werden seine Satzglieder und deren Beziehung zueinander bestimmt. Die Kenntnis der formalen Struktur eines Satzes ist für die weitere Verarbeitung sehr hilfreich. Sie kann z. B. die Grundlage für die *semantische Analyse* sein, bei der der Inhalt des Satzes erarbeitet wird.

Einführende Darstellungen der Verarbeitung natürlicher Sprache sind enthalten in Lenders/Willée [1986], Winston [1987] oder Ritchie/Thompson [1984]. Eine umfassende Darstellung des Themas gibt Winograd [1983].

Wir besprechen in diesem Kapitel zunächst einige wichtige Charakteristika von Parsern, dann beschreiben wir einen bestimmten Parser-Typ, den *Chart-Parser*. Als Programm folgt die ausführlich dokumentierte Implementation eines Chart-Parsers von Thompson/Ritchie [1984].

Eigenschaften von Parsern

Ein Parser für natürliche Sprache setzt sich aus drei relativ unabhängigen Teilen zusammen: der *Grammatik*, dem *Lexikon* und dem *Parser* im engeren Sinne. Bild 5-1 zeigt schematisch das Zusammenwirken dieser Komponenten bei der Analyse eines Satzes.

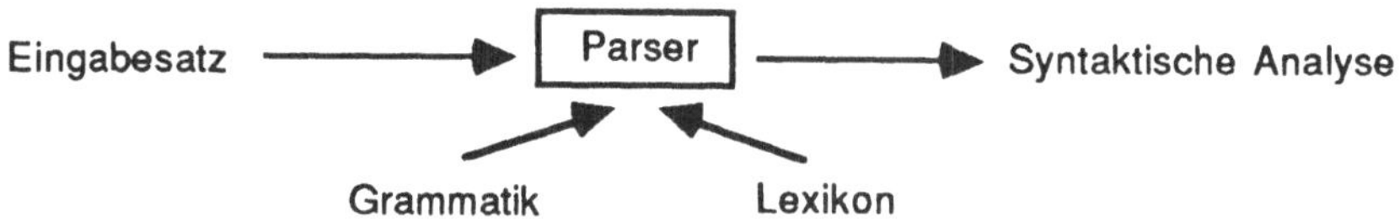

Bild 5-1: Schematische Darstellung eines Parsers

Grammatik

Die Grammatik ist eine Sammlung von Regeln, die angeben, wie Sätze der vorgegebenen Sprache aufgebaut sein können. Sie bedient sich dabei sogenannter *Kategorien*, die Wortarten und Satzbestandteile bezeichnen, z. B. die Wortarten *Nomen, Adjektiv, Verb, Präposition* oder größere Satzbestandteile wie *Nominalphrase, Verbalphrase, Präpositionalphrase.*

Die Formulierung der Regeln hängt vom Typ der Grammatik ab. Wir behandeln hier *kontextfreie Phrasenstrukturgrammatiken.* In diesen werden die Regeln als *Produktionsregeln* formuliert. Diese haben die Form einer Liste von Kategorien und beschreiben, aus welchen Bestandteilen die erste Kategorie in der Liste aufgebaut sein kann. Z. B. bedeutet die Regel

(S NP VP),

daß ein Satz S aus einer Nominalphrase NP gefolgt von einer Verbalphrase VP bestehen kann. Gibt es mehrere Möglichkeiten für den Aufbau einer Kategorie, so werden diese in mehreren Regeln formuliert. Kontextfreie Grammatiken sind dadurch charakterisiert, daß eine Kategorie unabhängig von den sie textuell umgebenden Kategorien aufgebaut wird. Das bedeutet für die Regeln, daß an erster Position wirklich nur eine einzige Kategorie steht, die durch die folgenden ersetzt wird - und nicht eine Gruppe von Kategorien. Manche Programmiersprachen, u. a. Pascal, werden durch eine kontextfreie Grammatik beschrieben. Dabei wird zur Formulierung der Regeln die Backus-Naur-Form benutzt, die von der in der Sprachwissenschaft üblichen und hier benutzten Form nur äußerlich verschieden ist.

Regeln:	benutzte Kategorien:		
(S NP VP)	S	-	Satz
(NP Art N)	NP	-	Nominalphrase
(NP Art ATR N)	VP	-	Verbalphrase
(NP PN)	PP	-	Präpositionalphrase
(NP NP PP)	ATR	-	Attribut
(ATR Adj)	N	-	Nomen
(ATR Adj ATR)	PN	-	Eigenname (proper name)
(VP V)	V	-	Verb
(VP V NP)	Adj	-	Adjektiv
(VP V NP PP)	Art	-	Artikel
(PP Präp NP)	Präp	-	Präposition

Tabelle 5-1: Eine kontextfreie Grammatik

Eine kleine Grammatik in diesem Formalismus ist in Tabelle 5-1 dargestellt. Dieser Grammatik genügt ein einfacher Satz wie:

"Peter spielt."

Er besteht aus einer Nominalphrase und einer Verbalphrase. Die Nominalphrase ist der Eigenname "Peter", und die Verbalphrase ist das Verb "spielt". Es lassen sich aber auch kompliziertere Sätze bilden, z. B.

"Der kleine Junge sieht den Hund in der Hütte."

Die Struktur eines solchen Satzes wird üblicherweise in einem *Strukturbaum* wie in Bild 5-2 dargestellt.

Die Wörter der Sprache bezeichnet man als *terminale Symbole*. Sie werden nicht weiter zerlegt und stehen an den Blattpositionen des Strukturbaums. Entsprechend heißen die Kategorien, die die Wortarten Nomen, Adjektiv, Artikel usw. bezeichnen, *präterminale Symbole*. Zusammen mit den Symbolen für die Satzteile heißen sie *nichtterminale Symbole*.

Lexikon

Neben der Grammatik benötigt der Parser als zweites Hilfsmittel das Lexikon, auch *Wörterbuch* genannt. Es enthält die zulässigen Wörter der Sprache sowie Informationen über Wortart, Geschlecht, Zugehörigkeit zu gewissen Deklinations- oder Konjugationsklassen usw. Es enthält mehrere Eintragungen, wenn ein Wort mehreren Wortarten angehört. Das Lexikon ist das Haupthilfsmittel der ersten Phase eines Parsers, der *morphologischen Analyse*.

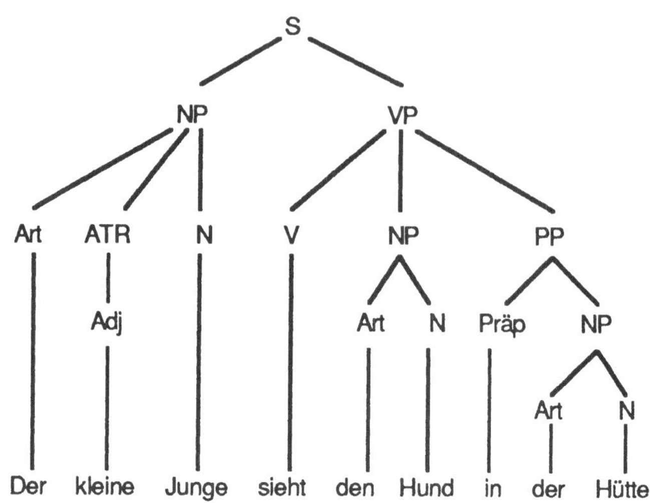

Bild 5-2: Ein Strukturbaum

In diesem Schritt stellt der Parser für die einzelnen Wörter eines Satzes die Wortart fest, er trennt die Endung vom Stamm und stellt z. B. bei einem Nomen Genus, Numerus und Kasus fest. Die morphologische Analyse ist bei Sprachen wie der deutschen oder der lateinischen wesentlich wichtiger als etwa bei der englischen, die mit wenigen Endungen auskommt. Wir werden im folgenden die morphologische Analyse vereinfachen und im Lexikon lediglich die Wörter und ihre Wortart festhalten.

Behandlung von Mehrdeutigkeiten

Der *Parser* im engeren Sinne ist der Algorithmus, der mit Hilfe von Grammatik und Lexikon die syntaktische Struktur eines vorgelegten Satzes analysiert. Wichtig ist, auf welche Art Parser Mehrdeutigkeiten verarbeiten. Analysiert man z. B. den Satz

"The plastic covers the table."

von links nach rechts, so kann die Mehrdeutigkeit der Wörter "plastic" (als Adjektiv und Nomen) und "covers" (als Nomen und Verb) nicht sofort entschieden werden. Erst wenn "the table" als Nominalphrase erkannt ist, kann entschieden werden, daß "the plastic" als Nominalphrase und "covers" als Verb zu betrachten ist. Im Deutschen tritt diese *lexikalische Mehrdeutigkeit* - bedingt durch den Formenreichtum der Sprache und die Groß-/Kleinschreibung - seltener auf. Stößt der Parser auf eine solche Mehrdeutigkeit, muß er entweder verschiedene Wege gleichzeitig verfolgen oder, wenn sich die Unzulässigkeit eines Weges herausstellt, zum Verzweigungspunkt zurückkehren und eine Alternative untersuchen (*Backtracking*). Es gibt aber auch Sätze, die eine mehrdeutige grammatische Struktur haben, z. B.

"Tobias betrachtet den Turm mit dem Fernrohr."

Hier kann das Fernrohr auf dem Turm stehen, oder Tobias kann es als Hilfsmittel benutzen, um den Turm zu betrachten. Bei der Analyse nach der obigen Grammatik sind beide Varianten möglich. Benutzt man für die Verbalphrase die Regeln

(VP V NP) und

(NP NP PP)

so ist die Präpositionalphrase "mit dem Fernrohr" eine Ergänzung zur Nominalphrase "den Turm", d.h. das Fernrohr steht auf dem Turm. Benutzt man dagegen die Regel

(VP V NP PP),

so ist die Präpositionalphrase "mit dem Fernrohr" eine Ergänzung des Verbs und beschreibt das Hilfsmittel. Nicht jede syntaktisch mögliche Struktur ist sinnvoll. Bei dem gleich strukturierten Satz

"Tobias betrachtet den Hund mit dem Fernrohr."

sollte die eine Alternative bei der semantischen Analyse ausgeschlossen werden. Dazu muß das Lexikon Einträge enthalten, die etwa besagen, daß ein Fernrohr ein technisches Werkzeug ist und daß ein Hund ein Tier ist, und es muß eine Regel geben, die besagt, daß sich Tiere i. allg. keines technischen Werkzeugs bedienen.

Parser, welche - auch in der endgültigen Analyse - mehrere Alternativen zulassen, heißen *nicht-deterministische* Parser. Sie stehen im Gegensatz zu den *deterministischen* Parsern, die eine einzige Alternative verfolgen, bei Mehrdeutigkeiten aber zunächst weitere Informationen einholen, bevor sie sich entscheiden.

Chart-Parser

Wir betrachten nun einen konkreten Parser-Typ, den *Chart-Parser*. Er trägt diese Bezeichnung, weil er seine Informationen über den Satz in einer graphischen Struktur speichert, die *Chart* (auf deutsch: Tabelle, Diagramm) genannt wird. Der Chart-Parser benötigt eine kontextfreie Grammatik, die ihm in der oben angegebenen Form Regeln zur Verfügung stellt. Er ist ein nicht-deterministischer Parser, er verfolgt Mehrdeutigkeiten gleichzeitig. Dadurch werden auch Sätze, die insgesamt mehrdeutig strukturiert sind, in allen Varianten analysiert. Der Chart-Parser geht von Satzbestandteilen aus, die bereits eine morphologische Analyse durchlaufen haben.

Chart-Repräsentation

Wir führen zunächst die Chart-Repräsentation ein und zeigen, wie sie heuristisch entwickelt wird. Anschließend geben wir eine algorithmische Darstellung, die in ein Programm übersetzt werden kann.

Der Chart ist als Graph darstellbar. Die Kanten dieses Graphen tragen dabei die wesentlichen syntaktischen Informationen. Die Knoten dienen lediglich als Anfangs- und Endpunkte für Kanten. Bild 5-3 zeigt die syntaktische Struktur des Satzes aus Bild 5-2 in Chart-Darstellung.

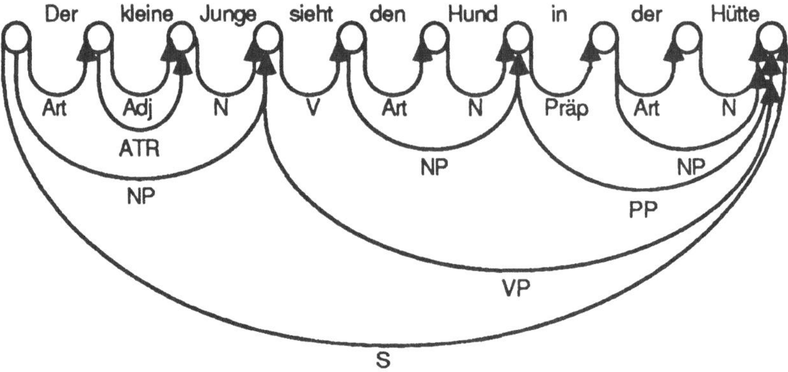

Bild 5-3: Chart-Repräsentation

Man sieht, daß die syntaktische Struktur durch eine Hierarchie von Kanten dargestellt ist. Größere Satzeinheiten überspannen genau ihre Bestandteile. Damit läßt sich die Satzstruktur aus dem Chart-Graphen ebenso einfach ablesen wie aus dem Strukturbaum. Die beiden Darstellungen sind bei einer gegebenen Struktur äquivalent.

Betrachten wir die Entwicklung einer solchen Chart-Repräsentation an dem einfachen Beispielsatz

"Tobias sieht den Hund."

Im ersten Schritt wird ein Graph in der Form einer linearen Liste erzeugt. Jedem Wort wird ihre syntaktische Kategorie zugewiesen. Diese wird durch eine Kante dargestellt und die Kanten werden - durch Knoten getrennt - in der Reihenfolge der Wörter aneinandergehängt. Zur besseren Übersicht notiert man die Wörter an den zugehörigen Kanten.

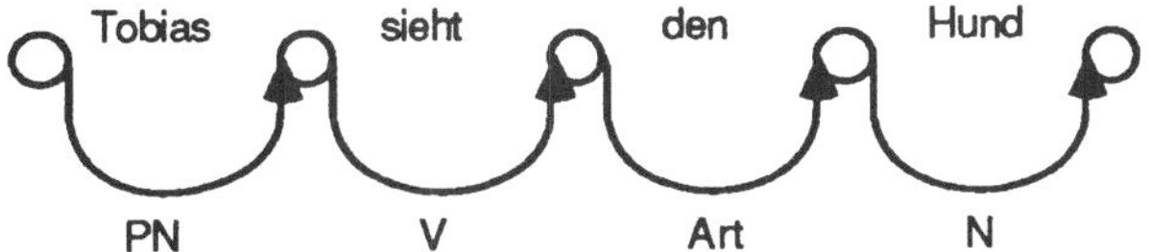

Nun werden aufeinanderfolgende syntaktische Einheiten entsprechend den Regeln der Grammatik in mehreren Schritten zu größeren Einheiten zusammengefaßt. Dabei wird bei der Zusammenfassung jeweils eine neue Kante erzeugt, die vom Anfangsknoten der ersten Teilstruktur bis zum Endknoten der letzten Teilstruktur führt. Die Analyse ist beendet, wenn die gesamte Struktur als Satz erkannt ist.

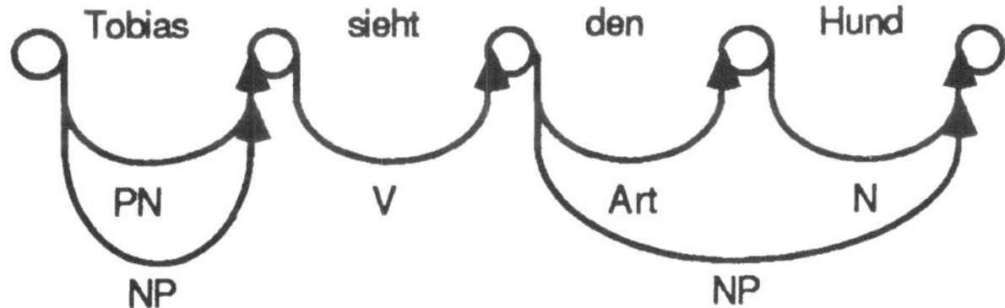

Die Kante PN wird von der Kante NP überspannt, die Kanten Art und N werden zur Kante NP zusammengefaßt.

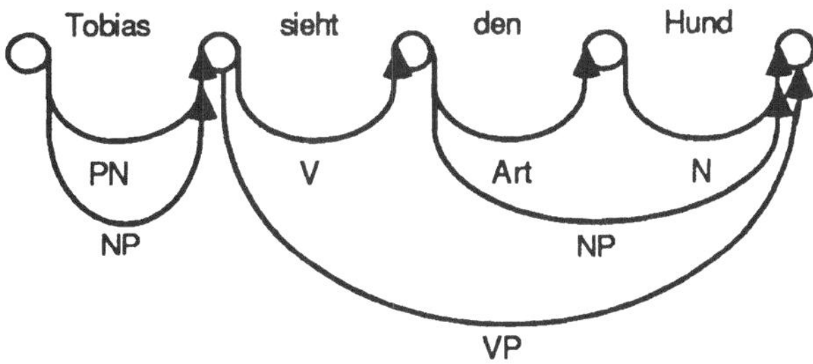

Die Kanten V und NP werden von der Kante VP überspannt. Und schließlich werden die beiden Kanten NP und VP zur Kante S zusammengefaßt, womit die gesamte Struktur als Satz erkannt ist.

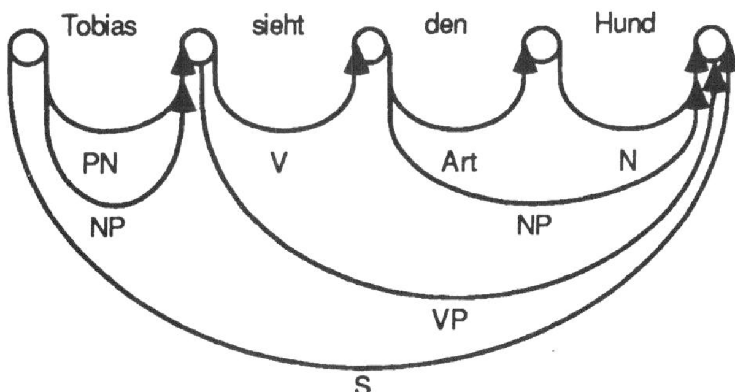

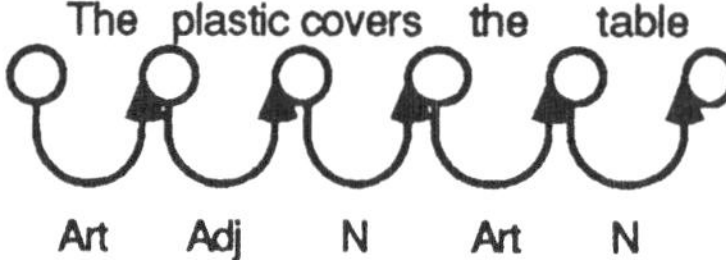

"plastic" wird als Adjektiv und "covers" als Nomen gesehen.

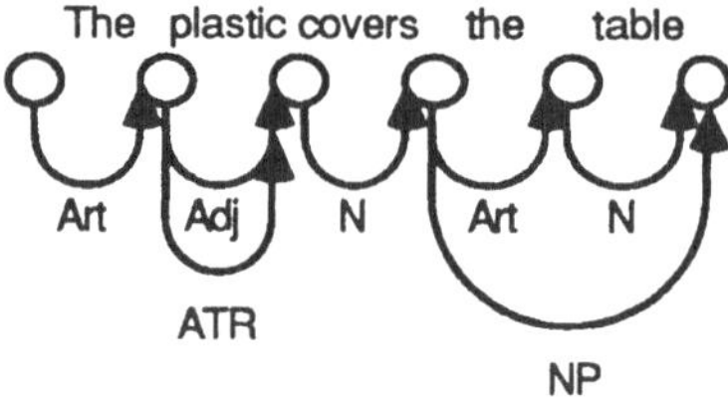

"plastic" ist Attribut, "the table" eine Nominalphrase.

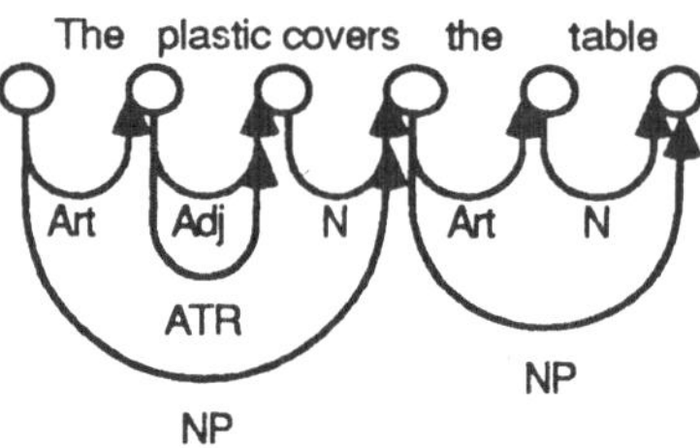

Artikel, Attribut und Nomen werden zu einer Nominalphrase zusammengefaßt. Damit ist dieser Zweig der Analyse in eine Sackgasse gelaufen, denn zwei Nominalphrasen alleine können keinen Satz bilden.

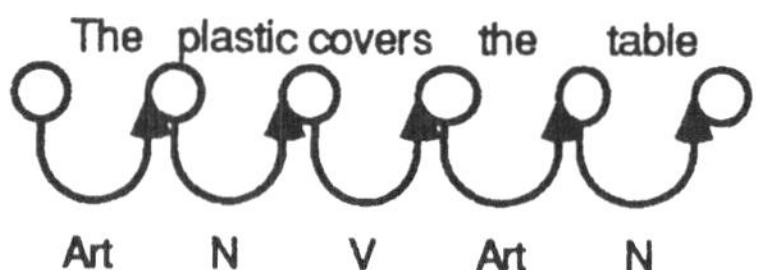

Hier ist "plastic" Nomen und "covers" Verb.

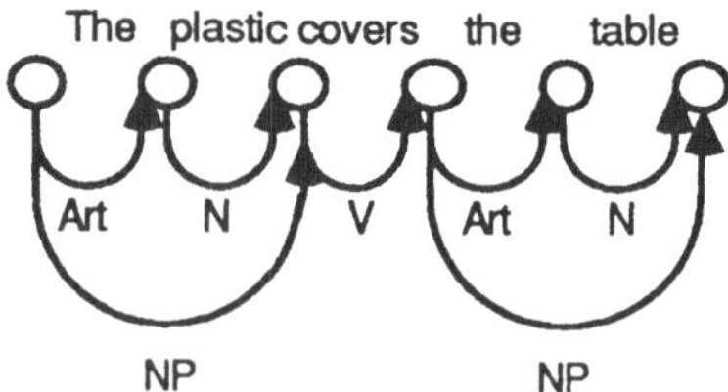

"the plastic" und "the table" werden je als Nominalphrase aufgefaßt.

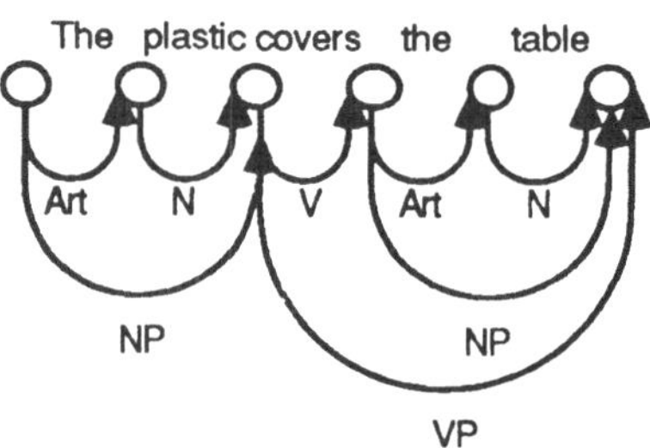

Die Kanten V und NP bilden zusammen eine Verbalphrase.

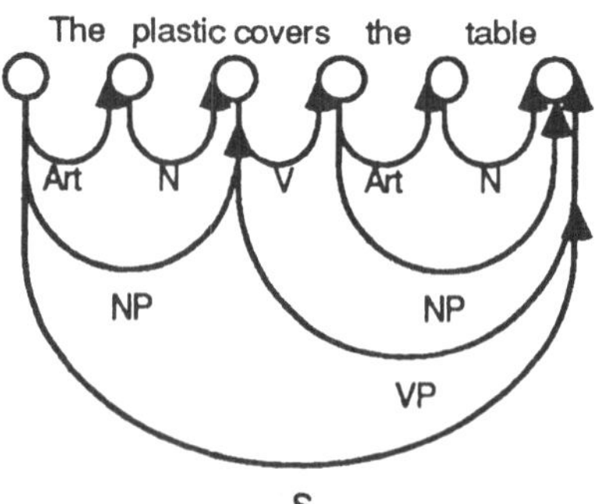

Nur diese Variante führt zur vollständigen Analyse des Satzes.

Bild 5-4: Chart-Entwicklung bei Mehrdeutigkeit

Bei dem Satz

"The plastic covers the table."

ist die Zuordnung syntaktischer Kategorien zu den Wörtern nicht eindeutig, und es werden mehrere Möglichkeiten der Syntaxanalyse verfolgt. Für zwei davon ist in Bild 5-4 die Entwicklung der Charts dargestellt. Zur Verbesserung der Übersichtlichkeit sind die zwei Entwicklungsvarianten in zwei getrennten Graphen dargestellt, obwohl der Chart-Parser nur einen Graphen mit entsprechend mehrfachen Kanten erzeugt.

Chart-Algorithmus

Bisher haben wir geschildert, wie die Chart-Repräsentation eines Satzes aussieht und wie man sie heuristisch herleiten kann. Für die algorithmische Konstruktion dieser Repräsentation bezeichnen wir die bisher beschriebenen Kanten als *vollständige* oder *inaktive Kanten* und führen zusätzlich die *aktiven Kanten* ein. Die inaktiven Kanten überspannen bereits voll ihre Bestandteile. Die aktiven Kanten entsprechen Strukturen, die im Aufbau sind, offenen Hypothesen. Nach der Zuordnung der Kategorien zu den Wörtern des Satzes muß eine Hypothese aufgestellt werden, als was die gegebene Folge von Wörtern analysiert werden soll. Soll z. B.

als Nominalphrase erkannt werden, wird diese Hypothese durch Anlage einer aktiven Kante dargestellt, die vom ersten Knoten zu diesem zurückführt.

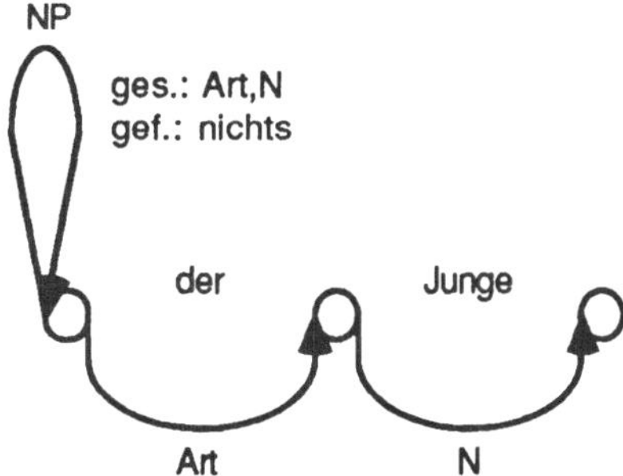

Die Kante trägt zusätzlich zu ihrer Kategorie Informationen über die Teile, aus denen sie bestehen soll. Dabei wird getrennt notiert, welche Teile bereits gefunden wurden (ihr *Inhalt*) und welche noch gesucht werden. Die Analyse wird dadurch vorangetrieben, daß versucht wird, aktive Kanten durch vollständige Kanten zu ergänzen.

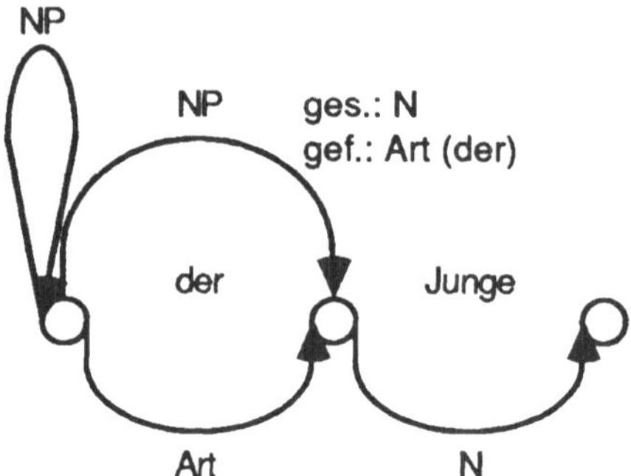

Die NP sucht als ersten Bestandteil eine Kante der Kategorie Art . Diese ist inaktiv vorhanden. Also wird eine neue aktive Kante gebildet, die nur noch ein N benötigt. Im letzten Schritt kann diese zu einer nun vollständigen Kante NP ergänzt werden.

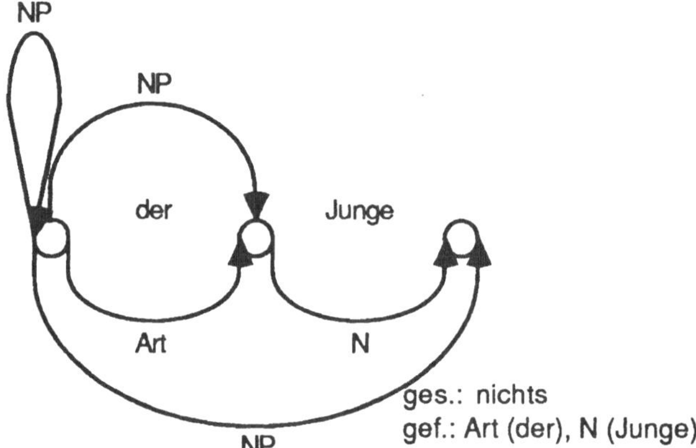

Zur Formulierung des Algorithmus vereinbaren wir, daß eine Kante drei Informationen trägt:

- die Kategorie,
- den Inhalt, d.h. die bereits gefundenen Teilkanten,
- die noch gesuchten Teilkanten.

Die Teilkanten haben wiederum eine Kategorie und ggf. einen Inhalt. Außerdem unterscheiden wir die Kanten nach aktiven und inaktiven (vollständigen) Kanten.

Bevor wir den globalen Ablauf des Algorithmus beschreiben, wollen wir einige Teilschritte definieren. Die Bildung einer neuen Kante geschieht nach der sog. *Fundamentalregel:*

(1) Treffen zum ersten Mal eine aktive Kante A mit ihrem rechten Ende und eine inaktive Kante I mit ihrem linken Ende aufeinander und ermöglicht I eine Erweiterung von A nach den Regeln der Grammatik, erzeugt man eine neue Kante E nach den folgenden Vorschriften:

- Das linke Ende von E ist das linke Ende von A.
- Das rechte Ende von E ist das rechte Ende von I.
- Die Kategorie von E ist die Kategorie von A.
- Der Inhalt von E besteht aus dem Inhalt von A, ergänzt um I.
- E ist inaktiv, wenn die Erweiterung A vervollständigt, sonst aktiv.

Beim Hinzufügen neuer Kanten werden keine Kanten entfernt. So können mehrdeutige Satzstrukturen erkannt und gleichzeitig verfolgt werden. Der Analyseprozeß wird durch die Einführung von Leerkanten vorangetrieben. Zum Starten der Analyse wird im ersten Knoten eine Leerkante mit der gesuchten Kategorie für die gesamte Wortfolge eingefügt. Allgemein gilt die Regel:

(2) Wird eine aktive Kante (auch Leerkante) erzeugt, so werden anschließend gemäß der Grammatik sofort eine oder mehrere Leerkanten für die darin als nächste gesuchte Kategorie erzeugt, sofern diese kein Präterminal ist. Dieser Vorgang kann sich für die neuen Leerkanten wiederholen. Die Erzeugung unendlich vieler Leerkanten bei rekursiven Regeln wie (NP NP PP) vermeidet man dadurch, daß man eine Leerkante nur bildet, wenn nicht schon eine gleiche Leerkante vorhanden ist.

Um zu wissen, auf welche Paare von aktiven und inaktiven Kanten die Fundamentalregel noch anzuwenden ist, benutzt man einen Stack, *Agenda* genannt. In diesen werden Kantenpaare nach folgender Regel eingetragen:

(3) Sobald eine aktive Kante erzeugt wird, werden in die Agenda alle Kantenpaare eingetragen, die aus der neu erzeugten Kante und den im Endpunkt dieser Kante beginnenden vollständigen Kanten bestehen. Wird eine inaktive Kante erzeugt, so werden alle Paare gebildet und in die Agenda eingetragen, deren zweites Element die neue vollständige Kante ist und deren erstes Element eine aktive Kante ist, die im Anfangsknoten der vollständigen Kante endet.

Zusammenfassend erhält man den folgenden Algorithmus:

Chart-Algorithmus

- Der Anfangsgraph wird erzeugt, indem Kanten mit den Wörtern und ihren Kategorien gebildet und durch Knoten getrennt aneinanderfügt werden.
- Im Anfangsknoten wird eine Leerkante mit der für die Wortfolge gesuchten Kategorie erzeugt. Bei Bedarf werden weitere Leerkanten nach Regel (2) erzeugt. Die Agenda wird mit diesen Kanten nach Regel (3) initiiert.
- Solange die Agenda nicht leer ist,

  entferne das oberste Paar (A,I) aus der Agenda.

  Falls (A,I) nach der Fundamentalregel (1) zu einer neuen Kante E kombinierbar ist und

  falls E inaktiv ist,

  füge E in den Chart ein und ergänze die Agenda um die mit E nach Regel (3) neu zu bildenden Paare bzw.

  falls E aktiv ist,

  füge E und weitere nach Regel (2) zu bildende Kanten in den Chart ein und ergänze die Agenda um die mit diesen Kanten nach Regel (3) neu zu bildenden Paare.
- Gibt es nach Abarbeitung der Agenda eine Lösungskante, d. h. eine inaktive Kante der gesuchten Kategorie vom Anfangs- zum Endknoten, so hat die Wortfolge die gesuchte Kategorie, und ihre genaue Struktur ergibt sich aus dem Inhalt der Lösungskante und ihrer Teilkanten. Gibt es mehrere Lösungskanten, so wurden mehrere unterschiedliche grammatische Strukturen für die Wortfolge gefunden. Gibt es keine Lösungskante, so hat die Wortfolge nicht die gesuchte Kategorie.

Als Beispiel für den Ablauf des Algorithmus zeigen Bild 5-5 die vollständige Entwicklung des Chart und Tabelle 5-2 die zugehörige Entwicklung der Agenda für einen einfachen Satz.

Das Programm CHART

Das in diesem Abschnitt aufgeführte Programm stammt im wesentlichen aus Thompson/Ritchie [1984]. Zunächst folgt ein Beispiel für die Anwendung des Programms mit der in Tabelle 5-1 angegebenen Grammatik:

```
> (runchart)

Parsen als  s
Bitte Text eingeben  (Tobias sieht den Hund)
  (S
    (NP
       (PN TOBIAS))
    (VP
       (V SIEHT)
       (NP
          (ART DEN)
          (N HUND))))

Parsen als  s
Bitte Text eingeben  (Tobias betrachtet den Turm
mit dem Fernrohr)
  (S
    (NP
       (PN TOBIAS))
    (VP
       (V BETRACHTET)
       (NP
          (NP
             (ART DEN)
             (N TURM))
          (PP
             (PREP MIT)
             (NP
                (ART DEM)
                (N FERNROHR))))))
  (S
    (NP
       (PN TOBIAS))
    (VP
       (V BETRACHTET)
       (NP
          (ART DEN)
          (N TURM))
       (PP
          (PREP MIT)
          (NP
             (ART DEM)
             (N FERNROHR)))))
Parsen als  ende
DANKE
>
```

Das Programm findet für den zweiten Beispielsatz beide möglichen Strukturen und druckt sie nacheinander aus.

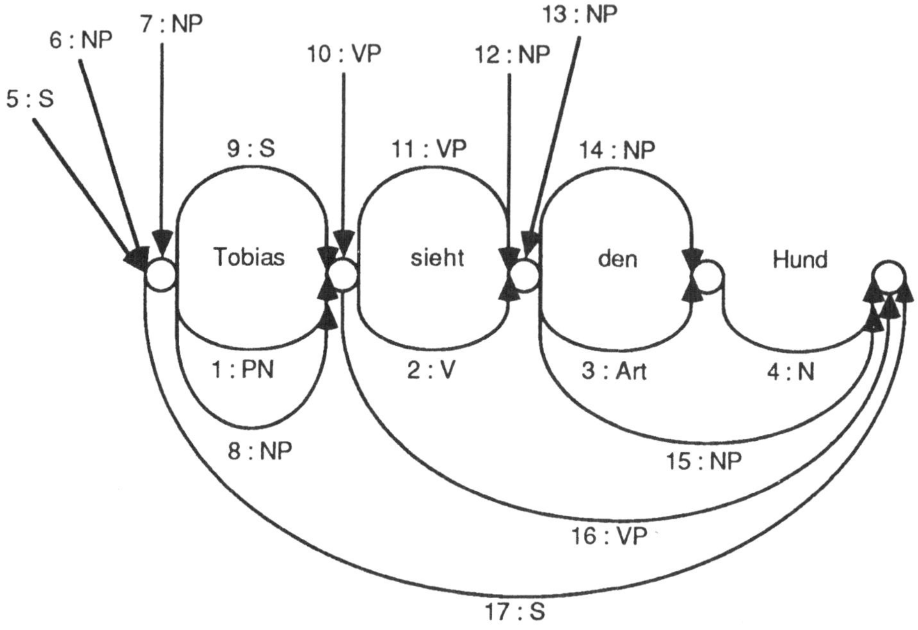

Bild 5-5: Chart-Repräsentation mit Kantenentwicklung für den Satz
"Tobias sieht den Hund."

und die Grammatik :

(S NP VP)

(NP Art N)

(NP PN)

(VP V NP)

Anmerkungen:

Die Kanten im Chart sind zur Verbesserung der Übersicht numeriert.

Leerkanten sind als einfache Pfeile dargestellt.

Das Programm CHART würde bei dieser Aufgabe wegen der Codierung der Rekursion zum automatischen Erzeugen neuer Kanten eine andere Reihenfolge der Kantenpaare in der Agenda bewirken.

Verar- beitung Paar	neue Kante	Kantenart	Kategorie	gefunden	gesucht	neu in Agenda
	1	vollständig	PN	Tobias	-	
	2	vollständig	V	sieht	-	
	3	vollständig	Art	den	-	
	4	vollständig	N	Hund	-	
	5	aktiv	S	-	NP, VP	(5,1)
	6	aktiv	NP	-	Art, N	(6,1)
	7	aktiv	NP	-	PN	(7,1)
(7,1)	8	vollständig	NP	1	-	(5,8) (6,8) (7,8)
(7,8)	-					
(6,8)	-					
(5,8)	9	aktiv	S	8	VP	(9,2)
	10	aktiv	VP	-	V, NP	(10,2)
(10,2)	11	aktiv	VP	2	NP	(11,3)
	12	aktiv	NP	-	Art, N	(12,3)
	13	aktiv	NP	-	PN	(13,3)
(13,3)	-					
(12,3)	14	aktiv	NP	3	N	(14,4)
(14,4)	15	vollständig	NP	14, 4	-	(11,15) (12,15) (13,15)
(13,15)	-					
(12,15)	-					
(11,15)	16	vollständig	VP	11, 15	-	(9,16) (10,16)
(10,16)	-					
(9,16)	17	vollständig	S	9, 16	-	(5,17) (6,17) (7,17)
(7,17)	-					
(6,17)	-					
(5,17)	-					
(11,3)	-					
(9,2)	-					
(6,1)	-					
(5,1)	-					

Tabelle 5-2: Ablauf des Chart-Algorithmus

Daten- und Programmstruktur

Die wesentlichen Daten beim Parsen sind die Knoten und die immer neu entstehenden Kanten. Zu ihrer Speicherung wurden Strukturen (Records) gewählt.

Für Knoten heißt die zugehörige Struktur VERTEX und besteht aus den fünf Komponenten

ACTIVE-IN	-	Liste der im Knoten endenden aktiven Kanten,
ACTIVE-OUT	-	Liste der im Knoten beginnenden aktiven Kanten,
NUM	-	Nummer des Knotens (wird bei der Erzeugung zugewiesen),
INACTIVE-IN	-	Liste der im Knoten endenden vollständigen Kanten,
INACTIVE-OUT	-	Liste der im Knoten beginnenden vollständigen Kanten.

Die Vereinbarung der Struktur VERTEX geschieht durch:

```
(DEFSTRUCT VERTEX (ACTIVE-IN NIL)
                  (ACTIVE-OUT NIL)
                  NUM
                  (INACTIVE-IN NIL)
                  (INACTIVE-OUT NIL))
```

Da beim Parsen zunächst leere Knoten erzeugt werden, werden alle Komponenten außer NUM auf NIL initialisiert. Gleichzeitig mit dieser Vereinbarung des Datentyps VERTEX werden vom LISP-System die Erzeugungsfunktion MAKE-VERTEX, die Zugriffsfunktionen VERTEX-ACTIVE-IN, VERTEX-ACTIVE-OUT etc. auf die einzelnen Komponenten und die Möglichkeit, mit SETF den Komponenten Werte zuzuweisen, bereitgestellt.

Zur Speicherung der Kanten wird die Struktur EDGE mit den sieben Komponenten

CATEGORY	-	Kategorie der Kante,
NUM	-	Nummer der Kante (wird bei der Erzeugung zugewiesen),
CONTENTS	-	Inhalt (Liste der Kanten mit den bereits gefundenen Kategorien),
NEEDED	-	Liste der zur Vervollständigung der Kante fehlenden Kategorien,

LEFT	-	Nummer des linken Begrenzungsknotens der Kante,
RIGHT	-	Nummer des rechten Begrenzungsknotens der Kante

durch folgendes DEFSTRUCT vereinbart:

```
(DEFSTRUCT EDGE
          CATEGORY NUM CONTENTS NEEDED LEFT RIGHT)
```

Auch hier stellt das LISP-System die Erzeugungsfunktion MAKE-EDGE und die Zugriffsfunktionen auf die Komponenten zur Verfügung.

Es werden vier SPECIAL-Variablen vereinbart, die globale Informationen enthalten und von einer Reihe Funktionen benutzt und verändert werden:

EDGECOUNT	-	Nummer der zuletzt gebildeten Kante,
VERTEXCOUNT	-	Nummer des zuletzt gebildeten Knotens,
VERTICES	-	nach Nummern geordnete Liste aller Knoten,
AGENDA	-	die im Algorithmus erwähnte Liste Agenda, ihre Elemente sind Paare von Kanten.

Zusätzlich werden die beiden mit DEFVAR vereinbarten globalen Variablen *GRAMMAR* und *DICTIONARY* verwendet. Diese enthalten die Grammatik bzw. das Wörterbuch für den Parser. Die Grammatik ist als Liste von Regeln abgelegt, die ihrerseits wieder Listenform haben. Das Wörterbuch ist eine Paarliste, die mit ASSOC durchsucht werden kann. Jedes Paar enthält ein Wort und seine Wortart. Das Wörterbuch kann während des Parsens erweitert werden. Der Benutzer kann auf der LISP-Ebene die Liste *DICTIONARY* sichern und bei einer späteren Sitzung wieder verwenden oder mit mehreren, verschiedenen Wörterbüchern arbeiten. Ebenso kann er außerhalb des Programms eine Grammatik gegen eine andere austauschen. Im obigen Beispiel wurden Grammatik und Wörterbuch wie folgt vereinbart:

```
(DEFVAR *GRAMMAR*)
(SETQ *GRAMMAR* '((S NP VP)
                  (NP ART N)
                  (NP ART ATR N)
                  (NP PN)
                  (NP NP PP)
                  (ATR ADJ)
                  (ATR ADJ ATR)
                  (VP V)
                  (VP V NP)
                  (VP V NP PP)
                  (PP PREP NP))   )
```

```
(DEFVAR *DICTIONARY*)
(SETQ *DICTIONARY* '((TOBIAS PN)
                     (BETRACHTET V)
                     (SIEHT V)
                     (DEN ART)
                     (TURM N)
                     (HUND N)
                     (MIT PREP)
                     (DEM ART)
                     (FERNROHR N))   )
```

Die Funktionen, die den Chart-Parser bilden, stehen in der in Bild 5-6 dargestellten Aufrufhierarchie. Ihre Aufgaben sind :

CREATEVERTEX	-	Erzeugung eines neuen Knotens
CREATEEDGE	-	Erzeugung einer neuen Kante
SHOWEDGE	-	Inhalt einer Kante strukturiert ausgeben
DEFNS	-	Suchen oder Eintragen eines Wortes im Wörterbuch
SEEK	-	Leerkante erzeugen
ADDACTIVEEDGE	-	neue aktive Kante erzeugen
ADDINACTIVEEDGE	-	neue vollständige Kante erzeugen
RUN, TRYTOEXTEND	-	Anwendung der Fundamentalregel
RUNCHART, CHART	-	Benutzeraufruf, Steuerung

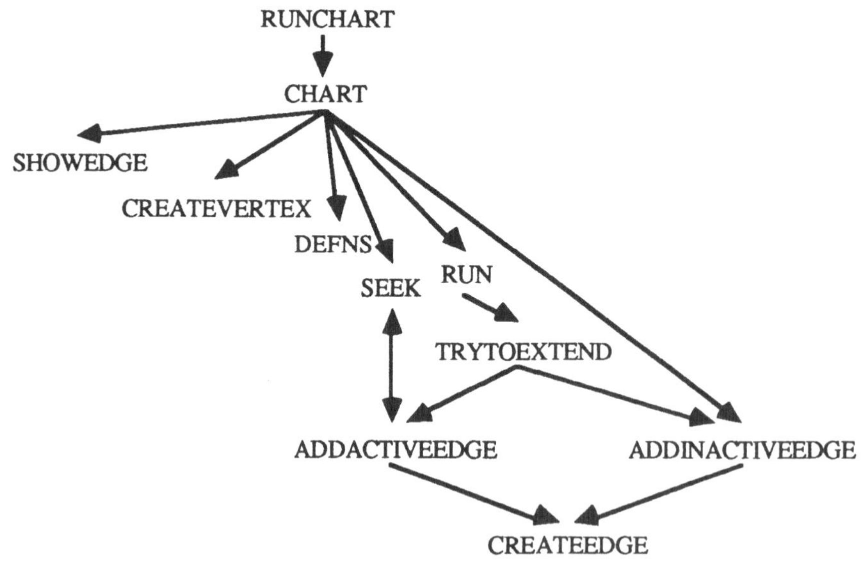

Bild 5-6: Die Funktionen des Chart-Parsers

Beschreibung der einzelnen Funktionen

CREATEVERTEX - Erzeugen eines neuen Knotens

Wenn ein neuer Knoten erzeugt wird, muß die aktuelle höchste Knotennummer um eins erhöht und der neu gebildete Knoten in die Liste *VERTICES* eingefügt werden.

```
(DEFUN CREATEVERTEX ()
  (DECLARE (SPECIAL *VERTICES* *VERTEXCOUNT*))
  (NCONC *VERTICES*
         (LIST (MAKE-VERTEX :NUM
                            (INCF *VERTEXCOUNT*))))
               ; neuer Knoten wird hinten in die Liste *VERTICES* eingefügt
  *VERTEXCOUNT*  )
               ; der Wert ist die aktuelle höchste Knotennummer
```

Die Funktion GETVERTEX dient dem Zugriff auf bestimmte Knoten. Ein Knoten mit Knotennummer N ist das N-te Element der Liste *VERTICES*.

```
(DEFUN GETVERTEX (N)
  (DECLARE (SPECIAL *VERTICES*))
  (NTH (1- N) *VERTICES*)  )
               ; das Argument ist (1- N), da die Funktion NTH die Zählung der
               ; Listenelemente mit 0 beginnt
```

CREATEEDGE - Erzeugen einer neuen Kante

Zur Erzeugung einer neuen Kante ist im Prinzip nur die vom System bereitgestellte Funktion MAKE-EDGE aufzurufen. Zusätzlich wird die Variable *EDGECOUNT* um eins erhöht. Die Argumente für CREATEEDGE sind gerade die Komponenten der neuen Kante. Die Kanten werden nicht in einer Liste gehalten, man kann nur über die Knoten auf sie zugreifen.

```
(DEFUN CREATEEDGE (CATEGORY NEEDED CONTENTS LEFT RIGHT)
  (DECLARE (SPECIAL *EDGECOUNT*))
  (MAKE-EDGE :CATEGORY CATEGORY
             :NUM (INCF *EDGECOUNT*)
             :CONTENTS CONTENTS
             :NEEDED NEEDED
             :LEFT LEFT
             :RIGHT RIGHT)  )
```

SHOWEDGE - Inhalt einer Kante ausgeben

Die Funktionen SHOWEDGE und SHOWCONT dienen - nach erfolgreichem Parsen eines Satzes - zur Ausgabe seiner Struktur. Der Satz entspricht einer inaktiven Kante, die vom ersten und letzten Knoten begrenzt ist. Das Argument für SHOWEDGE ist eine solche inaktive Kante. SHOWCONT gibt rekursiv jeweils Kategorie und Inhalt eines Satzteiles, in Spalte COL beginnend, aus. Die Hilfsfunktion PRETERMINAL prüft, ob eine gegebene Kategorie CATEGORY ein Präterminal ist.

```
(DEFUN PRETERMINAL (CATEGORY)
  (NOT (ASSOC CATEGORY *GRAMMAR*))   )

(DEFUN SHOWCONT (CATEGORY CONTENTS COL)
  (TERPRI)
  (DOTIMES (I COL) (PRINC " "))
                  ; bis zur Spalte COL werden Leerzeichen ausgegeben
  (PRINC "(")
                  ; linke Klammer ausgeben, neuer Satzteil beginnt
  (PRINC CATEGORY)
                  ; Kategorie des Satzteils ausgeben
  (PRINC " ")
  (SETQ COL (+ COL 1 (LENGTH (STRING CATEGORY))))
                  ; Berechnung der Spalte für den Ausgabebeginn in der nächsten
                  ; Zeile
  (MAPC #'(LAMBDA (P)
                 (IF (PRETERMINAL CATEGORY)
                     (PRINC P)
                  ; ist CATEGORY ein Präterminal, so ist P ein Wort des
                  ; ursprünglichen Satzes, das ausgegeben wird
                     (SHOWCONT (EDGE-CATEGORY P)
                               (EDGE-CONTENTS P)
                               COL)))
                  ; ansonsten ist P ein Satzteil, dessen Kategorie und Inhalt mit
                  ; SHOWCONT ausgegeben werden
        CONTENTS)
  (PRINC ")")   )
                  ; rechte Klammer ausgeben, Ausgabe vollständig

(DEFUN SHOWEDGE (EDGE)
  (LIST (SHOWCONT (EDGE-CATEGORY EDGE)
                 (EDGE-CONTENTS EDGE)
                 2))   )
                  ; der Wert von SHOWEDGE ist eine Liste, die in der aufrufenden
                  ; Funktion CHART benötigt wird
```

DEFNS - Suchen oder Eintragen eines Wortes im Wörterbuch

Die Funktionen DEFNS und ENTER suchen ein Wort im Wörterbuch bzw. tragen es dort ein. ENTER bildet eine Liste aus einem Wort und seiner Kategorie und trägt diese Liste am Anfang der globalen Liste *DICTIONARY* ein. Wert der Funktion ist die eingefügte Liste.

```
(DEFUN ENTER (WORD DEFS)
  (PUSH (LIST WORD DEFS) *DICTIONARY*)
  (CAR *DICTIONARY*)  )
```

Die Funktion DEFNS sucht zunächst das Wort WORD im *DICTIONARY*. Steht es noch nicht im Wörterbuch, so wird es mit ENTER eingetragen. Wert der Funktion ist eine Liste, bestehend aus dem Wort und seiner Kategorie.

```
(DEFUN DEFNS (WORD)
  (OR (ASSOC WORD *DICTIONARY*)
                ; steht WORD schon im Wörterbuch, ist der Wert von DEFNS
                ; der entsprechende Eintrag, also eine Liste aus dem Wort und
                ; seiner Kategorie
      (PROGN (PRINC "BITTE KATEGORIE DES WORTES ")
             (PRINC WORD)
             (PRINC " EINGEBEN!")
                ; ist WORD noch nicht im Wörterbuch, so wird vom Benutzer
                ; die Wort-Kategorie erfragt
             (TERPRI)
             (ENTER WORD (READ))))  )
                ; mit ENTER werden das neue Wort und seine Kategorie ins
                ; Wörterbuch eingetragen
```

An dieser Stelle kann das Programm in mehrfacher Weise verbessert werden. So wie es ist, erlaubt es nur die Eintragung finiter Wortformen. Für "sehen", "sieht", "sah" werden mehrere Eintragungen gemacht. Hier käme die morphologische Analyse zum Tragen, die all diese Formen auf eine einzige Eintragung zurückführt. Außerdem kann der Zugriff auf das Lexikon durch Verwendung einer anderen Datenstruktur, z. B. einer Hash-Tabelle beschleunigt werden.

ADDINACTIVEEDGE - Erzeugen einer vollständigen Kante

Die Funktion ADDINACTIVEEDGE erzeugt eine neue vollständige Kante mit der Kategorie CATEGORY und dem Inhalt CONTENTS. Diese Kante wird links vom Knoten LEFT und rechts vom Knoten RIGHT begrenzt. LEFT und RIGHT sind Knotennummern. Die neue Kante muß in die Liste der vollständigen Knoten, die in LEFT beginnen, und in die Liste der vollständigen Knoten, die in RIGHT enden, aufgenommen werden. Außerdem ergeben sich zusammen mit den in LEFT endenden aktiven Knoten Möglichkeiten zur Anwendung der Fundamentalregel. Daher müssen passende Paare gebildet und in die Liste *AGENDA* eingefügt werden.

```
(DEFUN ADDINACTIVEEDGE (LEFT RIGHT CATEGORY CONTENTS)
  (DECLARE (SPECIAL *AGENDA*))
  (LET ((EDGE (CREATEEDGE CATEGORY
                          NIL
                          CONTENTS
                          LEFT
                          RIGHT))
                  ; Erzeugung einer neuen vollständigen Kante
        (VLEFT (GETVERTEX LEFT))
        (VRIGHT (GETVERTEX RIGHT)))
                  ; LEFT und RIGHT sind bei der Übergabe zunächst nur Knoten-
                  ; nummern, also müssen hier die tatsächlichen Knoten bereit-
                  ; gestellt werden
    (PUSH EDGE (VERTEX-INACTIVE-OUT VLEFT))
                  ; Einfügen der neuen Kante in die Liste der im Knoten LEFT
                  ; beginnenden vollständigen Kanten
    (PUSH EDGE (VERTEX-INACTIVE-IN VRIGHT))
                  ; Einfügen der neuen Kante in die Liste der im Knoten RIGHT
                  ; endenden vollständigen Kanten
    (MAPC #'(LAMBDA (ACTIVE)
                    (PUSH (CONS ACTIVE EDGE) *AGENDA*))
          (VERTEX-ACTIVE-IN VLEFT)))  )
                  ; Bilden von Paaren aus aktiven Kanten und der neuen voll-
                  ; ständigen Kante und Einfügen der Paare in *AGENDA*
```

ADDACTIVEEDGE - Erzeugen einer aktiven Kante

Beim Erzeugen einer aktiven Kante A ist ein Schritt mehr erforderlich als beim Erzeugen einer vollständigen Kante. Endet nämlich eine aktive Kante in einem bestimmten Knoten, so sind zur Vervollständigung der Kante, von diesem Knoten ausgehend, weitere Kategorien erforderlich. Deshalb werden im Endknoten von A neue Leerkanten für die erste zur Vervollständigung von A erforderliche Kategorie gebildet. Deren Bildung bedingt möglicherweise die Bildung noch zusätzlicher Leerkanten usw. Dieses Einfügen von Leerkanten geschieht mit der Funktion SEEK. Das Argument RHS von ADDACTIVEEDGE enthält die Liste der fehlenden Kategorien.

```
(DEFUN ADDACTIVEEDGE (LEFT RIGHT CATEGORY CONTENTS RHS)
  (DECLARE (SPECIAL *AGENDA*))
  (LET ((EDGE (CREATEEDGE CATEGORY
                          RHS
                          CONTENTS
                          LEFT
                          RIGHT))
                 ; Erzeugung einer neuen aktiven Kante
        (VLEFT (GETVERTEX LEFT))
        (VRIGHT (GETVERTEX RIGHT)))
                 ; da LEFT und RIGHT bei der Übergabe zunächst nur Knoten-
                 ; nummern sind, werden hier die tatsächlichen Knoten
                 ; bereitgestellt
    (PUSH EDGE (VERTEX-ACTIVE-OUT VLEFT))
                 ; Einfügen der neuen Kante in die Liste der im Knoten LEFT
                 ; beginnenden aktiven Kanten
    (PUSH EDGE (VERTEX-ACTIVE-IN VRIGHT))
                 ; Einfügen der neuen Kante in die Liste der im Knoten RIGHT
                 ; endenden aktiven Kanten
    (SEEK (CAR RHS) RIGHT)
                 ; Bilden einer oder mehrerer Leerkanten im Knoten RIGHT
    (MAPC #'(LAMBDA (INACTIVE)
                 (PUSH (CONS EDGE INACTIVE) *AGENDA*))
           (VERTEX-INACTIVE-OUT VRIGHT)))  )
                 ; Bilden von Paaren aus vollständigen Kanten, die in RIGHT be-
                 ; ginnen, und der neuen aktiven Kante, und Einfügen der Paare in
                 ; die Liste *AGENDA*
```

SEEK - Erzeugen von Leerkanten

Die Funktion SEEK bildet im Knoten mit der Nummer VERTEX eine Leerkante der Kategorie CATEGORY, falls nicht schon eine solche vorhanden ist. Die Liste der nötigen Unterkategorien zur Vervollständigung dieser Leerkante wird dabei in der Grammatik gesucht.

```
(DEFUN SEEK (CATEGORY VERTEX)
  (IF (DOLIST
        (EDGE (VERTEX-ACTIVE-OUT (GETVERTEX VERTEX)) T)
                 ; Untersuchung aller aktiven Kanten, die in VERTEX beginnen
        (AND (EQ (EDGE-RIGHT EDGE) VERTEX)
             (EQ (EDGE-CATEGORY EDGE) CATEGORY)
             (RETURN NIL)))
                 ; hat eine der in VERTEX beginnenden aktiven Kanten den End-
                 ; knoten VERTEX und die Kategorie CATEGORY, so sind die
                 ; erforderlichen Leerkanten bereits vorhanden
```

```
      (MAPC #'(LAMBDA (RULE)
                      (IF (EQ (CAR RULE) CATEGORY)
                          (ADDACTIVEEDGE VERTEX
                                         VERTEX
                                         CATEGORY
                                         NIL
                                         (CDR RULE))))
            *GRAMMAR*))  )
               ; ansonsten wird die Grammatik nach Regeln für CATEGORY
               ; durchsucht, und die entsprechenden Leerkanten werden gebildet
```

RUN, TRYTOEXTEND - Anwendung der Fundamentalregel

Die Funktion RUN durchläuft die gesamte Liste *AGENDA* und wendet die Funktion TRYTOEXTEND jeweils auf ein Element (ein Paar aus aktiver und vollständiger Kante) an. Die Funktion TRYTOEXTEND versucht die Fundamentalregel auf ihre Argumente, eine aktive und eine vollständige Kante, anzuwenden.

```
(DEFUN TRYTOEXTEND (ACTIVE INACTIVE)
  (LET ((NEEDED (EDGE-NEEDED ACTIVE)))
               ; NEEDED sind die zur Vervollständigung von ACTIVE
               ; erforderlichen Kategorien
    (IF (EQ (CAR NEEDED) (EDGE-CATEGORY INACTIVE))
               ; die erste gesuchte Struktur ist gleich der Kategorie der
               ; vollständigen Kante
        (IF (CDR NEEDED)
            (ADDACTIVEEDGE
              (EDGE-LEFT ACTIVE)
              (EDGE-RIGHT INACTIVE)
              (EDGE-CATEGORY ACTIVE)
              (CONS INACTIVE (EDGE-CONTENTS ACTIVE))
              (CDR NEEDED))
              ; werden noch weitere Strukturen zur Vervollständigung der
              ; aktiven Kante benötigt, so wird eine neue aktive Kante gebildet
            (ADDINACTIVEEDGE
              (EDGE-LEFT ACTIVE)
              (EDGE-RIGHT INACTIVE)
              (EDGE-CATEGORY ACTIVE)
              (REVERSE
                (CONS INACTIVE (EDGE-CONTENTS ACTIVE))
                                                  )))))  )
              ; ansonsten lassen sich ACTIVE und INACTIVE zu einer neuen
              ; vollständigen Kante zusammenfassen
```

```
(DEFUN RUN ()
  (DECLARE (SPECIAL *AGENDA*))
  (DO ()
    ((NULL *AGENDA*))
                  ; Schleife läuft, solange die Liste *AGENDA* nicht leer ist
    (TRYTOEXTEND (CAAR *AGENDA*)
                 (CDR (POP *AGENDA*))))  )
                  ; Anwendung der Fundamentalregel auf das oberste Paar in
                  ; *AGENDA* und Verkürzung der Liste
```

CHART, RUNCHART - Steuerfunktionen

Die Funktionen RUNCHART und CHART steuern den Programmablauf. Die Funktion RUNCHART stellt den Benutzeraufruf dar. Sie enthält eine Schleife, in welcher der Benutzer immer wieder nach Sätzen gefragt wird, die analysiert werden sollen. Die Schleife wird abgebrochen, wenn der Benutzer statt einer Kategorie das Wort ENDE eingibt. Die Funktion CHART steuert das Parsen eines Satzes, der als Argument WORDS in Form einer Liste übergeben wird. Das zweite Argument TOPCAT ist die Kategorie, die der Satz bzw. Satzteil haben soll.

```
(DEFUN CHART (WORDS TOPCAT)
  (LET ((*EDGECOUNT* 0)
        (*VERTEXCOUNT* 1)
        (*VERTICES* (LIST (MAKE-VERTEX :NUM 1)))
        (*AGENDA* NIL)
        (START 1)
        (LEFT 1)
        RIGHT
        EDGELIST)
    (DECLARE (SPECIAL *EDGECOUNT*
                      *VERTEXCOUNT*
                      *VERTICES*
                      *AGENDA*))
                  ; Initialisierung und Deklaration der SPECIAL-Variablen, Fest-
                  ; legung des Startknotens als Nummer eins
    (DOLIST (WORD WORDS)
                  ; für alle Wörter der Wortfolge werden vollständige Kanten mit
                  ; der entsprechenden Wortkategorie gebildet
            (SETQ RIGHT (CREATEVERTEX))
                  ; Erzeugung eines Knotens
            (SETQ WORD (DEFNS WORD))
                  ; WORD im Wörterbuch suchen oder eintragen
```

```
            (ADDINACTIVEEDGE LEFT
                               RIGHT
                               (CADR WORD)
                               (LIST (CAR WORD)))
              ; vollständige Kante aus WORD bilden
            (SETQ LEFT RIGHT))
    (SEEK TOPCAT START)
              ; im ersten Knoten werden Leerkanten der Kategorie TOPCAT
              ; gebildet, dadurch werden auch die ersten Elemente in die Liste
              ; *AGENDA* eingefügt
    (RUN)
              ; Anwendung der Fundamentalregel auf alle Elemente der Liste
              ; *AGENDA*, hierbei werden gleichzeitig neue Elemente in
              ; *AGENDA* eingefügt
    (UNLESS (MAPCAN
              #'(LAMBDA (EDGE)
                  (AND (EQ (EDGE-RIGHT EDGE) RIGHT)
                       (EQ (EDGE-CATEGORY EDGE) TOPCAT)
                       (SHOWEDGE EDGE)))
              (VERTEX-INACTIVE-OUT (GETVERTEX START)))
              ; vollständige Kanten der Kategorie TOPCAT, die alle Wörter der
              ; Ausgangsfolge umfassen, werden strukturiert ausgegeben
            (PRINC "SATZ KANN NICHT GEPARST WERDEN"))))
              ; ist der Wert von MAPCAN NIL, so gibt es keine vollständige
              ; Kante, die alle Wörter umfaßt, also Fehlermeldung

(DEFUN RUNCHART ()
  (DO ((TOPCAT))
      ((EQ (PROGN (TERPRI)
                  (PRINC "PARSEN ALS  ")
                  (SETQ TOPCAT (READ))) 'ENDE) 'DANKE)
              ; Schleife läuft, bis der Benutzer "ENDE" eingibt
      (PRINC "BITTE TEXT EINGEBEN  ")
      (CHART (READ) TOPCAT))  )
              ; Einlesen und Parsen einer Wortfolge
```

Aufgaben

Aufgabe 5-1 - Abspeichern von Grammatik und Wörterbuch

Im vorliegenden Programm werden Grammatik und Wörterbuch in den globalen Listen *GRAMMAR* und *DICTIONARY* gehalten. Man erweitere das Programm so, daß beide von Dateien eingelesen werden können. Da das Wörterbuch während des Programmlaufs erweitert werden kann, ist zusätzlich die Möglichkeit vorzusehen, das erweiterte Wörterbuch am Ende des Programmlaufs auf einer Datei abzuspeichern.

Aufgabe 5-2 - Effizientere Datenstruktur

Haben Grammatik oder Wörterbuch mehr als 10-20 Einträge, ist die sequentielle Suche zu langsam. Man verwende als effizientere Datenstruktur die von Common LISP bereitgestellte Hash-Tabelle.

Hinweis: Da zu einem Hash-Schlüssel nur eine Eintragung gemacht werden kann, halte man verschiedene Einträge zu einem Schlüssel in einer Liste. Gibt es z. B. für NP die beiden Produktionsregeln

(NP Art N)

(NP PN)

bedeutet das die Zuordnung

NP ---> ((Art N) (PN)).

Aufgabe 5-3 - Groß-/Kleinschreibung

Erweitern Sie das Programm so, daß die Eingabe einer Wortfolge in Groß-/Kleinschreibung erfolgen kann und diese auch intern unterschieden wird.

Aufgabe 5-4 - Ablaufverfolgung

Im Hinblick auf die Erprobung von Grammatiken erstelle man Hilfsmittel, die den Ablauf des Analysevorgangs (z. B. wie in Tabelle 5-2) darstellen und die es ermöglichen, auch bei erfolgloser Analyse die gefundenen Teilstrukturen auszugeben.

6

Symbolische Mathematik

Programme für Symbolische Mathematik sind in der Lage, arithmetische Ausdrücke zu verarbeiten, die neben Zahlen auch symbolische Variablen enthalten. Sie haben die Fähigkeit, Ausdrücke z. B. zu addieren, zu multiplizieren oder nach einer Variablen zu differenzieren. Ein solches Programm würde nach Eingabe von

```
f1 := (3*a + x)^2;
f2 := x^2 * (1-a);
f1 - f2;
```

als Wert dieser Differenz berechnen

```
a*x^2 + 6*a*x + 9*a^2 .
```

Es gibt sehr mächtige allgemeine Programme für Symbolische Mathematik, etwa MAPLE, REDUCE, MACSYMA, SCRATCHPAD. Sie bieten zunächst umfangreiche Möglichkeiten zur Formelmanipulation. Z. B. können in symbolischen Ausdrücken Teilausdrücke durch andere Ausdrücke ersetzt werden. Die Auflösung von Klammern oder das Ausklammern gemeinsamer Faktoren können vom Benutzer gesteuert werden. Die Ausgabe für den menschlichen Leser kann in verschiedener Weise erfolgen. Zusätzlich können die großen Systeme auch kompliziertere Operationen ausführen. So sind sie in der Lage, Ausdrücke zu integrieren, algebraische Gleichungen oder Differentialgleichungen zu lösen oder Polynome in mehreren Veränderlichen in irreduzible Faktoren zu zerlegen. Durch Definition eigener Datentypen und Operationen hat der Benutzer die Möglichkeit, die Systeme an seine speziellen Probleme anzupassen. Neben den allgemeinen Systemen gibt es Spezialsysteme für einzelne Anwendungsbereiche, z. B. CAYLEY für die Gruppentheorie oder SCHOONSCHIP für die Hochenergiephysik.

Buchberger [1982] und Davenport/Siret/Tournier [1988] enthalten Übersichten über das Gebiet der Symbolischen Mathematik, über Algorithmen, Systeme und Anwendungen. Dort findet man auch Hinweise auf Literatur zu den genannten Systemen.

LISP ist in der Symbolischen Mathematik die am meisten benutzte Implementationssprache. Dies liegt an den flexiblen und einfach zu handhabenden dynamischen Datenstrukturen. Auf der Implementationsebene von Programmen zur Symbolischen Mathematik ist die Liste die wichtigste Datenstruktur. Zusätzlich hat die Rekursivität vieler Algorithmen die Verwendung von LISP gefördert. Neben LISP wird in den vergangenen Jahren die Sprache C - wegen der höheren Effizienz und besseren Portierbarkeit von Programmen - in der Symbolischen Mathematik verstärkt eingesetzt. FORTRAN ist mangels Rekursivität und dynamischer Datenstrukturen ganz aus diesem Gebiet verschwunden. PASCAL konnte sich aufgrund der strengen Typbindung und der zwar dynamischen aber doch fest vordefinierten Datentypen nicht durchsetzen.

Dieses Kapitel enthält das Programm SYMATH, das den Gebrauch der *rekursiven Polynomdarstellung* als Hilfsmittel für die eindeutige Darstellung von Ausdrücken in der Symbolischen Mathematik demonstriert. Es enthält Arithmetikalgorithmen für diese Darstellung sowie die Wandlungsalgorithmen von der externen Infix-Darstellung über die Präfix-Darstellung in die rekursive Polynomdarstellung und umgekehrt. Das Programm, das in der Lage ist, polynomiale Ausdrücke in mehreren Veränderlichen zu verarbeiten, besteht aus einem Interpreter, der den Dialog mit dem Benutzer führt, und einem Vereinfacher, der die Eingabeausdrücke auswertet und sie dabei in die rekursive Polynomdarstellung wandelt. Das Programm ist modular aufgebaut und erlaubt Erweiterungen der Funktionalität über den programmierten Rahmen hinaus. In den Aufgaben am Ende des Kapitels geben wir dazu verschiedene Anregungen.

Polynomdarstellungen

Ein zentraler Punkt eines Systems für Symbolische Mathematik ist die *interne Darstellung* der mathematischen Objekte. Das wichtigste dieser Objekte ist der *ganzrationale* oder *polynomiale Ausdruck*, z. B.

(*) $(5x^2z^3 + 3xz (a^2 - x^3z^2)) az^2 + z^5$.

In Backus-Naur-Form werden solche Ausdrücke nach den in Tabelle 6-1 enthaltenen Produktionsregeln definiert. Sie lassen sich als Polynome in mehreren Veränderlichen mit ganzzahligen Koeffizienten auffassen. Z. B. ist der Ausdruck (*) ein Polynom in den Veränderlichen a, x und z . *Gebrochen rationale Ausdrücke* kann man als ein Paar zweier ganzrationaler Ausdrücke darstellen. Z. B. ist der Ausdruck

$$\frac{7u - v}{w + 1} + \frac{1}{v}$$

```
<Ausdruck>             ::=  [<Additionsoperator>] <Term>
                                 {<Additionsoperator> <Term>}
<Term>                 ::=  <Faktor>{<Multiplikationsoperator> <Faktor>}
<Faktor>               ::=  <Basis> [^ <vorzeichenlose Konstante>]
<Basis>                ::=  <Variable> | <vorzeichenlose Konstante>
                                 | (<Ausdruck>)
<Variable>             ::=  <Bezeichner>
<Bezeichner>           ::=  <Buchstabe>{<Buchstabe> | <Ziffer>}
<vorzeichenlose
            Konstante> ::=  <Ziffer>{<Ziffer>}
<Buchstabe>            ::=  a | b | ... | z | A | B | ... | Z
<Ziffer>               ::=  0 | 1 | ... | 9
<Additions-
            operator>  ::=  + | -
<Multiplikations-
            operator>  ::=  *
```

Die metasyntaktischen Symbole haben die übliche Bedeutung, insbesondere bedeuten

[ ] kein- oder einmaliges Auftreten des Klammerinhalts,

{ } kein- oder mehrmaliges Auftreten des Klammerinhalts,

| alternatives Auftreten.

Tabelle 6-1 : Produktionsregeln für ganzrationale Ausdrücke

äquivalent dem Paar, das der Zählerausdruck $v(7u - v) + w + 1$ und der Nennerausdruck $(w + 1)v$ bilden.

Die interne Darstellung der Ausdrücke muß u. a. den folgenden Forderungen genügen:

- Effizienz im Hinblick auf die Algorithmen

Die Darstellung muß zu den Algorithmen passen. Da unterschiedliche Algorithmen ihre Argumente möglicherweise in unterschiedlicher Darstellung bevorzugen, bieten manche Systeme mehrere Darstellungen an.

- Effizienz im Hinblick auf den Speicherbedarf

Zwischenergebnisse bei algebraischen Manipulationen werden häufig so umfangreich, daß man auch bei großem Hauptspeicher auf ökonomische Abspeicherung der Objekte achten muß.

- Eindeutigkeit

Algebraisch gleichwertige Ausdrücke können sehr unterschiedlich formuliert sein, z. B. sind (x-1)(x+1) und x^2-1 algebraisch gleichwertig. Die Arithmetik mit solchen Ausdrücken wird wesentlich vereinfacht, wenn gleichwertige Ausdrücke auch gleich dargestellt sind.

Eng verbunden mit dem Problem der internen Darstellung ist das Problem der *Vereinfachung* von Ausdrücken. Nach Anwendung einer Operation, z. B. der Differentiation, enthält das Ergebnis oft redundante Terme, wie Summanden mit dem Wert null oder Faktoren mit dem Wert eins. Es können auch geklammerte Teilausdrücke entstanden sein, bei denen zu entscheiden ist, ob die Klammern aufgelöst werden oder nicht. Ein Beispiel dafür liefert die Differentiation des Ausdrucks

$$x(ax + 1)$$

nach x . Einfache Anwendung der Differentiationsregeln ergibt

$$1(ax + 1) + x(a + 0) \quad ,$$

was vereinfacht werden muß zu

$$2ax + 1 \quad .$$

Ein Weg zur Lösung des Vereinfachungsproblems ist es, mathematische Objekte intern in einer eindeutigen Form darzustellen. Man nennt eine solche Form *kanonische Form* oder *kanonische Darstellung*. Beim Einlesen eines Ausdrucks wird dieser sofort in die kanonische Form gewandelt. Rechenoperationen können dann voraussetzen, daß die Operanden in kanonischer Form vorliegen, und sind verpflichtet, ihre Ergebnisse wieder in kanonischer Form abzuliefern. "Vereinfachung" bedeutet dann Wandlung in die kanonische Form. Wünscht man die Ausgabe in einer anderen als der kanonischen Darstellung, muß man spezielle Wandlungen durchführen.

Es gibt verschiedene kanonische Darstellungen für Polynome in mehreren Veränderlichen. Wir wollen hier die *vollständig expandierte Polynomdarstellung* und die *rekursive Polynomdarstellung* beschreiben. Beide werden in der Praxis verwandt. In den Programmen dieses Kapitels verwenden wir die rekursive Polynomdarstellung.

Vollständig expandierte Polynomdarstellung

Mathematisch formuliert lautet ein Polynom in den Veränderlichen $x_1, \ldots ,x_n$ in der vollständig expandierten Polynomdarstellung

$$P(x_1,...,x_n) = \sum_{i=1}^{k} a_i * x_1^{e_{1i}} * x_2^{e_{2i}} * ... * x_n^{e_{ni}} \quad ,$$

wobei a_i von Null verschiedene ganze Zahlen und e_{ji} nichtnegative ganze Zahlen sind. Jede Exponentenfolge $e_{1i}, \ldots, e_{ni}$ kommt nur einmal in der Summe vor.

Praktisch bedeutet das für die nach Tabelle 6-1 definierten Ausdrücke zunächst, daß sämtliche Klammern aufzulösen sind (daher die Bezeichnung "expandiert"). Um die Darstellung auch in dem Sinne eindeutig zu machen, daß zwei gleiche Polynome durch die gleiche Folge von Zeichen dargestellt werden, muß man zusätzlich eine Reihenfolge der Polynomterme

$$a_i * x_1^{e_{1i}} * x_2^{e_{2i}} * \ldots * x_n^{e_{ni}}$$

festlegen. Dies erreicht man, indem man zunächst eine Reihenfolge der Variablen festlegt, z. B. die alphabetische Reihenfolge, und dann die Terme nach fallenden Exponenten ordnet, wobei die am weitesten rechts stehende Variable das höchste Gewicht hat. Es wird also

ax^3z^5 vor $a^2x^6z^4$ angeordnet oder

ax^3z^2 vor a^3xz^2 .

Vereinbart man nun noch zusätzlich, daß auch alle Potenzen x_j^0 mit in die Darstellung aufgenommen werden, hat man die Eindeutigkeit erreicht.

Z. B. lautet der Ausdruck (*) in der expandierten Darstellung

$$-3a^1x^4z^5 + 5a^1x^2z^5 + 1a^0x^0z^5 + 3a^3x^1z^3 .$$

Die naheliegende interne Darstellung eines solchen Polynoms im Programm ist eine Liste von Unterlisten, die jeweils einen Term darstellen und aus dem Koeffizienten und den Exponenten für alle Variablen bestehen. Legt man die Folge der Variablen in einer Liste $(x_1\ x_2 \ldots x_n)$ fest, so wird ein Polynom dargestellt durch die Liste

$$((a_1\ e_{11}\ e_{21} \ldots e_{n1}) \ldots (a_k\ e_{1k}\ e_{2k} \ldots e_{nk})) .$$

Die Polynomaddition in dieser Darstellung geschieht durch einen Abgleich der beiden Listen. Terme mit gleicher Exponentenfolge werden addiert, indem man die Koeffizienten addiert. Andere Terme werden einfach ins Ergebnispolynom übernommen. Ähnlich durchsichtig ist die Multiplikation zweier Polynome. Man multipliziert jeden Term des einen Polynoms mit jedem Term des anderen Polynoms und addiert die Produkte. Multiplikation zweier Terme bedeutet einfach Addition der entsprechenden Exponenten und Multiplikation der Koeffizienten.

Die expandierte Polynomdarstellung wird in der Praxis angewandt, wenn nur wenige Polynomvariablen vorkommen und diese bei Beginn der Berechnungen alle bekannt sind. In diesem Fall sind auch die oben formulierten Anforderungen an die Darstellung von Ausdrücken erfüllt. Bei einem interaktiven System für Symbolische Mathematik kann man jedoch nicht davon ausgehen, daß nur wenige Variablen vorkommen, und man kennt sie auch nicht alle im voraus. Hier benötigt man eine flexiblere Darstellung.

Rekursive Polynomdarstellung

Eine solche flexiblere Darstellung ist die rekursive Polynomdarstellung. Sie wird wie folgt rekursiv definiert:

- Ein konstantes Polynom (d. h. ein Polynom in null Veränderlichen) wird als Zahl dargestellt. Insbesondere wird das Nullpolynom durch die Zahl Null und das Einspolynom durch die Zahl Eins dargestellt.

- Ein Polynom in einer Veränderlichen wird dargestellt als

  $$P(x) = \sum_{i=1}^{k} a_i x^{e_i} ,$$

  wo a_i von Null verschiedene ganze Zahlen und $e_1 > e_2 > ... > e_k \geq 0$ die nichtnegativen, in absteigender Reihenfolge angeordneten ganzzahligen Exponenten sind.

- Ein Polynom in mehreren Veränderlichen wird rekursiv als ein Polynom in einer Veränderlichen, der *Hauptvariablen*, dargestellt, dessen Koeffizienten Polynome in den restlichen Veränderlichen sind:

  $$P(x_1, ..., x_n) = \sum_{i=1}^{k} P_i(x_1, ..., x_{n-1}) x_n^{e_i} ,$$

  wobei $P_i(x_1, ..., x_{n-1})$ vom Nullpolynom verschiedene Polynome in den Veränderlichen $x_1, ..., x_{n-1}$ und wie oben $e_1 > e_2 > ... > e_k \geq 0$ die nichtnegativen, in absteigender Reihenfolge angeordneten ganzzahligen Exponenten sind.

Auch bei dieser Darstellung ist eine Festlegung der Ordnung unter den Variablen erforderlich. Häufig wählt man - mathematischen Gewohnheiten folgend - die umgekehrte alphabetische Ordnung.

Schreibt man den Ausdruck (*) als Polynom in dieser Darstellung, erhält man

$$(-3ax^4 + 5ax^2 + 1)z^5 + 3a^3xz^3 .$$

Dies ist ein Polynom in der Hauptvariablen z, dessen Koeffizienten

$-3ax^4 + 5ax^2 + 1$ und

$3a^3x$

Polynome in a und x sind. Die Koeffizienten dieser Polynome wiederum sind Polynome in a.

Wir wollen an dieser Stelle einige Bezeichnungen einführen, die später zur Beschreibung der Algorithmen benötigt werden.

Sei P ein Polynom in rekursiver Darstellung, dann nennen wir die Summanden

$$P_i(x_1, ..., x_{n-1})\, x_n^{e_i}$$

die *Polynomterme* oder einfach die *Terme* von P. Außerdem bedeuten:

main-var (P)	-	*Hauptvariable,*
ld-term (P)	-	*führender Term* von P, d. h. der Term mit dem höchsten Exponenten
ld-exp (P)	-	*führender Exponent* von P, d. h. der höchste Exponent
ld-coeff (P)	-	*führender Koeffizient* von P, d. h. der Koeffizient des führenden Terms von P
rest-pol (P)	-	*Restpolynom* von P, d. h. das Polynom P ohne den führenden Term
terms (P)	-	Liste aller Terme von P.

Beispielsweise gilt für das Polynom (*) :

main-var (P) = z

ld-term (P) = $(-3ax^4 + 5ax^2 + 1)z^5$

ld-exp (P) = 5

ld-coeff (P) = $-3ax^4 + 5ax^2 + 1$

rest-pol (P) = $3a^3xz^3$

Die rekursive Polynomdarstellung erfüllt die oben für eine interne Darstellung aufgestellten Forderungen. Bei festgelegter Variablenreihenfolge ist sie eindeutig. Die Darstellung ist für die Polynomarithmetik gut geeignet, da die Algorithmen ebenfalls rekursiv nur für Polynome in einer Veränderlichen formuliert zu werden brauchen. Speichert man die Polynome so ab, daß nicht vorhandene Terme keinen Speicherplatz belegen, erfüllt man auch die Forderung nach Speichereffizienz. Bei dem System REDUCE (vgl. Hearn [1987]) ist die rekursive Polynomdarstellung die wichtigste interne Darstellung.

Die LISP-interne Darstellung von Polynomen in rekursiver Form werden wir in einem gesonderten Abschnitt behandeln. Wenn wir im folgenden von der *kanonischen Darstellung* sprechen, meinen wir immer die rekursive Polynomdarstellung.

Die Wandlung eines Ausdrucks aus der nach Tabelle 6-1 festgelegten *Infix-Darstellung* (Operationssymbol zwischen den Operanden) in die kanonische Darstellung erfolgt am besten über die *Präfix-Darstellung* (Operationssymbol vor den

Operanden) als Zwischenstufe. Die Präfix-Darstellung von Ausdrücken mit symbolischen Variablen entspricht in natürlicher Weise der bei LISP gebräuchlichen Darstellung arithmetischer Ausdrücke. Wir werden sie auch in einer an LISP angelehnten Syntax verwenden. Z. B. stellen wir einen Ausdruck

$$(a + 3\ x)^2$$

in Präfixform dar als

(EXPT (PLUS A (TIMES 3 X)) 2).

Die Wandlung in die kanonische Form über die Präfixform hat verschiedene Vorteile:

- Die syntaktische Überprüfung der Eingabe kann während der Wandlung in die Präfixform geschehen.
- Es gibt sehr durchsichtige Algorithmen für diese Wandlung, z. B. den hier benutzten Algorithmus des rekursiven Abstiegs.
- Ist die Benutzersprache geeignet definiert, kann zunächst die gesamte Benutzereingabe in Präfixform gewandelt werden und dem Interpreter, der den Benutzerdialog führt, zur Ausführung vorgelegt werden. Nur die arithmetischen Ausdrücke werden dann weiter in die kanonische Form gewandelt.

Als endgültige interne Darstellung ist die Präfix-Darstellung wegen der mangelnden Eindeutigkeit nicht geeignet.

Das Programm SYMATH

Problemstellung und Beispiel

Das Programm SYMATH führt mit dem Benutzer einen Dialog, in dessen Verlauf es vom Benutzer eingegebene ganzrationale Ausdrücke mit symbolischen Variablen, die nach den Regeln aus Tabelle 6-1 gebildet sind, auswertet und sie gegebenenfalls Variablen als Wert zuweist. Wurde einer Variablen ein Ausdruck als Wert zugewiesen, sprechen wir auch vom *algebraischen Wert* der Variablen; dies zur Präzisierung gegenüber vielen Programmiersprachen, die andere Datenobjekte als Wert einer Variablen vorsehen.

Der Dialog ist auf Benutzerseite eine Folge von Anweisungen nach der Syntax:

<Anweisung> ::= <Ausdruck> | <Wertzuweisung> | END

<Wertzuweisung> ::= <Variable> := <Ausdruck>

Die Anweisungen werden durch ; (Semikolon) voneinander getrennt. Die Anweisung END beendet das Programm. Nach Verarbeitung einer Anweisung wird der Wert des in der Anweisung enthaltenen Ausdrucks als Wert der Anweisung ausgegeben.

Ausdrücke werden nach folgenden Regeln ausgewertet:

- Vor Auswertung einer Operation werden die Operanden ausgewertet.
- Zahlen werden zu sich selbst ausgewertet.
- Variablen, denen vorher kein Wert zugewiesen wurde, werden zu sich selbst ausgewertet.
- Der Wert von Variablen, denen vorher ein Wert zugewiesen wurde, ist eben dieser Wert.

Ausdrücke werden intern in der rekursiven Polynomdarstellung gespeichert und auch in dieser Form ausgegeben. Für die Variablen gilt die umgekehrte alphabetische Reihenfolge.

Der folgende Dialog wurde mit dem weiter unten abgedruckten fertigen Programm ausgeführt.

```
>(SYMATH)

<== Z;
==> Z

<== R:=Z^2;
==> Z^2

<== R-Z^2;
==> 0

<== E1  :=  (A+B)^3;
==> B^3 + 3*A*B^2 + 3*A^2*B + A^3

<== E2  :=  3*A*(A+B);
==> 3*A*B + 3*A^2

<== E1  -  B*E2;
==> B^3 + A^3

<== F  :=  A*B*C  +A^4*C^5  -7*B*C^3;
==> A^4*C^5 - 7*B*C^3 + A*B*C

<== F^2;
==> A^8*C^10 - 14*A^4*B*C^8 + (49*B^2 + 2*A^5*B)*C^6 -
14*A*B^2 *C^4 + A^2*B^2*C^2
```

```
<== (X-1)^10;
==> X^10 - 10*X^9 + 45*X^8 - 120*X^7 + 210*X^6 - 252*X^5
+ 210*X^4 - 120*X^3 + 45*X^2 - 10*X + 1

<== END;
DANKE
>
```

Daten- und Programmstruktur

Rekursive Polynomdarstellung in LISP

Konstante Polynome werden durch ganze Zahlen dargestellt, insbesondere werden das Nullpolynom durch die Zahl Null und das Einspolynom durch die Zahl Eins dargestellt.

Ein Polynom in einer Veränderlichen

$$\sum_{i=1}^{k} a_i x^{e_i}, \qquad a_i \neq 0, \; e_1 > e_2 > \ldots > e_k \geq 0$$

wird als Liste dargestellt. Deren erstes Element ist die Variable x als LISP-Symbol, dann folgen nach absteigenden Exponenten die Darstellungen der Polynomterme als Paare (CONS-Objekte) $(e_i \;.\; a_i)$, deren CAR der Exponent und deren CDR der Koeffizient ist. Diese Paare nennen wird im folgenden, ihrer algebraischen Bedeutung entsprechend, auch *Terme*. Terme mit dem Koeffizienten Null kommen in der rekursiven Polynomdarstellung nicht vor.

Beispiel: Das Polynom

$$7x^2 + 5x + 3$$

hat die interne Darstellung

(X (2 . 7) (1 . 5) (0 . 3)).

Bei Polynomen in mehreren Veränderlichen

$$\sum_{i=1}^{k} P_i(x_1, \ldots, x_{n-1})\, x_n^{e_i}, \qquad P_i \neq 0, \quad e_1 > e_2 > \ldots > e_k \geq 0$$

sind die Koeffizienten selbst wieder Polynome. Deren kanonische Darstellung bildet dann den CDR der Terme.

Beispiele: Das Polynom

$(7a + 1)x^2 + a^2$

hat die interne Darstellung

(X (2 .) (0 .))

(A (1 . 7) (0 . 1)) (A (2 . 1))

oder in die Liste integriert

(X (2 A (1 . 7) (0 . 1)) (0 A (2 . 1))) .

Das Polynom

$4ax^3z^5 + x^2z$

hat die interne Darstellung

(Z (5 .) (1 .))

(X (3 .)) (X (2 . 1))

(A (1 . 4))

und als Liste

(Z (5 X (3 A (1 . 4))) (1 X (2 . 1))) .

Um die Eindeutigkeit der Darstellung zu gewährleisten, ist zu beachten:

- Für alle Polynome im System ist die gleiche (z. B. die umgekehrte alphabetische) Reihenfolge der Variablen einzuhalten.
- Bei arithmetischen Operationen können Terme mit den Koeffizienten Null entstehen, z. B. (3 . 0). Diese dürfen nicht in die Darstellung aufgenommen werden, sondern müssen weggelassen werden.
- Ebenso kann ein bezüglich der Hauptvariablen konstantes Polynom entstehen, z. B. (X (0 A (1 . 1))) . Das Ergebnis ist in diesem Fall der Koeffizient. Er kann auch eine Zahl sein. Dann muß das Ergebnis statt z. B. (A (0 . 7)) einfach 7 heißen.

Struktur des Programms

Die Benutzereingaben, insbesondere die Ausdrücke, durchlaufen von ihrer Darstellung als Zeichenkette beim Einlesen bis zur entsprechenden Darstellung bei der Ausgabe verschiedene Zwischendarstellungen. Das gesamte Programm gliedert sich in Teile, die jeweils die Wandlung von einer Darstellung in eine andere vornehmen.

Der Interpreter erhält eine Benutzereingabe, also eine vollständige Anweisung, in Form einer LISP-Zeichenkette (String). Diese wird in ihre Teilsymbole zerlegt, die Symbole werden auf ihre Zulässigkeit hin überprüft und als LISP-Symbole in einer Liste abgelegt. Diese Liste enthält die Anweisung nach wie vor in Infix-Darstellung. Hieraus wird nun eine Präfix-Darstellung analog der LISP-Präfix-Darstellung arithmetischer Ausdrücke erzeugt. Dabei kann die syntaktische Überprüfung der gesamten Anweisung durchgeführt werden. Die Anweisung ist entweder ein Ausdruck oder die Zuweisung eines Ausdrucks an eine Variable. In beiden Fällen wird der Ausdruck ausgewertet und in die kanonische Form gewandelt. Dann wird gegebenenfalls die Wertzuweisung durchgeführt. Anschließend wird der Wert des Ausdrucks ausgegeben. Dies geschieht wieder über die Zwischendarstellungen Präfix-Form, Infix-Symbolliste und Infix-Zeichenkette.

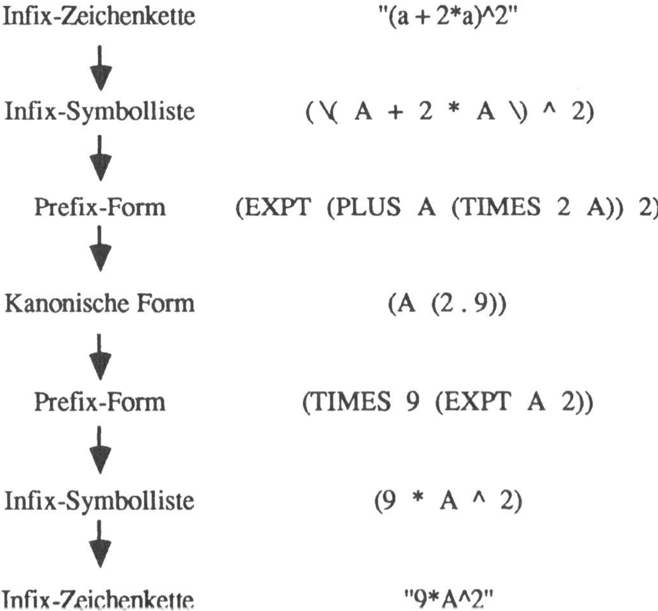

Bild 6-1: Verschiedene Darstellungen eines Ausdrucks im Programmablauf

Das Beispiel in Bild 6-1 zeigt die verschiedenen Darstellungen eines Ausdrucks im Programmablauf.

Entsprechend dieser sequentiellen Abfolge von Wandlungsschritten ruft die Hauptverarbeitungsfunktion PROCESS-STATEMENT nacheinander die einzelnen Wandlungsfunktionen auf. Die Hauptfunktionen des Programms SYMATH bilden die in Bild 6-2 dargestellte Aufrufhierarchie:

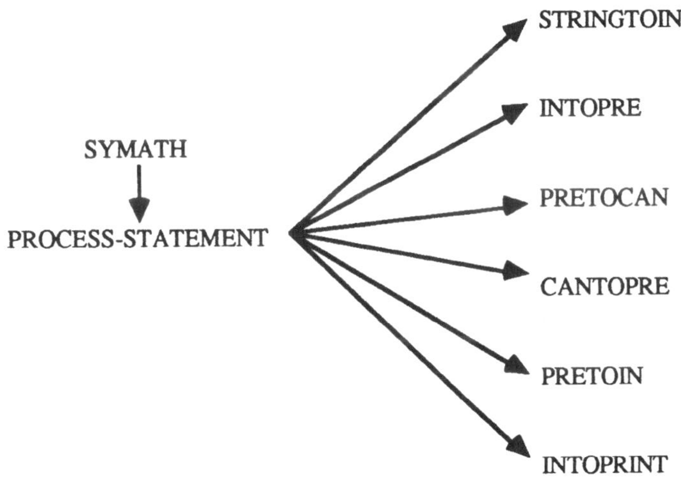

Bild 6-2: Hauptfunktionen von SYMATH

SYMATH ist der Interpreter, PROCESS-STATEMENT ist die Hauptverarbeitungsfunktion. Sie steuert die oben beschriebene Auswertung einer Anweisung. STRINGTOIN wandelt die eingelesene Infix-Zeichenkette in die Infix-Symbolliste, INTOPRE wandelt die Symbolliste in Präfix-Darstellung, PRETOCAN erzeugt aus der Präfix- die kanonische Darstellung. Die Funktionen CANTOPRE, PRETOIN und INTOPRINT führen die umgekehrten Wandlungen durch. CANTOPRE wandelt die kanonische in die Präfix-Darstellung, PRETOIN wandelt die Präfix-Darstellung in die Infix-Symbolliste, und INTOPRINT erzeugt aus dieser Liste die Infix-Zeichenkette, die als Ergebnis ausgegeben wird.

Die Funktion PRETOCAN benötigt für die Wandlung in die kanonische Form die Arithmetikfunktionen für die kanonische Darstellung. Sie überprüft auch, ob eine Variable einen algebraischen Wert hat. Ist dies der Fall, setzt PRETOCAN diesen Wert an Stelle der Variablen ein.

Es bleibt zu beschreiben, wie die Bindung eines algebraischen Wertes an eine Variable realisiert wird. Dies geschieht über eine Property ALGEBRAIC-VALUE. Erhält eine Variable einen Ausdruck als algebraischen Wert, wird der Ausdruck in kanonischer Form als Wert der Property ALGEBRAIC-VALUE dieser Variablen zugewiesen. Hat die Variable keinen algebraischen Wert, existiert die Property nicht. Z. B. bewirkt die Eingabe

f := x^2 + 7;

eine Zuweisung der kanonischen Form von x^2 + 7 an die Property ALGEBRAIC-VALUE von f. In LISP wird entsprechend ausgeführt

(SETF (GET 'F 'ALGEBRAIC-VALUE) '(X (2 . 1) (0 . 7))) .

SYMATH - Benutzeraufruf und Steuerfunktion des Interpreters

Durch den Aufruf (SYMATH) startet der Benutzer das Programm. Als Steuerfunktion des Interpreters hat SYMATH die Aufgabe, in einer Schleife den Benutzer zur Eingabe einer Anweisung aufzufordern, diese einzulesen, die Verarbeitung anzustoßen und das Ergebnis auszugeben. Außerdem muß die Funktion einen Mechanismus zur Fehlerbehandlung bereitstellen. Damit ergibt sich für die durch SYMATH realisierte Hauptschleife des Programms der in Bild 6-3 dargestellte Ablauf.

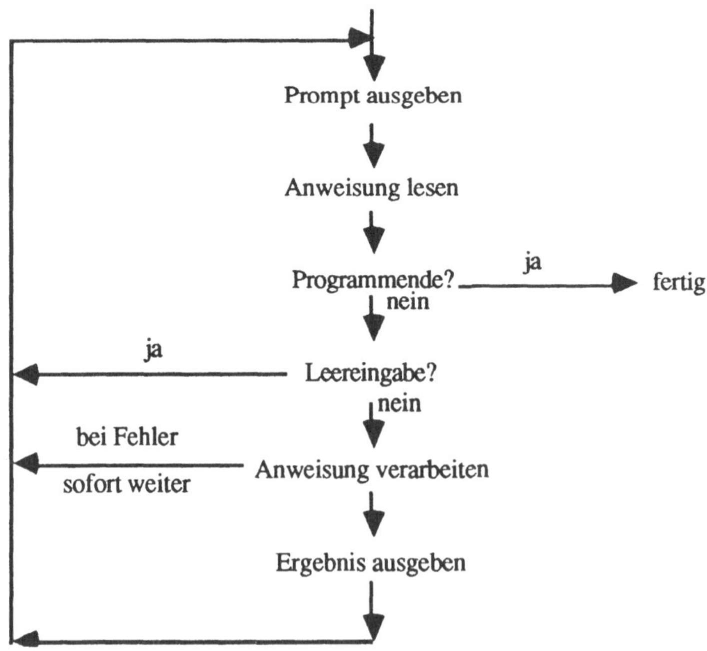

Bild 6-3: Hauptschleife von SYMATH

Die Funktion SYMATH ruft drei Hilfsfunktionen auf: READ-STRING, KILL-BLANKS und ERR1. READ-STRING dient zum Einlesen einer Anweisung, die nach Vorschrift mit ; beendet wird. KILL-BLANKS wird benötigt, um Leereingaben abzufangen und um die Anweisung END, die die Leseschleife abbricht, problemlos zu erkennen. Die Funktion ERR1 schließlich dient der Fehlerbehandlung.

```
(DEFUN READ-STRING ()
                    ; lokale Variablen STR und CH dienen zum Aufbau der
                    ; eingelesenen Zeichenkette bzw. zum Einlesen eines einzelnen
                    ; Zeichens
    (DO ((STR "" (CONCATENATE 'STRING STR (STRING CH)))
                    ; Zeichenkette auf STR um ein Zeichen verlängern
         (CH (READ-CHAR) (READ-CHAR)))
                    ; ein Zeichen auf CH einlesen
        ((EQL CH #\;)  STR)))
                    ; Eingabe ist fertig eingelesen, wenn  ;  gelesen wird
                    ; Ergebnis-String enthält  ;  nicht

(DEFUN KILL-BLANKS (STR)
  (REMOVE #\TAB
          (REMOVE #\NEWLINE (REMOVE #\SPACE STR))))
                    ; aus dem String STR werden alle Leerzeichen sowie die Zeichen
                    ; für Zeilenende und die Tabulatoren gelöscht
```

Die Fehlerbehandlung bei der Verarbeitung erfolgt zentral in der Funktion ERR1. Sie wird von den Verarbeitungsfunktionen beim Auftreten eines Fehlers aufgerufen, wobei ihr zwei Strings, die den Namen der aufrufenden Funktion und eine Fehlermeldung enthalten, als Argumente mitgegeben werden. Nach Ausgabe dieser Strings wird jede weitere Verarbeitung der Anweisung sofort abgebrochen, und das Programm kehrt in die Hauptschleife von SYMATH zurück, um eine neue Anweisung einzulesen. Dieser Rücksprungmechanismus ist über ein CATCH/THROW realisiert. Das CATCH in der Funktion SYMATH umgibt den Aufruf der Verarbeitungsfunktion PROCESS-STATEMENT, und ERR1 führt das passende THROW aus. In allen übrigen Funktionen des Programms wird kein THROW ausgeführt.

```
(DEFUN ERR1 (SOURCE MSG)
                    ; SOURCE ist ein String, der einen Funktionsnamen enthält
                    ; MSG ist ein String, der eine Fehlermeldung enthält
  (TERPRI)
  (TERPRI)
  (PRINC "FEHLER IN ")
  (PRINC SOURCE)
  (PRINC ":    ")
  (PRINC MSG)
                    ; Fehlermeldung ausgeben
```

```
  (TERPRI)
  (THROW 'READER-LOOP NIL))
                    ; Rücksprung in das passende CATCH der Funktion SYMATH

(DEFUN SYMATH ()
  (LET (STR STR-K)
    (LOOP (TERPRI)
          (PRINC "<== ")
                ; Eingabe-Prompt ausgeben
          (SETQ STR (READ-STRING))
                ; Anweisung als String auf STR einlesen
          (SETQ STR-K (KILL-BLANKS STR))
                ; Leerzeichen, Zeilenenden und Tabulatoren in STR löschen
          (TERPRI)
          (COND ((STRING= STR-K ""))
                ; ist STR leer, ist nichts zu tun
                  ((STRING= STR-K "END") (RETURN))
                ; STR war das Symbol END, Hauptschleife verlassen,
                ; Programmende
                  (T (PRINC "==> ")
                ; Ausgabe-Prompt ausgeben
                     (CATCH 'READER-LOOP
                            (PROCESS-STATEMENT STR)))))
                ; Ausführung einer Anweisung mit PROCESS-STATEMENT, das
                ; CATCH paßt zum THROW der Funktion ERR1
    'DANKE))
```

PROCESS-STATEMENT - Verarbeitung einer Anweisung

PROCESS-STATEMENT ist die Steuerfunktion zur Verarbeitung einer Anweisung, die nach der folgenden Syntax gebildet ist.

<Anweisung> ::= <Ausdruck> | <Wertzuweisung> | END

<Wertzuweisung> ::= <Variable> := <Ausdruck>

Die Anweisung END wird sofort in der übergeordneten Funktion SYMATH beim Einlesen verarbeitet. Andere Anweisungen werden an PROCESS-STATEMENT in Form eines Strings im Argument STR übergeben. Hier werden sie zunächst mit STRINGTOIN in eine Symbolliste und anschließend mit INTOPRE in die LISP-Präfix-Darstellung gewandelt. Liegt eine Wertzuweisung vor, hat die LISP-Präfix-Form die Gestalt

(ASSIGN <Variable> <Ausdruck>) .

Die Wertzuweisung wird ausgeführt, indem zunächst mit PRETOCAN der Ausdruck <Ausdruck> in die kanonische Form gewandelt wird und dann als Wert der Property

ALGEBRAIC-VALUE von <Variable> zugewiesen wird. Liegt keine Wertzuweisung vor, ist also nur ein Ausdruck auszuwerten, findet nur die Wandlung in die kanonische Form mit PRETOCAN statt. In beiden Fällen wird der Ausdruck dann mit CANTOPRE, PRETOIN und INTOPRINT zurückgewandelt und ausgegeben.

```
(DEFUN PROCESS-STATEMENT (STR)
  (LET (PRE CAN)
    (SETQ PRE (INTOPRE (STRINGTOIN STR)))
              ; Wandlung des Eingabestrings über die Symbolliste in die
              ; Präfix-Darstellung
    (SETQ CAN (IF (AND (LISTP PRE)
                       (EQ (CAR PRE) 'ASSIGN))
              ; Benutzeranweisung ist eine Wertzuweisung
                  (SETF (GET (CADR PRE)
                             'ALGEBRAIC-VALUE)
                        (PRETOCAN (CADDR PRE)))
              ; Wandlung des zugehörigen Ausdrucks in kanonische
              ; Darstellung und Setzen der Property ALGEBRAIC-VALUE
                  (PRETOCAN PRE)))
              ; ist die Benutzeranweisung nur ein Ausdruck, wird dieser in die
              ; kanonische Darstellung gewandelt
    (INTOPRINT (PRETOIN (CANTOPRE CAN)))))
              ; Ergebnis über die Präfix-Form in die Infix-Form rückwandeln,
              ; dann Wandlung in String und Ausgabe mit INTOPRINT
```

Müßte die Funktion PROCESS-STATEMENT unterschiedliche Typen von Anweisungen verarbeiten, würden die einzelnen Typen in gesonderten Funktionen verarbeitet. Wegen der eingeschränkten Syntax werden hier Ausdruck und Wertzuweisung beide in einer Funktion behandelt.

STRINGTOIN - Eingabestring in Symbolliste wandeln

Die Funktion STRINGTOIN stellt den Scanner-Teil des Programms dar. Hier wird ein Eingabestring in die zulässigen Symbole zerlegt. STRINGTOIN erkennt unzulässige Symbole und reagiert darauf mit Aufruf der Fehlerfunktion ERR1. Zulässige Symbole sind:

```
<Ein-Zeichen-Symbol>     ::=   + | - | * | ^ | ( | )

<Zwei-Zeichen-Symbol>    ::=   :=

<vorzeichenlose
         Konstante>      ::=   <Ziffer> {<Ziffer>}

<Bezeichner>             ::=   <Buchstabe> {<Buchstabe> | <Ziffer>}
```

Kleinbuchstaben werden in Großbuchstaben gewandelt.

STRINGTOIN ruft die Funktionen GET-NEXT-CHAR und SCAN-NEXT-SYMBOL auf. GET-NEXT-CHAR holt ein Zeichen vom Eingabestring, und SCAN-NEXT-SYMBOL liefert jeweils das nächste Symbol als LISP-Symbol. In der Funktion STRINGTOIN werden die beiden SPECIAL-Variablen *IN-STRING* und *NEXT-CHAR* deklariert. *IN-STRING* enthält den jeweils noch nicht in Einzelsymbole zerlegten Rest des Eingabestrings. Auf *NEXT-CHAR* steht jeweils das nächste noch nicht verarbeitete Zeichen. *NEXT-CHAR* muß vor dem ersten Aufruf von SCAN-NEXT-SYMBOL einen Wert haben. Es wird nach Verarbeitung eines Zeichens sofort in der Funktion GET-NEXT-CHAR neu gesetzt. Bei Erreichen des Endes des Eingabestrings wird in GET-NEXT-CHAR der Variablen *NEXT-CHAR* das ansonsten unzulässige Zeichen # zugewiesen.

Beispiel für die Anwendung von STRINGTOIN:

```
>(STRINGTOIN   "(a  +  2*b)^3")
=( |(|   A  +  2  *  B  |)|  ^  3)

(DEFUN GET-NEXT-CHAR ()
  (DECLARE (SPECIAL *IN-STRING*)
           (SPECIAL *NEXT-CHAR*))
              ; die beiden SPECIAL-Variablen *IN-STRING* und
              ; *NEXT-CHAR* werden benutzt und müssen deshalb deklariert
              ; werden
  (IF (ZEROP (LENGTH *IN-STRING*))
              ; Ende des Eingabestrings erreicht
      (SETQ *NEXT-CHAR* #\#)
              ; *NEXT-CHAR* bekommt das Zeichen # als Wert
      (PROGN (SETQ *NEXT-CHAR* (CHAR *IN-STRING* 0))
              ; *NEXT-CHAR* bekommt das erste Zeichen von *IN-STRING*
              ; als Wert
             (SETQ *IN-STRING*
                   (SUBSEQ *IN-STRING* 1)))))
              ; *IN-STRING* wird um das erste Zeichen verkürzt
```

Kommt in der Benutzereingabe eine Zahl vor, muß die Funktion SCAN-NEXT-SYMBOL aus einer Folge von Ziffern diese Zahl bilden. Um den Zahlwert einer Ziffer zu ermitteln, wird hier die Funktion CHAR-INT benutzt, deren Argument ein Character und deren Wert eine nicht-negative Zahl ist, die diesem Character eindeutig zugeordnet ist. Die Zahlwerte für Ziffern liegen hintereinander. Damit ergibt sich der Zahlwert einer Ziffer als die Differenz aus (CHAR-INT <Ziffer>) und (CHAR-INT #\0) . Die Bildung einer Zahl N aus den Ziffern $n_1,...,n_k$ geschieht rekursiv:

Initialisierung: $N := 0$

für $i = 1,...,k$: $N := N*10 + (\text{Zahlwert von } n_i)$

```
(DEFUN SCAN-NEXT-SYMBOL ()
  (DECLARE (SPECIAL *NEXT-CHAR*))
    (DO ()
        ((NOT (MEMBER *NEXT-CHAR*
                      '(#\SPACE #\TAB #\NEWLINE))))
        (GET-NEXT-CHAR))
              ; in dieser DO-Schleife wird solange ein Zeichen vom
              ; Eingabestring gelesen, bis ein von Leerzeichen, Tabulator und
              ; Zeilenvorschub verschiedenes Zeichen gefunden wird
    (COND ((EQL *NEXT-CHAR* #\#) NIL)
              ; am Ende des Eingabestrings wird NIL als Wert zurückgegeben
          ((MEMBER *NEXT-CHAR*
                   '(#\+ #\- #\* #\^ #\( #\) ))
              ; das nächste Zeichen ist ein Ein-Zeichen-Symbol
           (PROG1 (INTERN (STRING *NEXT-CHAR*))
                  (GET-NEXT-CHAR)))
              ; das entsprechende LISP-Symbol wird erzeugt und als Wert
              ; zurückgegeben, anschließend wird mit GET-NEXT-CHAR das
              ; nächste Zeichen vom Eingabestring geholt
          ((EQL *NEXT-CHAR* #\:)
              ; im Eingabestring wurde ein Doppelpunkt gefunden
           (GET-NEXT-CHAR)
           (UNLESS (EQL *NEXT-CHAR* #\=)
                   (ERR1 "SCAN-NEXT-SYMBOL"
                         "= ERWARTET"))
              ; folgt dem Doppelpunkt kein Gleichheitszeichen, ist die
              ; Benutzereingabe unzulässig, Fehlermeldung
           (GET-NEXT-CHAR)
           '\:\= )
          ((ALPHA-CHAR-P *NEXT-CHAR*)
              ; *NEXT-CHAR* ist ein Buchstabe, also ist das zu bildende
              ; Symbol ein Bezeichner, es müssen alle Buchstaben und Zahlen
              ; bis zum nächsten Blank oder Sonderzeichen zu einem
              ; LISP-Symbol zusammengefaßt werden
           (DO ((STR NIL))
               ((NOT (ALPHANUMERICP *NEXT-CHAR*))
              ; die DO-Schleife läuft, bis das nächste Zeichen weder eine Ziffer
              ; noch ein Buchstabe ist
               (INTERN (STRING-UPCASE STR)))
              ; aus dem String wird ein LISP-Symbol gebildet, das nur
              ; Großbuchstaben enthält
               (SETQ STR
                     (CONCATENATE 'STRING
                                  STR (STRING *NEXT-CHAR*)))
              ; *NEXT-CHAR* wird an den String STR angefügt
               (GET-NEXT-CHAR)))
              ; nächstes Zeichen von Eingabestring holen
```

```
        ((DIGIT-CHAR-P *NEXT-CHAR*)
              ; *NEXT-CHAR* ist eine Ziffer, also ist das zu bildende Symbol
              ; eine Zahl, dazu muß aus allen folgenden Ziffern eine Zahl
              ; gebildet werden
         (DO ((NUM 0))
              ; Initialisierung: NUM = 0
              ((NOT (DIGIT-CHAR-P *NEXT-CHAR*)) NUM)
              ; die DO-Schleife läuft, bis das nächste Zeichen keine Ziffer
              ; mehr ist
              (SETQ NUM (+ (* NUM 10)
                           (- (CHAR-INT *NEXT-CHAR*)
                              (CHAR-INT #\0))))
              ; auf NUM wird aus der eingelesenen Ziffernfolge eine Zahl
              ; gebildet
              (GET-NEXT-CHAR)))
              ; nächstes Zeichen von Eingabestring holen
        (T (ERR1 "SCAN-NEXT-SYMBOL"
                 "UNZULAESSIGES ZEICHEN"))))
```

In der Funktion STRINGTOIN werden die in SCAN-NEXT-SYMBOL erzeugten Symbole jeweils vorne in eine Ergebnisliste eingefügt. Als Wert der Funktion muß daher die umgekehrte Liste zurückgegeben werden.

```
(DEFUN STRINGTOIN (*IN-STRING*)
  (DECLARE (SPECIAL *IN-STRING*))
              ; *IN-STRING* ist die Benutzereingabe in Form einer
              ; Zeichenkette; sie wird, um sie den untergeordneten Funktionen
              ; zugänglich zu machen, als SPECIAL-Variable deklariert
  (LET (NEXT-SYMBOL *NEXT-CHAR*)
              ; NEXT-SYMBOL enthält das jeweils zuletzt erzeugte Symbol
    (DECLARE (SPECIAL *NEXT-CHAR*))
    (GET-NEXT-CHAR)
              ; Aufruf dient der Initialisierung von *NEXT-CHAR*
    (DO ((SYMBOL-LIST NIL))
              ; SYMBOL-LIST enthält die erzeugten Symbole in umgekehrter
              ; Reihenfolge
        ((EQL *NEXT-CHAR* #\#) (REVERSE SYMBOL-LIST))
              ; Eingabestring ist vollständig zerlegt
        (SETQ NEXT-SYMBOL (SCAN-NEXT-SYMBOL))
              ; nächstes Symbol erzeugen
        (IF NEXT-SYMBOL
            (PUSH NEXT-SYMBOL SYMBOL-LIST)))))
              ; erzeugtes Symbol vorne in SYMBOL-LIST einfügen
```

INTOPRE - Symbolliste in Präfix-Darstellung wandeln

Die Funktion INTOPRE stellt den Parser-Teil des Programms dar. Sie wandelt die mit STRINGTOIN erzeugte Symbolliste in eine Präfix-Darstellung um, die dem Strukturbaum der Eingabeanweisung entspricht. Eine Wandlung der arithmetischen Struktur der Eingabeausdrücke wird hier nicht vollzogen. Der Parser arbeitet nach der Methode des rekursiven Abstiegs. Dabei entspricht jeder syntaktischen Einheit (wie Anweisung, Ausdruck, Term) eine Analysefunktion (STATEMENT, EXPRESSION, TERM), die diese Einheit analysieren und wandeln kann. Welche Einheit als nächste zu wandeln ist, läßt sich nach Konstruktion der Syntax aus dem nächsten zu verarbeitenden Symbol erkennen. Entsprechend den Regeln aus Tabelle 6-1 bilden die der Funktion INTOPRE untergeordneten Funktionen die in Bild 6-4 dargestellte Aufrufhierarchie.

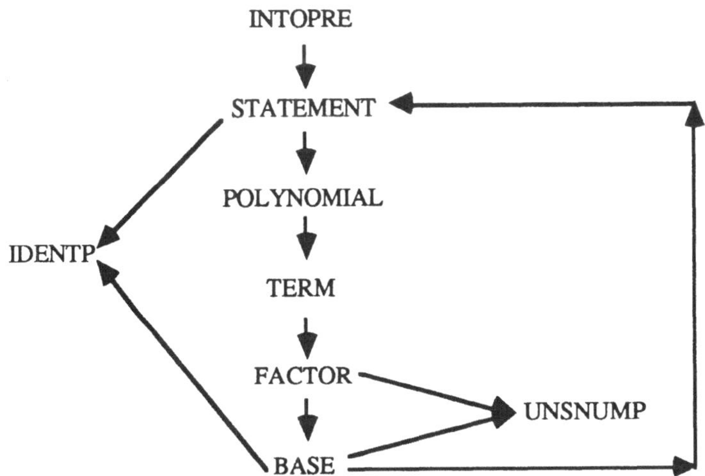

Bild 6-4: Hierarchie der Funktionen in INTOPRE

Das Programm beginnt mit der Analyse der Symbolliste als Anweisung. Dann wird entschieden, ob die Anweisung eine Wertzuweisung ist oder einfach ein Ausdruck. Im letzteren Fall wird eine durch Additionsoperatoren verbundene Folge von Termen erwartet. Jeder Term wird weiter als Produkt von Faktoren analysiert usw. Die Rekursionen in der Analyse entsprechen genau den Rekursionen in der Syntax-Definition. Die einzelnen Analysefunktionen analysieren das ihnen zugeteilte Konstrukt und liefern als Wert die zugehörige Präfix-Darstellung in Listenform. Die Präfix-Operatoren entsprechen den Infix-Operatoren nach folgender Tabelle:

Infix-Operator	Präfix-Operator
+	PLUS
-	DIFFERENCE (bei 2 Argumenten) MINUS (bei 1 Argument)
*	TIMES
^	EXPT

In INTOPRE werden die beiden SPECIAL-Variablen *SYMBOL-LIST* und *NEXT-SYMBOL* , auf die alle untergeordneten Funktionen zugreifen, deklariert. Sie werden wie *IN-STRING* und *NEXT-CHAR* beim Scanner benutzt. *SYMBOL-LIST* ist Übergabeparameter für INTOPRE und enthält den jeweils noch nicht verarbeiteten Rest der Symbolliste, zu Beginn die ganze Symbolliste. Auf *NEXT-SYMBOL* steht das nächste zu verarbeitende Symbol. Diese Variable muß vor Eintritt in eine Analysefunktion gesetzt sein. Nach Abarbeitung eines Symbols wird *NEXT-SYMBOL* mit Hilfe von GET-NEXT-SYMBOL neu gesetzt.

```
(DEFUN GET-NEXT-SYMBOL ()
  (DECLARE (SPECIAL *SYMBOL-LIST*)
           (SPECIAL *NEXT-SYMBOL*))
  (IF (NULL *SYMBOL-LIST*)
                  ; alle Symbole von *SYMBOL-LIST* sind verarbeitet
      (SETQ *NEXT-SYMBOL* NIL)
                  ; *NEXT-SYMBOL* erhält den Wert NIL
      (SETQ *NEXT-SYMBOL* (POP *SYMBOL-LIST*))))
                  ; *NEXT-SYMBOL* erhält als Wert das erste Element der Liste
                  ; *SYMBOL-LIST*, die gleichzeitig um ihr erstes Element
                  ; verkürzt wird
```

Die Funktion GET-NEXT-SYMBOL wird von allen Parser-Funktionen aufgerufen. Als weitere Hilfsfunktionen werden IDENTP und UNSNUMP definiert. Sie testen, ob ein Symbol ein Bezeichner oder eine vorzeichenlose Konstante ist. Die entsprechenden Abfragen werden nur so weit detailliert, daß die vom Scanner gelieferten Symbole unterschieden werden können.

```
(DEFUN UNSNUMP (SYM)
  (AND (NUMBERP SYM) (NOT (MINUSP SYM))))
                  ; SYM ist eine nichtnegative Zahl

(DEFUN IDENTP (SYM)
  (AND SYM
                  ; SYM ist nicht NIL
       (SYMBOLP SYM)
                  ; SYM ist ein Symbol
       (ALPHA-CHAR-P (CHAR (STRING SYM) 0))))
                  ; SYM beginnt mit einem Buchstaben
```

STATEMENT - Anweisung in Präfix-Darstellung wandeln

Die Funktion STATEMENT verarbeitet eine Anweisung nach folgenden Regeln:

<Anweisung> ::= <Ausdruck> | <Wertzuweisung>

<Wertzuweisung> ::= <Variable> := <Ausdruck>

```
(DEFUN STATEMENT ()
  (DECLARE (SPECIAL *NEXT-SYMBOL*))
  (LET ((RESULT (EXPRESSION)))
                   ; zunächst wird versucht, die Eingabe als Ausdruck zu analysieren
    (IF (EQ *NEXT-SYMBOL* '\:\=)
                   ; ist das nächste Symbol ":=", ist die Benutzereingabe eine
                   ; Wertzuweisung, RESULT muß dann ein Bezeichner sein
        (IF (IDENTP RESULT)
                   ; Ist RESULT ein Bezeichner ?
            (PROGN (GET-NEXT-SYMBOL)
                   (SETQ RESULT (LIST 'ASSIGN
                                      RESULT
                                      (EXPRESSION))))
                   ; Wandlung in eine Präfix-Form, die mit ASSIGN beginnt, der
                   ; Rest der Symbolliste muß ein Ausdruck sein
            (ERR1 "STATEMENT" "BEZEICHNER ERWARTET"))
        (UNLESS (EQ *NEXT-SYMBOL* NIL)
                (ERR1 "STATEMENT"
                      "UEBERSCHUESSIGE SYMBOLE")))
                   ; wurde aus der Symbolliste bereits ein vollständiger Ausdruck
                   ; analysiert und folgen weitere Zeichen, entspricht die
                   ; Benutzereingabe nicht den Syntaxregeln
    RESULT))
                   ; Wert von STATEMENT ist eine in Präfix-Darstellung
                   ; gewandelte Anweisung, die auf RESULT steht
```

Beispiel: STATEMENT wandelt

a := x   in   (ASSIGN A X) .

EXPRESSION - Ausdruck in Präfix-Darstellung wandeln

Die Funktion EXPRESSION analysiert einen Ausdruck und wandelt ihn in Präfix-Form. Dabei wird die Regel benutzt:

<Ausdruck> ::= [<Additionsoperator>] <Term>
{<Additionsoperator> <Term>}

```
(DEFUN EXPRESSION ()
  (DECLARE (SPECIAL *NEXT-SYMBOL*))
  (LET (RESULT NEGATIVE OPERATOR)
    (IF (OR (EQL *NEXT-SYMBOL* '+)
            (SETQ NEGATIVE (EQL *NEXT-SYMBOL* '-)))
              ; Beginnt der Ausdruck mit einem Additionsoperator ? Ist dieser
              ; ein Minuszeichen, erhält die Variable NEGATIVE einen
              ; Wert ungleich NIL
        (GET-NEXT-SYMBOL) )
    (SETQ RESULT (TERM))
              ; ersten Term des Ausdrucks wandeln
    (IF NEGATIVE (SETQ RESULT (LIST 'MINUS RESULT)))
              ; stand vor dem Term ein Minuszeichen, ist in die Ergebnisliste
              ; der Präfixoperator MINUS einzufügen
    (DO ()
              ; in dieser Schleife werden alle weiteren Terme des Ausdrucks
              ; gewandelt
      ((NOT (OR (EQL *NEXT-SYMBOL* '+)
                (EQL *NEXT-SYMBOL* '-)))
       RESULT)
              ; alle Terme sind abgearbeitet, wenn kein weiterer
              ; Additionsoperator folgt, Wert ist RESULT
      (SETQ OPERATOR *NEXT-SYMBOL*)
      (GET-NEXT-SYMBOL)
      (IF (EQ OPERATOR '+)
          (SETQ RESULT (LIST 'PLUS RESULT (TERM)))
              ; Bildung einer Präfix-Form aus dem Operator PLUS, den auf
              ; RESULT stehenden bereits gewandelten Termen und einem
              ; weiteren neu zu bildenden Term
          (SETQ RESULT
                (LIST 'DIFFERENCE RESULT (TERM)))))))
              ; Bildung einer Präfix-Form aus dem Operator DIFFERENCE,
              ; den auf RESULT stehenden bereits gewandelten Termen und
              ; einem weiteren neu zu bildenden Term
```

Beispiele: EXPRESSION wandelt

a + b	in	(PLUS A B) ,
a - b	in	(DIFFERENCE A B) ,
-a	in	(MINUS A) .

TERM - Term in Präfix-Darstellung wandeln

Die Wandlung eines Terms aus der Symbolliste in die Präfix-Form geschieht mit der Funktion TERM nach der Regel

<Term> := <Faktor> {<Multiplikationsoperator> <Faktor>} .

```
(DEFUN TERM ()
  (DECLARE (SPECIAL *NEXT-SYMBOL*))
  (LET (RESULT)
    (SETQ RESULT (FACTOR))
                    ; da ein Term aus mindestens einem Faktor besteht, wird
                    ; zunächst der erste Faktor gewandelt, in der folgenden
                    ; DO-Schleife werden dann alle weiteren Faktoren analysiert
    (DO ()
        ((NOT (EQL *NEXT-SYMBOL* '*)) RESULT)
                    ; die Schleife ist beendet, wenn kein weiterer Multiplikations-
                    ; operator folgt
        (GET-NEXT-SYMBOL)
        (SETQ RESULT (LIST 'TIMES RESULT (FACTOR))))))
                    ; die Präfix-Form wird aus dem Operator TIMES, den auf
                    ; RESULT stehenden bereits gewandelten Faktoren und einem
                    ; weiteren noch zu wandelnden Faktor gebildet
```

Beispiele: TERM wandelt

a * b	in	(TIMES A B) ,
a * b * c	in	(TIMES (TIMES A B) C) .

FACTOR - Faktor in Präfix-Darstellung wandeln

Mit der Funktion FACTOR wird ein Faktor nach der Regel gewandelt:

<Faktor> := <Basis> [^ <vorzeichenlose Konstante>]

```
(DEFUN FACTOR ()
  (DECLARE (SPECIAL *NEXT-SYMBOL*))
  (LET (RESULT)
    (SETQ RESULT (BASE))
                    ; für einen Faktor ist zunächst eine Basis zu wandeln
    (IF (EQL *NEXT-SYMBOL* '^)
                    ; ist das nächste Symbol ein  ^ , folgt noch ein Exponent
        (PROGN (GET-NEXT-SYMBOL)
               (IF (UNSNUMP *NEXT-SYMBOL*)
                    ; der Exponent muß eine vorzeichenlose Konstante sein
                   (PROGN (SETQ RESULT
                                (LIST 'EXPT
                                      RESULT
                                      *NEXT-SYMBOL*))
                    ; die Präfix-Form wird aus dem Operator EXPT, der auf
                    ; RESULT stehenden bereits gewandelten Basis und dem als Wert
                    ; auf *NEXT-SYMBOL* stehenden Exponenten gebildet
```

```
                              (GET-NEXT-SYMBOL))
                        (ERR1 "FACTOR"
                          "ZAHL ALS EXPONENT ERWARTET"))))
    RESULT ))
```

Beispiel: FACTOR wandelt

a^3 in (EXPT A 3) .

BASE - Basis in Präfix-Darstellung wandeln

Die Wandlung einer Basis in die Präfix-Form geschieht nach der Regel

<Basis> := <Variable> | <vorzeichenlose Konstante> | (<Ausdruck>) .

Eine Basis kann selbst wieder ein geklammerter Ausdruck sein. Die Funktion BASE ruft die Funktion EXPRESSION auf. Hier steckt die Rekursion des Wandlungsverfahrens.

```
(DEFUN BASE ()
  (DECLARE (SPECIAL *NEXT-SYMBOL*))
  (LET (RESULT)
    (COND ((OR (IDENTP *NEXT-SYMBOL*)
                ; die Basis ist eine Variable
                 (UNSNUMP *NEXT-SYMBOL*))
                ; die Basis ist eine vorzeichenlose Konstante
           (SETQ RESULT *NEXT-SYMBOL*)
           (GET-NEXT-SYMBOL))
          ((EQL *NEXT-SYMBOL* '\( )
                ; die Basis beginnt mit einer linken Klammer , also muß ein
                ; Ausdruck folgen
           (GET-NEXT-SYMBOL)
           (SETQ RESULT (EXPRESSION))
                ; geklammerter Ausdruck wird in Präfix-Form gewandelt
           (IF (EQL *NEXT-SYMBOL* '\) )
                ; die Basis entspricht nur dann den Syntaxregeln, wenn nach
                ; dem Ausdruck eine abschließende Klammer folgt
                 (GET-NEXT-SYMBOL)
                 (ERR1 "BASE" ") ERWARTET")))
          (T (ERR1 "BASE" "UNZULAESSIGES SYMBOL")))
   RESULT ))
```

INTOPRE - Steuerfunktion für Parser

Die Funktion INTOPRE schließlich ist die Steuerfunktion für die Wandlung einer Anweisung aus der Infix- in die Präfix-Darstellung. Der Ausdruck wird dabei im Argument *SYMBOL-LIST* als Liste seiner Symbole übergeben. INTOPRE liefert als Wert eine vollständig gewandelte Anweisung. Die Fehlerbehandlung in den untergeordneten Funktionen geschieht mittels ERR1.

```
(DEFUN INTOPRE (*SYMBOL-LIST*)
  (DECLARE (SPECIAL *SYMBOL-LIST*))
                    ; das Argument *SYMBOL-LIST* wird zur Benutzung in den
                    ; untergeordneten Funktionen als SPECIAL-Variable deklariert
  (LET (*NEXT-SYMBOL*)
    (DECLARE (SPECIAL *NEXT-SYMBOL*))
                    ; *NEXT-SYMBOL* steht ebenfalls als SPECIAL-Variable zur
                    ; Verfügung und soll jeweils das nächste zu verarbeitende
                    ; Symbol enthalten
    (GET-NEXT-SYMBOL)
                    ; Initialisierung von *NEXT-SYMBOL*
    (STATEMENT)))
                    ; Verarbeitung der Benutzereingabe als Anweisung
```

Beispiel: Anwendung von INTOPRE auf den Ausdruck (a + 2*b)^3 ergibt

```
>(INTOPRE '(\( A + 2 * B \) ^ 3))
=(EXPT (PLUS A (TIMES 2 B)) 3)
```

Man kann den Ablauf des Parsens gut verfolgen, wenn man die COMMON LISP-Systemfunktion TRACE auf alle Parserfunktionen anwendet. Für das obige Beispiel ergibt sich folgender Dialog:

```
>(TRACE GET-NEXT-SYMBOL STATEMENT EXPRESSION
TERM FACTOR BASE)
=(GET-NEXT-SYMBOL STATEMENT EXPRESSION TERM FACTOR BASE)

>(SETQ LIST (STRINGTOIN (READ-STRING)))
(A+2*B)^3;
=(|(| A + 2 * B |)| ^ 3)

>(INTOPRE LIST)
  1> (GET-NEXT-SYMBOL)
  <1 (GET-NEXT-SYMBOL |(|)
  1> (STATEMENT)
    2> (EXPRESSION)
      3> (TERM)
```

```
        4> (FACTOR)
          5> (BASE)
            6> (GET-NEXT-SYMBOL)
            <6 (GET-NEXT-SYMBOL A)
            6> (EXPRESSION)
              7> (TERM)
                8> (FACTOR)
                  9> (BASE)
                    10> (GET-NEXT-SYMBOL)
                    <10 (GET-NEXT-SYMBOL +)
                  <9 (BASE A)
                <8 (FACTOR A)
              <7 (TERM A)
              7> (GET-NEXT-SYMBOL)
              <7 (GET-NEXT-SYMBOL 2)
              7> (TERM)
                8> (FACTOR)
                  9> (BASE)
                    10> (GET-NEXT-SYMBOL)
                    <10 (GET-NEXT-SYMBOL *)
                  <9 (BASE 2)
                <8 (FACTOR 2)
                8> (GET-NEXT-SYMBOL)
                <8 (GET-NEXT-SYMBOL B)
                8> (FACTOR)
                  9> (BASE)
                    10> (GET-NEXT-SYMBOL)
                    <10 (GET-NEXT-SYMBOL |)|)
                  <9 (BASE B)
                <8 (FACTOR B)
              <7 (TERM (TIMES 2 B))
            <6 (EXPRESSION (PLUS A (TIMES 2 B)))
            6> (GET-NEXT-SYMBOL)
            <6 (GET-NEXT-SYMBOL ^)
          <5 (BASE (PLUS A (TIMES 2 B)))
          5> (GET-NEXT-SYMBOL)
          <5 (GET-NEXT-SYMBOL 3)
          5> (GET-NEXT-SYMBOL)
          <5 (GET-NEXT-SYMBOL NIL)
        <4 (FACTOR (EXPT (PLUS A (TIMES 2 B)) 3))
      <3 (TERM (EXPT (PLUS A (TIMES 2 B)) 3))
    <2 (EXPRESSION (EXPT (PLUS A (TIMES 2 B)) 3))
  <1 (STATEMENT (EXPT (PLUS A (TIMES 2 B)) 3))
=(EXPT (PLUS A (TIMES 2 B)) 3)
```

PRETOCAN - Ausdruck in kanonische Form wandeln

Ebenso wie die Wandlung eines Ausdrucks von der Infix- in die Präfix-Darstellung ist die Wandlung eines Ausdrucks von der Präfix- in die kanonische Darstellung ein rekursiver Prozeß. Hat der Ausdruck in Präfix-Darstellung die Form

(opt opnd1 opnd2),

so wandelt man zunächst die Operanden opnd1 und opnd2 in die kanonische Form und führt dann die Operation opt mit den kanonischen Operanden aus. Dazu benötigt man Funktionen für die Rechenoperationen mit kanonischen Operanden, deren Wert wieder ein Ausdruck in kanonischer Darstellung sein muß.

Die Rekursion terminiert bei Operanden, welche Zahlen oder Symbole sind. In diesen Fällen ist die kanonische Darstellung explizit zu erzeugen. Bei einer Zahl ist es die Zahl selbst. Bei einem Symbol ist zunächst zu prüfen, ob es einen algebraischen Wert hat, der unter der Property ALGEBRAIC-VALUE in kanonischer Form zu finden ist. Wenn ja, ist dieser Wert für das Symbol einzusetzen. Anderenfalls ist das Symbol in die kanonische Form zu wandeln. Ein Symbol X entspricht dem Polynom $1x^1$, hat also die kanonische Darstellung (X (1 . 1)) .

Die Funktion PRETOCAN benutzt folgenden Algorithmus, um einen Ausdruck P in Präfix-Form in die kanonische Form can(P) zu wandeln:

- Falls P = n eine Zahl ist, setze can(P) = n .
- Falls P = s ein Symbol mit algebraischem Wert a ist, setze can(P) = a .
- Falls P = s ein Symbol ohne algebraischen Wert ist, setze can(P) = (s (1 . 1)) .
- Falls P = (opt opnd1 opnd2) , setze can(P) = opt_{can} (can(opnd1) , can(opnd2)) , wobei opt_{can} die dem Operator opt entsprechende Funktion für kanonische Operanden ist.

Die Präfix-Operatoren entsprechen den LISP-Funktionen für kanonische Operanden nach folgender Tabelle:

Präfix-Operator	Funktion für kanonische Operanden
PLUS	P+
DIFFERENCE	P-
TIMES	P*
EXPT	P^
MINUS	PMINUS

Die Funktion PRETOCAN hat als Argument einen Ausdruck in Präfix-Form. Ihr Wert ist die kanonische Form des Ausdrucks.

```
(DEFUN PRETOCAN (PRE)
  (COND ((NUMBERP PRE) PRE)
                ; PRE ist eine Zahl
        ((AND (SYMBOLP PRE)
              (GET PRE 'ALGEBRAIC-VALUE)))
                ; PRE ist ein Symbol mit algebraischem Wert
        ((SYMBOLP PRE) (MK-POL PRE (MK-TERM 1 1) NIL))
                ; PRE ist ein Symbol ohne algebraischen Wert
        (T (CASE (CAR PRE)
             (PLUS       (P+ (PRETOCAN (CADR  PRE))
                             (PRETOCAN (CADDR PRE))))
             (DIFFERENCE (P- (PRETOCAN (CADR  PRE))
                             (PRETOCAN (CADDR PRE))))
             (TIMES      (P* (PRETOCAN (CADR  PRE))
                             (PRETOCAN (CADDR PRE))))
             (EXPT       (P^ (PRETOCAN (CADR  PRE))
                             (PRETOCAN (CADDR PRE))))
             (MINUS   (PMINUS (PRETOCAN (CADR  PRE))))
             (T (ERR1 "PRETOCAN"
                      "FALSCHER OPERATOR")))))))
              ; ansonsten sind zunächst die Operanden zu wandeln und
              ; anschließend auf diese die passenden Funktionen anzuwenden
```

Beispiel:

```
>(PRETOCAN '(PLUS (EXPT X 2)) 7))
=(X (2 . 1) (0 . 7))
```

Polynomarithmetik in kanonischer Darstellung

Bei der kanonischen Darstellung werden Polynome in mehreren Veränderlichen als Polynome in einer Veränderlichen aufgefaßt, deren Koeffizienten wieder Polynome in mehreren Veränderlichen - einer weniger als vorher - sind. Für die Arithmetik hat dies den Vorteil, daß die Algorithmen nur für Polynome in einer Veränderlichen formuliert werden müssen. Diese Algorithmen gehen dann zurück auf Berechnungen zwischen den Koeffizienten. Da die Koeffizienten selbst wieder Polynome sind, können sie mit den gleichen Algorithmen behandelt werden. Die Algorithmen sind also rekursiv bezüglich der Koeffizienten.

Die Darstellung der Polynome als Listen ihrer Terme legt es nahe, auch die Abarbeitung der Terme rekursiv zu formulieren. Bei dieser Rekursion muß man beachten, daß in unserer LISP-Darstellung der Polynome der CAR der Liste immer die Hauptvariable ist und daß erst dann die Terme folgen. Dadurch wird die Konstruktion eines neuen Polynoms aus geändertem ersten Term und rekursiv geändertem Restpolynom etwas komplizierter als üblich.

Hilfsfunktionen

Zugriffsfunktionen

Zur formalen Beschreibung der Algorithmen benutzen wir die oben eingeführten Bezeichnungen

main-var, ld-term, ld-exp, ld-coeff, terms und rest-pol.

Diesen Begriffen entsprechen im Programm Zugriffsfunktionen auf die entsprechenden Polynomkomponenten. Die Funktionen sind aus Effizienzgründen als Macros realisiert.

```
(DEFMACRO MAIN-VAR (P) `(CAR ,P))
                  ; Hauptvariable von P

(DEFMACRO LD-TERM  (P) `(CADR ,P))
                  ; führender Term von P

(DEFMACRO LD-COEFF (P) `(CDADR ,P))
                  ; führender Koeffizient von P

(DEFMACRO LD-EXP   (P) `(CAADR ,P))
                  ; führender Exponent von P

(DEFMACRO REST-POL (P) `(CONS (CAR ,P) (CDDR ,P)))
                  ; Restpolynom von P

(DEFMACRO TERMS    (P) `(CDR ,P))
                  ; Terme von P
```

Beispiel: Anwendung der Zugriffsfunktionen auf das Polynom

$$P = 3abx^7 + 5ax^2 + 3a^2b \quad ,$$

das in kanonischer Darstellung die Form hat:

(X (7 B (1 A (1 . 3))) (2 A (1 . 5)) (0 B (1 A (2 . 3))))

```
>(MAIN-VAR  P)
=X

>(LD-TERM  P)
=(7 B (1 A (1 . 3)))

>(LD-EXP  P)
=7
```

```
>(LD-COEFF  P)
=(B (1 A (1 . 3)))

>(REST-POL  P)
=(X (2 A (1 . 5)) (0 B (1 A (2 . 3))))

>(TERMS  P)
=((7 B (1 A (1 . 3))) (2 A (1 . 5)) (0 B (1 A (2 . 3))))
```

Prädikate

Für die Arithmetikfunktionen benötigen wir noch den Begriff der Polynomordnung. Man sagt, ein Polynom P hat eine niedrigere Ordnung als ein Polynom Q, wenn die Hauptvariable von P nach der vorgegebenen Variablenordnung kleiner ist als die Hauptvariable von Q. Man schreibt

$$\mathrm{ord}(P) < \mathrm{ord}(Q) \ .$$

Z. B. gilt für die umgekehrte alphabetische Variablenordnung $y < z$ und daher

$$\mathrm{ord}(z^2 + y) > \mathrm{ord}(y^2 + 1) \ .$$

Bei gleichen Hauptvariablen ist die Ordnung gleich. Konstante Polynome haben immer eine kleinere Ordnung als nichtkonstante Polynome.

Die Funktion PORDER-LESSP prüft, ob ein Polynom P eine kleinere Ordnung hat als ein Polynom Q. Wie die oben beschriebenen Zugriffsfunktionen ist PORDER-LESSP aus Effizienzgründen als Macro definiert.

```
(DEFMACRO PORDER-LESSP (P Q)
  `(COND ((CONSTPOLP ,P) (NOT (CONSTPOLP ,Q)))
                    ; ord(P) < ord(Q), wenn P konstant und Q nicht konstant ist
         ((CONSTPOLP ,Q) NIL)
                    ; ist Q konstant aber P nicht, ist ord(P) > ord(Q)
         (T (STRING< (SYMBOL-NAME (MAIN-VAR ,P))
                     (SYMBOL-NAME (MAIN-VAR ,Q))))))
                    ; sind beide Polynome nicht konstant, sind die Hauptvariablen
                    ; zu vergleichen
```

Zudem werden von den Arithmetikfunktionen für kanonische Operanden die folgenden Prädikate benutzt:

```
(DEFMACRO EMPTYPOLP (P) `(NULL (CDR ,P)))
                    ; stellt fest, ob das Polynom P leer ist, in dem Sinne, daß es nur
                    ; aus einer Variablen besteht, aber keine Terme enthält

(DEFMACRO ZEROPOLP  (P) `(AND (NUMBERP ,P) (ZEROP ,P)))
                    ; Ist das Polynom P die Zahl Null ?
```

```
(DEFMACRO ONEPOLP    (P) `(AND (NUMBERP ,P) (= ,P 1)))
                 ; Ist das Polynom P die Zahl Eins ?

(DEFMACRO CONSTPOLP (P) `(NUMBERP ,P))
                 ; Ist das Polynom P nur eine Zahl ?

(DEFMACRO TERMP      (P) `(OR (NUMBERP ,P)
                               (NULL (CDDR ,P))))
                 ; Besteht das Polynom P nur aus einem Term ?
```

Konstruktionsfunktionen

Während der Rekursionen werden neue Polynome konstruiert. Neben der Funktion MK-TERM zur Konstruktion eines Terms als Paar werden die Funktion MK-EMPTYPOL zur Definition eines "leeren" Polynoms (nur eine Variable) und die Funktion MK-POL zur Konstruktion eines Polynoms aus Hauptvariable, führendem Term und Resttermen als Macro zur Verfügung gestellt.

```
(DEFMACRO MK-TERM (EXP COEFF)
  `(CONS ,EXP ,COEFF))

(DEFMACRO MK-EMPTYPOL (VAR) `(LIST ,VAR))

(DEFMACRO MK-POL (VAR LD-TRM REST-TRMS)
  `(CONS ,VAR (CONS ,LD-TRM ,REST-TRMS)))
```

Beispiel:

```
>(SETQ VAR 'Z)
=Z

>(SETQ LDT (MK-TERM 4 3))
=(4 . 3)

>(SETQ RST '((2 . 7) (0 . 5)))
=((2 . 7) (0 . 5))

>(MK-EMPTYPOL VAR)
=(Z)

>(MK-POL VAR LDT RST)
=(Z (4 . 3) (2 . 7) (0 . 5))
```

P+ - Summe zweier Polynome

Der Grundalgorithmus für die Addition zweier Polynome in einer Veränderlichen lautet:

Seien

$$P(x) = \sum_{i=0}^{n} a_i x^i \quad , \qquad Q(x) = \sum_{i=0}^{m} b_i x^i \quad ,$$

mit a_i, b_i ganze Zahlen ungleich Null, und sei $n \geq m$. Dann hat $R(x) = P(x) + Q(x)$ die Form

$$R(x) = \sum_{i=0}^{n} c_i x^i$$

mit $c_i = a_i + b_i$ für $i = 0, \ldots, m$

und $c_i = a_i$ für $i = m+1, \ldots, n$.

In unserer Darstellung der Polynome werden nur die Terme mit von Null verschiedenen Koeffizienten nach fallenden Exponenten sortiert abgespeichert. Daher müssen die Terme nacheinander abgeglichen werden. Findet man Terme mit gleichen Exponenten, werden die Koeffizienten addiert; sonst wird der Term mit dem höheren Exponenten übertragen. Außerdem ist bei den Programmen zu beachten, daß sich Koeffizienten zu Null addieren können, daß das Ergebnispolynom nur aus einem konstanten Term bestehen oder sogar das Nullpolynom sein kann.

Bei Polynomen in mehreren Veränderlichen mit gleicher Ordnung, d. h. gleicher Hauptvariablen, wird wie im eindimensionalen Fall vorgegangen. Die Addition der Koeffizienten erfolgt ebenfalls mit der Funktion P+, da die Koeffizienten ja selbst wieder Polynome sind. Bei Polynomen mit verschiedener Ordnung wird das Polynom mit der kleineren Ordnung zum konstanten Term des anderen Polynoms hinzuaddiert.

Durch das mögliche Fortfallen von Termen ist der Additionsalgorithmus - obwohl mathematisch einfach - programmtechnisch recht unübersichtlich. Zur besseren Lesbarkeit wurde er deshalb in die Hauptfunktion P+ zur Addition beliebiger Polynome und in die beiden Unterfunktionen P+-PQ zur Addition zweier Polynome mit gleichen Hauptvariablen und P+-CTPQ zur Addition zweier Polynome mit verschiedenen Hauptvariablen zerlegt.

P+ - Addition zweier beliebiger Polynome

Die Funktion P+ ist die Hauptfunktion zur Addition zweier Polynome. Je nach Art ihrer Argumente (Polynome P und Q) ruft sie die Funktionen P+-PQ oder P+-CTPQ auf.

Die Funktion P+ realisiert folgende Fallunterscheidung zur Berechnung von R = P+ (P,Q) = P + Q :

- Falls P und Q konstante Polynome sind, addiere in ganzzahliger Arithmetik: R = P + Q .
- Falls ord(P) < ord(Q) , addiere P mit der Funktion P+-CTPQ zum konstanten Term von Q: R = P+-CTPQ(Q,P) .
- Falls ord(P) > ord(Q) , addiere Q mit der Funktion P+-CTPQ zum konstanten Term von P: R = P+-CTPQ(P,Q) .
- Falls P und Q nicht beide konstant sind und ord(P) = ord(Q) , addiere P und Q mit der Funktion P+-PQ: R = P+-PQ(P,Q) .

```
(DEFUN P+ (P Q)
  (LET (R)
    (COND ((AND (CONSTPOLP P) (CONSTPOLP Q)) (+ P Q))
               ; P und Q sind beide konstant
          ((PORDER-LESSP P Q) (P+-CTPQ Q P))
               ; ord(P) < ord(Q)
          ((PORDER-LESSP Q P) (P+-CTPQ P Q))
               ; ord(P) > ord(Q)
          (T (SETQ R (P+-PQ P Q))
               ; P und Q haben gleiche Ordnung, Addition mit P+-PQ, im
               ; folgenden COND werden die möglichen Sonderfälle überprüft
              (COND ((EMPTYPOLP R) 0)
               ; das Ergebnis ist ein leeres Polynom, Ergebnis der Addition ist
               ; die Zahl Null
                    ((ZEROP (LD-EXP R)) (LD-COEFF R))
               ; der führende Exponent von R ist Null, d. h. das Ergebnis-
               ; polynom ist der führende Koeffizient
                    (T R)))))))
```

P+-PQ - Addition zweier Polynome mit gleicher Ordnung

P+-PQ addiert zwei Polynome mit gleichen Hauptvariablen. Dabei wird das Ergebnis R = P+-PQ(P,Q) = P + Q nach folgendem Algorithmus berechnet:

- Falls P das Leerpolynom ist, ist das Ergebnis R = Q .
- Falls Q das Leerpolynom ist, ist das Ergebnis R = P .
- Falls ld-exp(P) > ld-exp(Q) , behalte den führenden Term von P und addiere mit der Funktion P+-PQ das Restpolynom von P zu Q: R = ld-term(P) + P+-PQ (rest-pol(P),Q) .
- Falls ld-exp(P) < ld-exp(Q) , behalte den führenden Term von Q und addiere mit der Funktion P+-PQ das Restpolynom von Q zu P: R = ld-term(Q) + P+-PQ (P,rest-pol(Q)) .

- Falls ld-exp(P) = ld-exp(Q) , berechne zunächst den führenden Koeffizienten von R durch Addition der führenden Koeffizienten von P und Q mit P+ , bilde damit und mit dem führenden Exponenten von P einen Term und dann ein Polynom aus diesem neuen Term und der mit P+-PQ berechneten Summe der Restpolynome von P und Q .

```
(DEFUN P+-PQ (P Q)
(LET (COEFF)
  (COND ((EMPTYPOLP P) Q)
                  ; P ist Leerpolynom
        ((EMPTYPOLP Q) P)
                  ; Q ist Leerpolynom
        ((> (LD-EXP P) (LD-EXP Q))
                  ; der führende Exponent von P ist größer als der von Q
         (MK-POL (MAIN-VAR P)
                 (LD-TERM P)
                 (TERMS (P+-PQ (REST-POL P) Q))))
                  ; der führende Term von P wird behalten und das Restpolynom
                  ; zu Q addiert
        ((< (LD-EXP P) (LD-EXP Q))
                  ; der führende Exponent von P ist kleiner als der von Q
         (MK-POL (MAIN-VAR Q)
                 (LD-TERM Q)
                 (TERMS (P+-PQ P (REST-POL Q)))))
                  ; der führende Term von Q wird behalten und das Restpolynom
                  ; zu P addiert
        (T (IF (ZEROPOLP
                 (SETQ COEFF (P+ (LD-COEFF P)
                                 (LD-COEFF Q))))
                  ; die führenden Exponenten beider Polynome sind gleich, der
                  ; neue führende Koeffizient COEFF wird berechnet
                (P+-PQ (REST-POL P) (REST-POL Q))
                  ; ist COEFF Null, ist das Ergebnis die Summe der Restpolynome
                (MK-POL
                 (MAIN-VAR P)
                 (MK-TERM (LD-EXP P) COEFF)
                 (TERMS (P+-PQ (REST-POL P)
                               (REST-POL Q)))))))))
                  ; ansonsten ist ein Polynom zu bilden aus COEFF mit zuge-
                  ; hörigem Exponent und den restlichen Termen, die mit P+-PQ
                  ; aus den Restpolynomen von P und Q berechnet werden
```

P+-CTPQ - Addition zweier Polynome mit ungleicher Ordnung

P+-CTPQ addiert zwei Polynome mit verschiedenen Hauptvariablen, wobei die Ordnung des ersten Polynoms größer ist als die des zweiten.

Das Ergebnis R = P+-CTPQ(P,Q) = P + Q wird dabei nach folgendem Algorithmus berechnet:

- Falls P keinen konstanten Term hat und Q nicht das Nullpolynom ist, füge Q als neuen konstanten Term an.
- Falls P einen konstanten Term hat, addiere Q mit der Funktion P+ zum konstanten Term von P .

Zur Lokalisierung des letzten Terms von P und für den korrekten Aufbau des Ergebnispolynoms wendet man eine Rekursion an.

```
(DEFUN P+-CTPQ (P Q)
  (LET (COEFF)
    (IF (NULL (CDDR P))
                  ; (CADR P) ist der letzte Term von P, Ende der Rekursion
        (IF (ZEROP (LD-EXP P))
                  ; P hat einen konstanten Term und besteht an dieser Stelle der
                  ; Rekursion nur aus einem solchen
            (IF (ZEROPOLP (SETQ COEFF
                                (P+ (LD-COEFF P) Q)))
                  ; neuen konstanten Term COEFF berechnen
                (MK-EMPTYPOL (MAIN-VAR P))
                  ; hat COEFF den Wert Null, wird ein Leerpolynom gebildet
                (MK-POL (MAIN-VAR P)
                        (MK-TERM 0 COEFF)
                        NIL))
                  ; ansonsten wird ein Polynom aus der Hauptvariablen von P und
                  ; COEFF gebildet
            (IF (ZEROPOLP Q)
                  ; P hat keinen konstanten Term und Q ist das Nullpolynom
                P
                  ; Ergebnis ist P
                (MK-POL (MAIN-VAR P)
                        (LD-TERM P)
                        (LIST (MK-TERM 0 Q))))))
                  ; hat P keinen konstanten Term und ist Q nicht das
                  ; Nullpolynom, wird Q als neuer konstanter Term (Exponent
                  ; 0) an P angehängt
        (MK-POL (MAIN-VAR P) (LD-TERM P)
                (TERMS (P+-CTPQ (REST-POL P) Q))))))
                  ; Rekursion: ein neues Polynom wird gebildet aus der Hauptvari-
                  ; ablen von P, dem führenden Term von P und den Termen, die
                  ; durch Addition des Restpolynoms von P mit Q mittels
                  ; P+-CTPQ entstehen
```

PMINUS - Negatives eines Polynoms

Das Negative eines Polynoms wird gebildet, indem in allen Termen die Koeffizienten durch ihr Negatives ersetzt werden. Im Falle einer Veränderlichen gilt die folgende mathematische Vorschrift. Sei

$$P(x) = \sum_{i=1}^{n} a_i x^{e_i} ,$$

mit $a_i \neq 0$ und $e_1 > e_2 > ... > e_n \geq 0$. Dann ist

$$R(x) = - P(x) = \sum_{i=1}^{n} (-a_i) x^{e_i} .$$

Der Algorithmus PMINUS zur Bildung des Negativen R = PMINUS(P) = - P eines Polynoms kann als Rekursion über die Terme und die Koeffizienten formuliert werden:

- Falls P ein konstantes Polynom ist, berechne R = - P in ganzzahliger Arithmetik.
- Falls P das Leerpolynom ist, setze R = P .
- Sonst bilde ein neues Polynom, indem zunächst mit PMINUS das Negative des führenden Koeffizienten gebildet wird und anschließend PMINUS auf das Restpolynom angewandt wird.

```
(DEFUN PMINUS (P)
  (COND ((CONSTPOLP P) (- P))
                 ; P ist konstantes Polynom
        ((EMPTYPOLP P) P)
                 ; P ist Leerpolynom
        (T (MK-POL (MAIN-VAR P)
                   (MK-TERM (LD-EXP P)
                            (PMINUS (LD-COEFF P)))
                   (TERMS (PMINUS (REST-POL P)))))))
                 ; Rekursionen über den führenden Koeffizienten und das
                 ; Restpolynom
```

P- - Differenz zweier Polynome

Die Differenz zweier Polynome wird gebildet, indem das Negative des zweiten Polynoms zum ersten addiert wird:

$$R = P - Q = P + (- Q) .$$

```
(DEFUN P- (P Q) (P+ P (PMINUS Q)))
```

P* - Produkt zweier Polynome

Die Multiplikation zweier Polynome läßt sich, wenn man die Polynomaddition zur Verfügung hat, auf den Spezialfall der Multiplikation eines Polynoms mit einem Term zurückführen. Im Falle einer Veränderlichen hat man die folgende Vorschrift.

Seien

$$P(x) = \sum_{j=1}^{n} a_j x^{e_j}, \qquad Q(x) = \sum_{i=1}^{m} b_i x^{f_i},$$

mit $a_j, b_i \neq 0$ und $e_1 > e_2 > ... > e_n \geq 0$, $f_1 > f_2 > ... > f_m \geq 0$.

Dann ist $R(x) = P(x) * Q(x)$

$$R(x) = \sum_{i=1}^{m} P(x) * b_i x^{f_i},$$

und für einen Summanden gilt

$$P(x) * b_i x^{f_i} = \sum_{j=1}^{n} b_i a_j x^{e_j + f_i}.$$

Bei Polynomen in mehreren Veränderlichen mit gleichen Hauptvariablen ist der Algorithmus rekursiv auf die Produkte der Koeffizienten anzuwenden. Beim Produkt von Polynomen mit ungleichen Hauptvariablen sind die Koeffizienten des Polynoms mit höherer Ordnung mit dem anderen Polynom zu multiplizieren. Sei z. B.

$$S(u) = \sum_{i=1}^{k} d_i u^{f_i}, \qquad P(x) \text{ wie oben,}$$

dann ist

$$P(x) * S(u) = \sum_{j=1}^{n} (S(u) a_j) x^{e_j}.$$

Ähnlich wie bei der Addition werden auch bei der Multiplikation der Algorithmus und das zugehörige Programm der Übersichtlichkeit halber in mehrere Teilalgorithmen bzw. -funktionen untergliedert:

P* (P,Q)	-	Hauptalgorithmus, multipliziert beliebige Polynome P und Q,
P*-CPQ(P,Q)	-	Multiplizert die Koeffizienten von P mit Q, wenn ord(P) > ord(Q),
P*-PQ(P,Q)	-	Multipliziert zwei Polynome P und Q mit gleichen Hauptvariablen,

P*-PT(P,TRM) - Multipliziert bei gleichen Hauptvariablen das Polynom P mit einem Term TRM.

Bild 6-5 zeigt, in welcher Weise sich die Funktionen gegenseitig aufrufen. Außerdem sind die Funktionen P*-CPQ, P*-PQ und P*-PT in sich rekursiv.

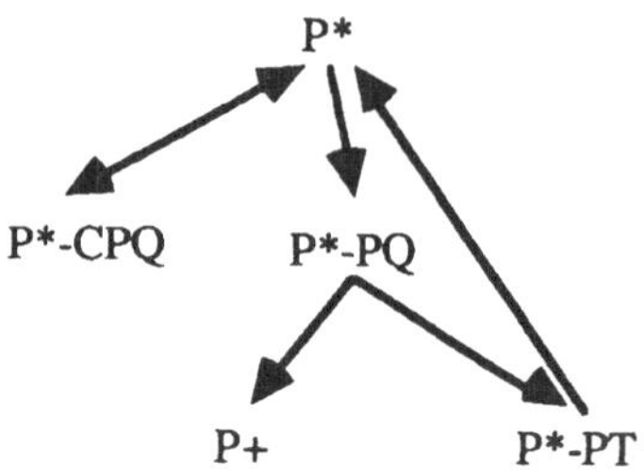

Bild 6-5: Funktionen zur Multiplikation von Polynomen

P* - Produkt zweier beliebiger Polynome

Die Funktion P* ist die Hauptfunktion zur Multiplikation zweier Polynome. Je nach Art ihrer Argumente ruft sie die oben erwähnten Unterfunktionen P*-CPQ oder P*-PQ auf. Die Funktion P* realisiert folgenden Multiplikationsalgorithmus, wobei R = P* (P,Q)= P * Q berechnet wird:

- Falls P oder Q gleich dem Nullpolynom ist, ist das Ergebnis das Nullpolynom: R = 0 .
- Falls P gleich dem Einspolynom ist, ist das Ergebnis R = Q .
- Falls Q gleich dem Einspolynom ist, ist das Ergebnis R = P .
- Falls P und Q konstant sind, berechne in ganzzahliger Arithmetik: R = P * Q .
- Falls ord(P) < ord(Q) , multipliziere mit der Funktion P*-CPQ die Koeffizienten von Q mit P: R = P*-CPQ(Q,P) .
- Falls ord(P) > ord(Q) , multipliziere mit der Funktion P*-CPQ die Koeffizienten von P mit Q: R = P*-CPQ(P,Q) .
- Falls ord(P) = ord(Q) , multipliziere P und Q mit der Funktion P*-PQ: R = P*-PQ(P,Q) .

```
(DEFUN P* (P Q)
  (COND ((OR (ZEROPOLP P) (ZEROPOLP Q)) 0)
                ; P oder Q ist das Nullpolynom
        ((ONEPOLP P) Q)
                ; P ist das Einspolynom
```

```
((ONEPOLP Q) P)
        ; Q ist das Einspolynom
((AND (CONSTPOLP P) (CONSTPOLP Q)) (* P Q))
        ; P und Q sind beide konstant
((PORDER-LESSP P Q) (P*-CPQ Q P))
        ; ord(P) < ord(Q)
((PORDER-LESSP Q P) (P*-CPQ P Q))
        ; ord(P) > ord(Q)
(T (P*-PQ P Q))))
        ; P und Q haben gleiche Hauptvariablen
```

P*-CPQ - Multiplikation der Koeffizienten eines Polynoms P mit einem Polynom Q

Voraussetzung zur Anwendung der Funktion P*-CPQ ist ord(P) > ord(Q). Die Koeffizienten von P werden mit dem Algorithmus P* mit Q multipliziert, wobei mit dem führenden Koeffizienten begonnen wird und das Restpolynom in einer Rekursion abgearbeitet wird.

```
(DEFUN P*-CPQ (P Q)
  (IF (EMPTYPOLP P)
          ; P ist das Leerpolynom, Ende der Rekursion
      P
      (MK-POL (MAIN-VAR P)
              (MK-TERM (LD-EXP P) (P* (LD-COEFF P) Q))
              ; Multiplikation von Q mit dem führenden Koeffizienten von P
              (TERMS (P*-CPQ (REST-POL P) Q)))))
              ; Rekursion, Koeffizienten im Restpolynom von P mit Q
              ; multiplizieren
```

P*-PQ - Polynome mit gleicher Ordnung multiplizieren

Zur Multiplikation zweier Polynome P und Q mit gleichen Hauptvariablen werden zunächst mit der Funktion P*-PT die einzelnen Terme von Q mit P multipliziert. Anschließend werden diese Teilprodukte mit der Funktion P+ aufsummiert. Die Abarbeitung der einzelnen Terme von Q erfolgt rekursiv.

```
(DEFUN P*-PQ (P Q)
  (IF (EMPTYPOLP Q)
      0
      (P+ (P*-PT P (LD-TERM Q))
          (P*-PQ P (REST-POL Q)))))
```

P*-PT - Multiplikation eines Polynoms mit einem Term

Die Funktion P*-PT multipliziert ein Polynom P mit einem Term TRM , wobei beide gleiche Hauptvariablen haben. Die Multiplikation geschieht termweise. Zu den Exponenten eines jeden Terms von P ist der Exponent von TRM zu addieren, die Koeffizienten von P werden mit dem Koeffizienten von TRM multipliziert. Die Abarbeitung der Terme in P erfolgt rekursiv.

```
(DEFUN P*-PT (P TRM)
  (IF (EMPTYPOLP P)
                ; P ist das Leerpolynom, Ende der Rekursion
      P
      (MK-POL (MAIN-VAR P)
              (MK-TERM (+ (LD-EXP P) (CAR TRM))
              ; Exponenten werden addiert
                       (P* (LD-COEFF P) (CDR TRM)))
              ; die Koeffizienten, die selbst Polynome sein können,
              ; werden mit P* multipliziert
              (TERMS (P*-PT (REST-POL P) TRM)))))
              ; Rekursion, Restpolynom von P mit TRM multiplizieren
```

P^ - Potenz eines Polynoms

Die Exponentiation eines Polynoms mit einer nichtnegativen ganzen Zahl wird - von Spezialfällen abgesehen - durch wiederholte Multiplikation durchgeführt. Dazu wird die Funktion P* zur Multiplikation von Polynomen eingesetzt.

Die Funktion P^ realisiert folgenden Algorithmus zur Berechnung von R = P^n:

- Falls n = 0 ist, ist das Ergebnis die Zahl Eins: R = 1.
- Falls n = 1 ist, ist das Ergebnis das Polynom P selbst: R = P .
- Falls P eine Zahl ist, berechne in ganzzahliger Arithmetik: R = P^n .
- Falls P nur aus einem Term besteht, ist der führende Exponent mit n zu multiplizieren und der führende Koeffizient mit P^ zu exponentiieren .
- Sonst ist P mit der Funktion P* n-mal mit sich selbst zu multiplizieren. (Diesen einfachen Algorithmus nur bei niedrigen Potenzen verwenden!)

```
(DEFUN P^ (P N)
  (COND ((OR (NOT (NUMBERP N))
             (NOT (INTEGERP N))
             (MINUSP N))
         (ERR1 "P^"
               "NICHTNEG. ZAHL ALS EXPONENT ERWARTET"))
              ; Argument N ist keine nichtnegative ganze Zahl
```

```
((ZEROP N) 1)
        ; N = 0
((= N 1) P)
        ; N = 1
((CONSTPOLP P) (EXPT P N))
        ; P ist eine Zahl, P^N wird berechnet
((TERMP P)
        ; P besteht nur aus einem Term
 (MK-POL (MAIN-VAR P)
         (MK-TERM (* N (LD-EXP P))
        ; führender Exponent wird mit N multipliziert
                  (IF (CONSTPOLP (LD-COEFF P))
                      (EXPT (LD-COEFF P) N)
        ; ist der führende Koeffizient von P eine Zahl, wird die
        ; normale Arithmetik benutzt
                      (P^ (LD-COEFF P) N)))
        ; ist der führende Koeffizient von P keine Zahl, ist die
        ; Exponentiation mit P^ durchzuführen
         NIL))
(T (LET ((PROD P))
     (DOTIMES (I (- N 1) PROD)
              (SETQ PROD (P* PROD P)))))) )
        ; besteht P aus mehr als einem Term, wird P N-mal mit
        ; sich selbst multipliziert
```

CANTOPRE - Kanonische in Präfix-Form wandeln

In der kanonischen Darstellung ist ein Polynom eine Summe von Termen, die eine einheitliche Form haben. Eine rekursive Vorschrift zur Wandlung eines Polynoms P in die Präfix-Form beruht auf folgendem Muster

$$P_{pre} = (\text{PLUS ld-term}(P)_{pre} \ \text{rest-pol}(P)_{pre}) \quad \text{und}$$

$$\text{ld-term}(P)_{pre} = (\text{TIMES ld-coeff}(P)_{pre} \ (\text{EXPT main-var}(P) \ \text{ld-exp}(P)))\,.$$

Dabei bezeichnet ein Ausdruck mit dem Index pre den Ausdruck in Präfix-Form.

Bei der praktischen Realisierung dieser Umformung sind mehrere Spezialfälle zu beachten, damit keine überflüssigen Rechenoperationen in die Präfix-Darstellung eingefügt werden. Die Fallunterscheidung wird in den einzelnen Funktionen erläutert.

Die Wandlung in Präfix-Darstellung ist in drei Funktionen aufgeteilt. POWERTOPRE wandelt x^n, CANTERMTOPRE wandelt $c*x^n$ und CANTOPRE wandelt ein allgemeines kanonisches Polynom. Argumente für POWERTOPRE sind eine Variable MV und ein Exponent EXP .

```
(DEFUN POWERTOPRE (MV EXP)
  (IF (= EXP 1)
      MV
                  ; ist der Exponent 1, ist das Ergebnis nur die Variable
      (LIST 'EXPT MV EXP)))
                  ; ansonsten wird der Ausdruck (EXPT MV EXP) gebildet
```

CANTERMTOPRE hat als zusätzliches Argument einen Koeffizienten COPRE, der bereits in Präfix-Form gewandelt ist.

```
(DEFUN CANTERMTOPRE (MV EXP COPRE)
  (COND ((ZEROP EXP) COPRE)
                  ; ist der Exponent 0, ist der Koeffizient das Ergebnis
        ((EQL COPRE 1) (POWERTOPRE MV EXP))
                  ; ist der Koeffizient eins, ist nur MV^EXP in Präfix-
                  ; Darstellung zu wandeln
        ((EQL COPRE -1)
         (LIST 'MINUS (POWERTOPRE MV EXP)))
                  ; ist der Koeffizient -1, muß die Präfix-Darstellung
                  ; (MINUS ...) lauten
        (T (LIST 'TIMES COPRE (POWERTOPRE MV EXP)))))
                  ; ansonsten ist COPRE ein allgemeines Polynom, und es wird
                  ; ein Ausdruck (TIMES COPRE ...) gebildet

(DEFUN CANTOPRE (P)
  (COND ((CONSTPOLP P) P)
                  ; ist P konstant, ist nichts zu wandeln
        ((TERMP P)
         (CANTERMTOPRE (MAIN-VAR P)
                       (LD-EXP P)
                       (CANTOPRE (LD-COEFF P))))
                  ; besteht P nur aus einem Term, werden zunächst mit
                  ; CANTOPRE der führende Koeffizient und anschließend mit
                  ; CANTERMTOPRE die Einzelteile des Terms gewandelt
        (T (LIST 'PLUS
                 (CANTERMTOPRE (MAIN-VAR P)
                               (LD-EXP P)
                               (CANTOPRE (LD-COEFF P)))
                 (CANTOPRE (REST-POL P))))))
                  ; ansonsten ist eine Summe zu bilden; deren erstes Argument ist
                  ; der gewandelte erste Term von P, das zweite Argument ist das
                  ; gewandelte Restpolynom von P
```

Beispiel für die Anwendung von CANTOPRE:

Sei P das Polynom $ax^2 + 3x + b^2$ mit der kanonische Darstellung (X (2 A (1 . 1)) (1 . 3) (0 B (2 . 1))), dann erhält man:

```
>(CANTOPRE   P)
=(PLUS (TIMES A (EXPT X 3))
      (PLUS (TIMES 3 X)) (EXPT B 2)))
```

PRETOIN - Präfix-Darstellung in Symbolliste wandeln

Die Funktion PRETOIN wandelt einen Ausdruck von der Präfix- in die Infix-Form, wobei letztere als Liste von Symbolen gespeichert wird. Diese Wandlung ist im Prinzip ein einfacher rekursiver Prozess. Zur Wandlung eines Präfix-Ausdrucks

$(opt_{pre} \quad opnd1_{pre} \quad opnd2_{pre})$

in die zugehörige Infix-Darstellung

$opnd1_{in} \quad opt_{in} \quad opnd2_{in}$

wird zuerst der erste Operand opnd1 gewandelt, dann wird der Operator opt angefügt und schließlich wird der zweite Operand opnd2 gewandelt und angefügt.

Beispiel:

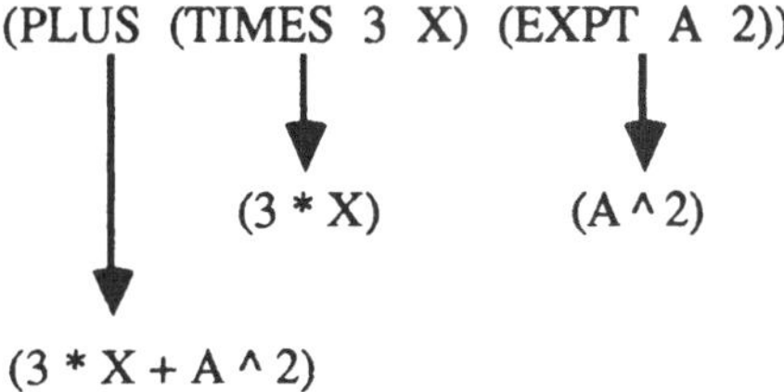

Zusätzlich werden bei Bedarf Klammern eingefügt. Das ist nötig, wenn eine Operation mit niedrigerem Vorrang Operand in einer Operation mit höherem Vorrang ist.

Beispiel:

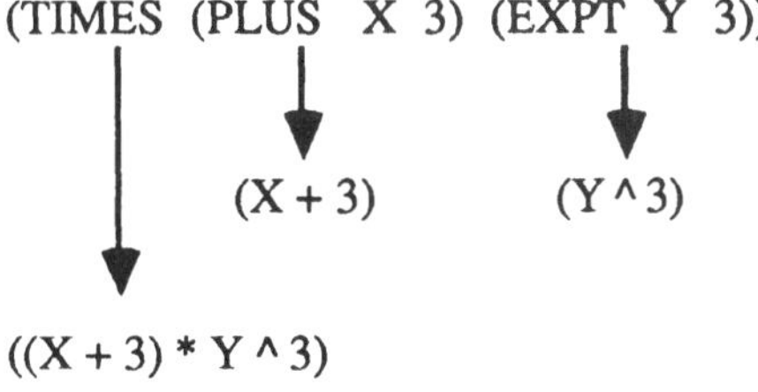

Bei den hier vorkommenden Operationen hat EXPT den höchsten Vorrang, dann folgen in absteigender Reihenfolge TIMES, MINUS und PLUS. Der Operator DIFFERENCE fehlt, da die kanonische Form keine Differenzen von Termen kennt. Wohl aber treten Terme mit negativem ersten Faktor auf, entweder negative Zahlen oder Ausdrücke der Art (MINUS A). Weitere Faktoren sind immer positiv.

Das Programm besteht aus einer übergeordneten Steuerfunktion PRETOIN und darunter einer rekursiven Wandlungsfunktion PRETOIN-L , die wiederum einzelne Wandlungsfunktionen für die verschiedenen Operationen aufruft. Dabei dient PRETOIN+ zur Wandlung von Summen, PRETOIN* zur Wandlung von Produkten, PRETOINMINUS wandelt Ausdrücke der Art (MINUS A), und PRETOIN^ wandelt Ausdrücke der Art (EXPT A N) . Zusätzlich rufen alle Wandlungsfunktionen die Funktion APP-OUT und einige die Funktion WRAP zum Einfügen von Klammern auf. Das Aufrufdiagramm der Funktionen ist in Bild 6-6 wiedergegeben.

Der Infix-Ausdruck wird auf der SPECIAL-Liste *OUTLIST* zunächst in umgekehrter Reihenfolge aufgebaut. An der Spitze von *OUTLIST* werden durch die Funktion APP-OUT neue Symbole eingefügt. Die Liste wird nach Abschluß der Wandlung umgekehrt.

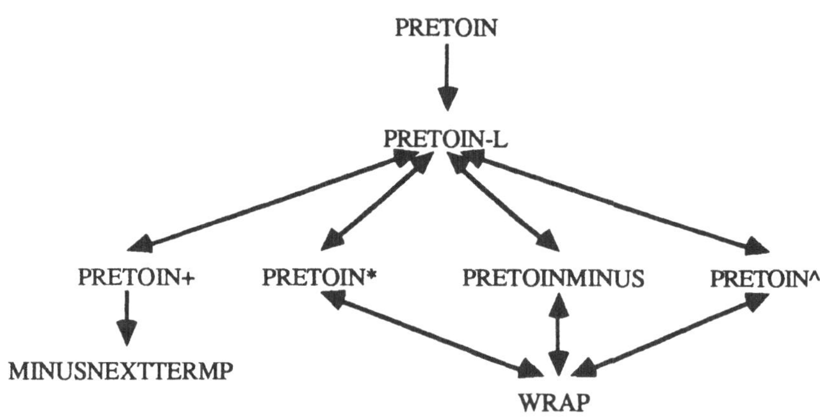

Bild 6-6: Funktionen zur Wandlung aus der Präfix- in die Infix-Form

Hilfsfunktionen

Die Funktion APP-OUT schreibt mit PUSH ein Ausgabesymbol vorne in die als SPECIAL-Variable deklarierte Liste *OUTLIST*, dadurch stehen die Ausgabesymbole in umgekehrter Reihenfolge auf *OUTLIST*.

```
(DEFUN APP-OUT (S)
  (DECLARE (SPECIAL *OUTLIST*))
  (PUSH S *OUTLIST*))
```

Die Funktion WRAP transformiert einen Term in Infix-Form und schließt ihn in Klammern ein.

```
(DEFUN WRAP (TRM)
  (APP-OUT '\()
  (PRETOIN-L TRM)
  (APP-OUT '\)))
```

PRETOIN+ - Summe in Infix-Form wandeln

Die Funktion PRETOIN+ transformiert die beiden Terme, die ihre Argumente bilden, und schreibt bei Bedarf ein Pluszeichen dazwischen. Dazu muß vorher festgestellt werden, ob der zweite Term negativ ist und daher selbst die Einfügung eines Minuszeichens bewirkt. Diese Überprüfung geschieht in der Funktion MINUSNEXTTERMP.

```
(DEFUN MINUSNEXTTERMP (TRM)
  (OR (AND (NUMBERP TRM) (MINUSP TRM))
                ; TRM ist eine negative Zahl
      (AND (LISTP TRM) (EQ (CAR TRM) 'MINUS))
                ; TRM ist ein Ausdruck der Art (MINUS A)
      (AND (LISTP TRM)
           (EQ (CAR TRM) 'TIMES)
           (MINUSNEXTTERMP (CADR TRM)))))
                ; TRM ist ein Produkt, dessen erster Faktor negativ ist

(DEFUN PRETOIN+ (TRM1 TRM2)
  (PRETOIN-L TRM1)
                ; ersten Term in Infix-Darstellung wandeln
  (UNLESS (OR (MINUSNEXTTERMP TRM2)
              (AND (LISTP TRM2)
                   (EQ (CAR TRM2) 'PLUS)
                   (MINUSNEXTTERMP (CADR TRM2))))
          (APP-OUT '\ +\ ))
                ; ein Pluszeichen wird nur geschrieben, wenn der zweite Term
                ; nicht negativ und nicht selbst wieder eine mit einem negativen
                ; Term beginnende Summe ist
  (PRETOIN-L TRM2))
                ; zweiten Term in Infix-Darstellung wandeln
```

PRETOIN* - Produkt in Infix-Form wandeln

Die Funktion PRETOIN* wandelt die beiden Faktoren eines Produkts, klammert sie bei Bedarf und verbindet sie durch Malzeichen. Die Klammerung bei MINUS entfällt wegen der speziellen Gestalt der Ausdrücke.

```
(DEFUN PRETOIN* (FAC1 FAC2)
  (IF (AND (LISTP FAC1) (EQ (CAR FAC1) 'PLUS))
      (WRAP FAC1)
                    ; ist der erste Faktor eine Summe, wird diese geklammert
      (PRETOIN-L FAC1))
                    ; ansonsten wird der erste Faktor in Infix-Form gewandelt
  (APP-OUT '*)
                    ; Ausgabe des Malzeichens
  (IF (AND (LISTP FAC2) (EQ (CAR FAC2) 'PLUS))
      (WRAP FAC2)
                    ; ist der zweite Faktor eine Summe, wird diese geklammert
      (PRETOIN-L FAC2)))
                    ; ansonsten wird der zweite Faktor in Infix-Form gewandelt
```

PRETOINMINUS - Negative Ausdrücke in Infix-Form wandeln

Die Funktion PRETOINMINUS schreibt ein Minuszeichen, wandelt den Term, der ihr Argument bildet, und klammert ihn, wenn er eine Summe ist. Doppelte Negation kann nicht vorkommen.

```
(DEFUN PRETOINMINUS (TRM)
  (APP-OUT '\ -\ )
                    ; Minuszeichen ausgeben
  (IF (AND (LISTP TRM) (EQ (CAR TRM) 'PLUS))
      (WRAP TRM)
                    ; das Argument TRM ist eine Summe, diese wird geklammert
      (PRETOIN-L TRM)))
                    ; TRM in Infix-Darstellung wandeln
```

PRETOIN^ - Wandlung einer Potenz in Infix-Form

Die Funktion PRETOIN^ wandelt einen Ausdruck der Art (EXPT BASE EXPONENT) in Infix-Darstellung. Ist die Basis kein Symbol, wird sie geklammert. Potenzen von Zahlen kommen hier nicht vor, da sie bereits bei der Wandlung in die kanonische Form ausgerechnet werden.

```
(DEFUN PRETOIN^ (BASE EXPONENT)
  (IF (ATOM BASE)
      (APP-OUT BASE)
                ; ist die Basis ein Symbol, wird sie einfach in die Ausgabeliste
                ; eingefügt
      (WRAP BASE))
                ; ansonsten wird die Basis geklammert
  (APP-OUT '^)
                ; Potenzzeichen ausgeben
  (APP-OUT EXPONENT))
                ; Exponent, der eine Zahl ist, ausgeben
```

PRETOIN-L - Rekursive Hauptfunktion

Die Funktion PRETOIN-L ist die rekursive Hauptfunktion für die Wandlung. Sie wandelt ein beliebiges Polynom aus der Präfix- in die Infix-Darstellung. Zahlen und einzelne Symbole fügt sie selbst vorne in die Symbolliste *OUTLIST* ein. Für die Wandlung von Operationen ruft sie die oben beschriebenen Spezialfunktionen auf.

```
(DEFUN PRETOIN-L (P)
  (COND ((AND (NUMBERP P) (MINUSP P))
         (APP-OUT '\ -\ )
         (APP-OUT (- P)))
                ; P ist eine negative Zahl, nach Ausgabe eines Minuszeichens
                ; wird der positive Wert von  P ausgegeben
        ((ATOM P) (APP-OUT P))
                ; ist  P ein Symbol, wird es direkt ausgegeben
        (T (CASE (CAR P)
             (PLUS  (PRETOIN+ (CADR P) (CADDR P)))
             (TIMES (PRETOIN* (CADR P) (CADDR P)))
             (MINUS (PRETOINMINUS (CADR P)))
             (EXPT  (PRETOIN^ (CADR P)(CADDR P)))
             (T (ERR1 "PRETOIN-L"
                      "FALSCHER OPERATOR"))))))
                ; ansonsten werden die Spezialfunktionen zur Wandlung von
                ; Operationen aufgerufen
```

PRETOIN - Übergeordnete Steuerfunktion

PRETOIN ist die Steuerfunktion zur Wandlung eines beliebigen Polynoms P in Infix-Form. Hier wird die SPECIAL-Variable *OUTLIST* deklariert und auf NIL initialisiert. Nach Wandlung von P mittels der Funktion PRETOIN-L wird *OUTLIST* umgekehrt und als Wert zurückgegeben.

```
(DEFUN PRETOIN (P)
  (LET ((*OUTLIST* NIL))
    (DECLARE (SPECIAL *OUTLIST*))
    (PRETOIN-L P)
    (REVERSE *OUTLIST*)))
```

Beispiel für die Anwendung von PRETOIN: Habe P den Wert

```
(PLUS (TIMES (PLUS R 1) (EXPT S 3))
      (PLUS (TIMES -3 S) (MINUS R))) ,
```

dann erhält man:

```
>(PRETOIN P)
=(|(| R + 1 |)| * S ^ 3 - 3 * S - R)
```

INTOPRINT - Aufbereitung und Ausgabe der Symbolliste

INTOPRINT hat als Argument eine Liste von Symbolen, die einen Infix-Ausdruck darstellen. Im Ablauf des Programms SYMATH ist dieses Argument gerade der Wert der Funktion PRETOIN . INTOPRINT wandelt die Symbole nacheinander in Strings und gibt sie am Bildschirm aus. Außerdem nimmt es eine Zeileneinteilung vor. Diese erfolgt mit Hilfe der lokalen Variablen LINE-LENGTH und POSITION, welche die maximal zulässige Zeilenlänge und die momentane Druckposition enthalten. Vor der Ausgabe eines Symbols wird geprüft, ob das Symbol noch in die aktuelle Zeile paßt. Wenn ja, wird es ausgegeben, sonst wird vorher eine neue Zeile begonnen.

```
(DEFUN INTOPRINT (PRINTLIST)
  (LET ((LINE-LENGTH 60)
                    ; maximale Zeilenlänge wird auf 60 Zeichen festgelegt
        POSITION ELEMENT-LENGTH)
    (SETQ POSITION 0)
                    ; aktuelle Druckposition wird auf 0 initialisiert
    (DOLIST (ELEMENT PRINTLIST)
                    ; Schleife über alle Symbole in der Ausgabeliste
      (SETQ ELEMENT-LENGTH
            (LENGTH (PRINC-TO-STRING ELEMENT)))
                    ; Länge eines Symbols ermitteln
      (IF (< (+ POSITION ELEMENT-LENGTH) LINE-LENGTH)
          (PROGN (PRINC ELEMENT)
                 (SETQ POSITION
                       (+ POSITION ELEMENT-LENGTH)))
                    ; das Symbol paßt noch in die aktuelle Zeile, Symbol ausgeben
                    ; und aktuelle Druckposition erhöhen
```

```
        (PROGN (TERPRI)
               (PRINC ELEMENT)
               (SETQ POSITION ELEMENT-LENGTH))))
            ; das Symbol paßt nicht mehr in die aktuelle Zeile, mit
            ; TERPRI Vorschub auf neue Zeile, Symbol ausgeben, aktuelle
            ; Druckposition ist Länge des eben ausgegebenen Symbols
    (TERPRI)))
```

Aufgaben

Aufgabe 6-1 - Funktionsaufrufe und zusätzliche Anweisungen

a) Man erweitere den Parser so, daß er auch Funktionsaufrufe akzeptiert und in Präfix-Darstellung wandelt. Dazu wird die Syntax der zulässigen Ausdrücke erweitert zu:

<Basis>	::=	<Variable> | <vorzeichenlose Konstante> | (<Ausdruck>) | <Funktionsaufruf>
<Funktionsaufruf>	::=	<Bezeichner> (<Parameterliste>)
<Parameterliste>	::=	<Ausdruck> { , <Ausdruck>}

Die Präfix-Form eines Funktionsaufrufs soll eine Liste sein, in der auf den Funktionsnamen als Symbol die Argumente der Funktion ebenfalls in Präfix-Darstellung folgen.

Beispiele:

FUN (X + Y , A^2 , 3)

wird gewandelt in

(FUN (PLUS X Y) (EXPT A 2) 3).

DERIV (X^2+A*X, X)

wird gewandelt in

(DERIV (PLUS (EXPT X 2) (TIMES A X)) X).

Hinweis: Man ergänze die Funktion BASE.

Anmerkung: In algebraische Ausdrücke eingebettete Funktionsausdrücke kann das vorliegende Programm nur weiterverarbeiten, wenn sie bei der Wandlung in die kanonische Form einen algebraischen Ausdruck ergeben. Ausdrücke wie SIN(X) oder SQRT(X) sind daher nicht möglich. Um sie zu verarbeiten, kann man eine allgemeinere Definition für Variablen einführen (vgl. dazu die "kernels" bei REDUCE, Hearn [1987]).

b) Man erweitere das System um die Anweisung

CLEAR (<Variable> { , <Variable>}),

mit der der algebraische Wert von Variablen gelöscht werden kann.

Beispiel:

```
<== F := X + 1;
==> X + 1

<== F + Y;
==> Y + X + 1

<== CLEAR (F);
==> 0

<== F + Y;
==> Y + F
```

Hinweis: Die CLEAR-Anweisung ist nach der Parsererweiterung in Teil a) auch ein zulässiger Ausdruck (Funktionsaufruf). Daher kann sie auch ohne Erweiterung der Funktion STATEMENT in die Präfix-Form gewandelt werden. Die Präfix-Form wird dann in PROCESS-STATEMENT verarbeitet. Dies gilt auch für die neuen Anweisungen in den Teilen c) und d) dieser Aufgabe. Die eigentliche Operation des Löschens geschieht durch Löschen der Property ALGEBRAIC-VALUE bei allen Argumenten der Funktion CLEAR.

c) Man führe die Anweisungen

ON (<Bezeichner> { , <Bezeichner>}) und

OFF (<Bezeichner> { , <Bezeichner>})

ein. Mit diesen Funktionen können globale Variablen, die das Verhalten des Systems steuern, geändert werden, z. B. bei der Auswertung oder der Ausgabe. Die Aufgaben 6-3 und 6-4 enthalten Beispiele für die Anwendung von ON und OFF.

d) Man erweitere das System um die Anweisung

PORDER (<Variable> { , <Variable>}) ,

mit der die Reihenfolge der Polynomvariablen geändert werden kann. Normalerweise sind die Polynomvariablen umgekehrt alphabetisch angeordnet, d. h. alphabetisch größere Variablen stehen weiter außen in der kanonischen Darstellung der Polynome. Durch den Aufruf von PORDER soll unter den in der Argumentliste von PORDER aufgeführten Variablen eine neue Reihenfolge eingerichtet werden. Weiter rechts stehende Variablen sind "größer" als weiter links stehende.

Beispiel:

```
<== PORDER (X, P, Q);
==> 0

<== P * X^2 + (X + Q^2) * P^3;
==> P^3 * Q^2 + X * P^3 + X^2 * P
```

Für die eindeutige Darstellung der Polynome ist es erforderlich, daß der Benutzer bei Festlegung der neuen Reihenfolge durch einen Aufruf von PORDER alle vorkommenden Variablen berücksichtigt. Sonst wäre z. B. bei einem Polynom in A, B, X und dem Aufruf PORDER (X , A) die Einordnung von B unklar.

Hinweis: Man führe eine globale Variable *PORDER-SEQUENCE* ein, deren Wert die in PORDER übergebene Liste von Variablen ist und berücksichtige diese Liste in PORDER-LESSP .

Aufgabe 6-2 - Differenzieren

Man erweitere das Programm um die Möglichkeit zum Differenzieren von Ausdrücken nach einer Variablen. Die Operation soll in Form eines Funktionsaufrufs (vgl. Aufgabe 6-1a) geschrieben werden:

DERIV (<Ausdruck> , <Variable>)

Ein Aufruf von DERIV darf in Ausdrücke eingebettet sein. Er soll bei der Wandlung des Ausdrucks in die kanonische Form ausgewertet werden.

Beispiel:

```
<== F := X + Y;
==> Y + X

<== G := X^2 + DERIV (X*F, X);
==> Y + X^2 + 2*X
```

Hinweis: Die in Aufgabe 6-1 beschriebene Erweiterung des Parsers liefert den Funktionsaufruf in Präfix-Darstellung, den obigen Ausdruck z. B. in der Form

(DERIV (TIMES X F) X).

Man erweitert PRETOCAN um eine Alternative zur Verarbeitung des Operators DERIV. Die eigentliche Funktion zur Differentiation geht von der kanonischen Darstellung des Ausdrucks aus. Ist die Differentiationsvariable größer als die Hauptvariable, ist das Ergebnis Null. Ist die Differentiationsvariable gleich der Hauptvariablen, führt man die Differentiation termweise aus, wobei der konstante Term entfällt. Ist die Differentiationsvariable kleiner als die Hauptvariable, differenziert man die Koeffizienten der Terme, wobei man Terme mit der Ableitung Null wegläßt.

Aufgabe 6-3 - Änderung der Auswertungsregeln

Man wandle das System so ab, daß bei der Auswertung eines Ausdrucks die jeweils aktuellen Werte aller Variablen verwendet werden. In der vorliegenden Fassung arbeitet das Programm wie folgt:

```
<== A := B + 3;
==> B + 3

<== B := 7;
==> 7

<== A;
==> B + 3
```

Erwünscht ist jedoch, daß bei der Auswertung von A der neue Wert von B berücksichtigt wird:

```
<== A;
==> 10
```

Man steuere die Verwendung der neuen Auswertungsregel durch die Anweisungen (vgl. Aufgabe 6-1c):

ON (REVAL) und

OFF (REVAL)

Beispiel:

```
<== C := (X + Y)^2;
==> Y^2 + 2*X*Y + X^2

<== X := 3*Z;
==> 3*Z

<== Y := 5;
==> 5

<== ON (REVAL);
==> 0

<== C - 30*Z;
==> 9*Z^2 + 25
```

Hinweis: Im vorliegenden Programm wird als algebraischer Wert einer Variablen der Wert der Property ALGEBRAIC-VALUE genommen (oder der Variablenname selbst, wenn die Property nicht vorhanden ist). Dieser Wert ändert sich nur bei Zuweisung eines neuen algebraischen Wertes. Stattdessen gehe man bei der Auswertung nun wie folgt vor. Man wandle den algebraischen Wert zurück in die Präfix-Form (mit CANTOPRE) und dann wieder in die kanonische Form (mit PRETOCAN). Bei diesem rekursiven Prozeß werden die aktuellen Werte aller Variablen in den ursprünglichen Ausdruck eingesetzt. Die neue Darstellung des algebraischen Wertes weise man der Variablen als neuen Wert der Property ALGEBRAIC-VALUE zu. Die zweifache Wandlung ist nicht zu umgehen, da sich die Struktur der kanonischen Form durch neue Variablenwerte ändern kann.

Aufgabe 6-4 - Ausgabe in expandierter Form

Man erweitere das System um die Möglichkeit, Polynome in expandierter Form (d. h. alle Klammern ausmultipliziert) auszugeben. Dabei wird die interne Darstellung in kanonischer Form beibehalten, lediglich die Wandlung aus der kanonischen Form in die Infix-Ausgabeliste ist zu ändern.

Man steuere die Ausgabe durch die Schalter (vgl. Aufgabe 6-1c):

ON (EXPAND) und

OFF (EXPAND)

Beispiel:

```
<== F := (A^2 + 1) * X^2 + (X + 1) * (A^2 - 1);
==> (A^2 + 1)*X^2 + (A^2 - 1)*X + A^2 - 1

<== ON(EXPAND);
==> 0

<== F;
==> A^2*X^2 + X^2 + A^2*X - X + A^2 - 1
```

Aufgabe 6-5 - Gebrochen rationale Ausdrücke

Man erweitere das System so, daß es auch gebrochen rationale Ausdrücke verarbeitet. Die Syntax der zulässigen Ausdrücke sei wie folgt ergänzt:

<Multiplikationsoperator> ::= * | /

Jeder zulässige Ausdruck wird in einen Quotienten bestehend aus einem Zähler- und einem Nennerpolynom gewandelt, dessen kanonische Darstellung das Paar

(<Zählerpolynom> . < Nennerpolynom>)

ist. Um die Darstellung eindeutig zu machen, müssen Zähler- und Nennerpolynom durch ihren größten gemeinsamen Teiler (g.g.T.) dividiert werden, und der führende Koeffizient des Nennerpolynoms muß positives Vorzeichen haben.

Beispiel: Der Ausdruck (A^2-1) / (A+1)^2 hat die kanonische Darstellung

((a (1 . 1) (0 . -1)) a (1 . 1) (0 . 1)).

Algorithmen für die Polynomdivision und die Berechnung des g.g.T. findet man z. B. bei Knuth [1981].

Anhang A: Einige COMMON LISP-Funktionen

In diesem Anhang beschreiben wir einige der in den Fallstudien benutzten COMMON LISP-Funktionen, im wesentlichen Funktionen zur Programmablaufsteuerung und Verarbeitung von Arrays. Die Beschreibungen der einzelnen Funktionen erklären die von uns benutzten Varianten der Funktionen. Die vollständigen - teilweise sehr umfangreichen - Funktionsbeschreibungen sind bei Bedarf in den COMMON LISP-Handbüchern (Steele [1984], Franz Inc. [1988]) nachzuschlagen.

MAP-Funktionen

Im Prinzip sind in jedem LISP-Dialekt sechs MAP-Funktionen vorhanden. Allen gemeinsam ist, daß sie eine gegebene Funktion nacheinander auf Teile einer Liste anwenden. Sie unterscheiden sich einerseits darin, ob sie die Funktion auf einzelne Listenelemente oder auf Unterlisten anwenden, andererseits darin, wie die Werte der Einzelauswertungen zum Wert der MAP-Funktion zusammengefügt werden. In den verschiedenen LISP-Dialekten liegen die Unterschiede in den Namen der Funktionen und der Reihenfolge der Argumente. In diesem Buch werden die MAP-Funktionen von COMMON LISP in folgender Variante benutzt:

(*MAP-Funktion Funktion Liste*)

Dabei ist *MAP-Funktion* der Name einer der unten aufgeführten MAP-Funktionen. Der Wert von *Funktion* ist der Name einer Funktion oder ein Lambda-Ausdruck mit einem Argument, *Liste* wird ausgewertet und enthält die Argumente für *Funktion*. Bei der Auswertung wird *Funktion* entweder auf die einzelnen Elemente von *Liste* (also (CAR *Liste*), (CADR *Liste*), ...) oder auf fortschreitende CDR von *Liste* (also *Liste*, (CDR *Liste*), (CDDR *Liste*), ...) angewendet. Der Wert der MAP-Funktion kann sein: der Wert von *Liste*, eine Liste der Einzelwerte oder die mit NCONC gebildete Liste der Einzelwerte, die in diesem Fall Listen sein müssen.

Die Funktion NCONC ist ein destruktives APPEND. Es werden mehrere Listen zu einer Liste zusammengefügt, wobei die alten Listen zerstört werden, z. B.:

```
> (SETQ L1 '(A B C))
= (A B C)
> (SETQ L2 '(X Y Z))
= (X Y Z)
> (NCONC L1 L2)
= (A B C X Y Z)
> L1
= (A B C X Y Z)
```

In COMMON LISP können MAP-Funktionen auch auf Funktionen mit mehreren Argumenten angewendet werden. Entsprechend sind dann weitere Listen als Argumente für die MAP-Funktion erforderlich.

Die sechs MAP-Funktionen von COMMON LISP sind:

MAPC	-	Anwendung von *Funktion* auf einzelne Elemente, Wert ist das Argument *Liste*.
MAPL	-	Anwendung von *Funktion* auf Teile von *Liste*, Wert ist das Argument *Liste*.
MAPCAR	-	Anwendung von *Funktion* auf einzelne Elemente, Wert ist eine Liste der Einzelwerte.
MAPLIST	-	Anwendung von *Funktion* auf Teile von *Liste*, Wert ist eine Liste der Einzelwerte.
MAPCAN	-	Anwendung von *Funktion* auf einzelne Elemente, die Einzelwerte werden mit NCONC zusammengefügt.
MAPCON	-	Anwendung von *Funktion* auf Teile von *Liste*, die Einzelwerte werden mit NCONC zusammengefügt.

Bedingte Auswertung von Ausdrücken

Zur bedingten Auswertung von Ausdrücken bietet COMMON LISP nicht nur das in allen LISP-Dialekten vorhandene COND, sondern auch eine Reihe weiterer Funktionen für spezielle Fälle: IF, WHEN, UNLESS, CASE und TYPECASE.

(IF *Bedingung Konsequenz-1 Konsequenz-2*)

Ein IF entspricht dem Aufruf

(COND (*Bedingung Konsequenz-1*)
(T *Konsequenz-2*)),

d. h. *Bedingung* wird ausgewertet, ist deren Wert nicht NIL, folgt die Auswertung von *Konsequenz-1*. Deren Wert ist dann auch der Wert von IF. Ist der Wert von *Bedingung* NIL, wird *Konsequenz-2* ausgewertet, und deren Wert ist der Wert von IF. *Konsequenz-2* kann auch fehlen. In diesem Fall ist der Wert von IF NIL, wenn *Bedingung* zu NIL evaluiert.

(WHEN *Bedingung Konsequenz-1 ... Konsequenz-n*)

Ein WHEN entspricht einem

(IF *Bedingung* (PROGN *Konsequenz-1 ... Konsequenz-n*)),

d. h. *Bedingung* wird ausgewertet, ist ihr Wert nicht NIL, folgt die sequentielle Auswertung von *Konsequenz-1 ... Konsequenz-n*. Der Wert von WHEN ist der Wert von *Konsequenz-n*. Ist der Wert von *Bedingung* NIL, ist auch der Wert von WHEN NIL.

(UNLESS *Bedingung Konsequenz-1* ... *Konsequenz-n*)

Ein Aufruf von UNLESS entspricht einem

(IF *Bedingung* NIL (PROGN *Konsequenz-1* ... *Konsequenz-n*)).

Bedingung wird ausgewertet. Ist ihr Wert nicht NIL, ist der Wert von UNLESS NIL. Ist der Wert von *Bedingung* NIL, folgt die sequentielle Auswertung von *Konsequenz-1* ... *Konsequenz-n*, und der Wert von UNLESS ist der Wert von *Konsequenz-n*.

(CASE *Schlüssel* (*Form-1 Konsequenz-11* ... *Konsequenz-1*n_1)
(*Form-2 Konsequenz-21* ... *Konsequenz-2*n_2)
...
(*Form-m Konsequenz-m1* ... *Konsequenz-m*n_m))

Die Funktion CASE dient zur Auswertung von Ausdrücken in Abhängigkeit vom Wert eines Schlüssels, der mit verschiedenen Konstanten verglichen wird. Der Ausdruck *Schlüssel* wird ausgewertet und mit Hilfe von EQL mit den nicht ausgewerteten Ausdrücken *Form-1*, *Form-2* usw. verglichen. Die Reihenfolge dieser Vergleiche ist nicht festgelegt. Der Wert von *Schlüssel* wird meist ein Symbol oder eine Zahl sein. Bei Gleichheit mit einem Ausdruck *Form-i* werden die folgenden Ausdrücke *Konsequenz-i1* ... *Konsequenz-i*n_i nacheinander ausgewertet. Der Wert von CASE ist dann der Wert von *Konsequenz-i*n_i. Ist *Schlüssel* mit keinem Ausdruck *Form-i* gleich, ist der Wert von CASE NIL.

Form-m kann auch das Symbol T sein. Das entspricht einem "sonst"-Fall. Die auf das T folgenden Ausdrücke werden ausgewertet, wenn *Schlüssel* mit keiner anderen Form übereinstimmt.

Statt eines Ausdrucks *Form-i* kann auch eine Liste von Formen stehen. Dann wird geprüft, ob *Schlüssel* Element dieser Liste ist.

(TYPECASE *Schlüssel* (*Typ-1 Konsequenz-11* ... *Konsequenz-1*n_1)
(*Typ-2 Konsequenz-21* ... *Konsequenz-2*n_2)
...
(*Typ-m Konsequenz-m1* ... *Konsequenz-m*n_m))

Die Funktion TYPECASE arbeitet ähnlich wie CASE, aber hier wird der Typ des Ausdrucks *Schlüssel* verglichen. Wie die Argumente *Form-i* in CASE werden die Argumente *Typ-i* nicht ausgewertet. *Typ-i* kann ein Typbezeichner wie ARRAY, ATOM, FIXNUM, aber auch eine Kombination von Typen wie (OR SYMBOL NUMBER) sein.

CATCH/THROW

Die beiden zusammengehörenden Funktionen CATCH und THROW bieten die Möglichkeit zu nichtlokalen Ausgängen aus Auswertungen. Das ist nützlich für Fehlerausgänge oder zum Beenden verschachtelter Rekursionen ohne schrittweises Zurückgeben von Werten. Ein CATCH/THROW-Paar muß nicht in der gleichen Funktion stehen. Ein Sprung mit THROW zu einem auffangenden CATCH ist überall während der Ausführungszeit des CATCH möglich.

(CATCH *Symbol Ausdruck-1 ... Ausdruck-n*)

(THROW *Symbol Wert*)

Die Funktion CATCH fängt Sprünge von einem THROW auf. Das Argument *Symbol* wird ausgewertet und muß in CATCH und THROW den gleichen Wert haben (Vergleich mit EQ). Die im CATCH auftretenden Ausdrücke *Ausdruck-1 ... Ausdruck-n*, können beliebige auswertbare LISP-Ausdrücke sein (insbesondere Funktionsaufrufe). Sie werden der Reihe nach ausgewertet. Findet der LISP-Interpreter während dieser Auswertung ein passendes (THROW *Symbol Wert*), wird *Wert* in der aktuellen Umgebung von THROW ausgewertet, anschließend werden alle weiteren Auswertungen abgebrochen, und der Wert von CATCH ist der Wert von *Wert*.

Beispiel: Es wird eine Funktion definiert, deren Argument eine Liste von Zahlen ist. Wert ist die Summe dieser Zahlen. Tritt ein Listenelement auf, das keine Zahl ist, wird die Summation abgebrochen und eine Fehlermeldung zurückgegeben.

```
(DEFUN ADDLIST (LISTE)
  (CATCH 'NICHT-ZAHL (ADDL LISTE)))

(DEFUN ADDL (LISTE)
  (COND ((NULL LISTE) 0)
        ((NOT (NUMBERP (CAR LISTE)))
         (THROW 'NICHT-ZAHL 'FEHLER))
        (T (+ (CAR LISTE) (ADDL (CDR LISTE))))))
```

Schleifen

COMMON LISP bietet dem Benutzer mehrere Schleifenfunktionen für allgemeine und spezielle Iterationen. Sie erlauben oft eine sehr elegante Programmierung. Alle Schleifen können an beliebiger Stelle mit der Funktion RETURN beendet werden.

(RETURN *Ergebnis*)

Ergebnis ist ein beliebiger Ausdruck, der ausgewertet und als Wert der Schleife zurückgegeben wird. *Ergebnis* kann auch wegfallen, das entspricht einem (RETURN NIL).

(LOOP *Ausdruck-1* ... *Ausdruck-n*)

Die Ausdrücke *Ausdruck-1* ... *Ausdruck-n* werden der Reihe nach immer wieder ausgewertet. Eine LOOP-Schleife ist im Prinzip endlos und kann nur durch RETURN oder THROW beendet werden. Sobald bei der Auswertung der Ausdrücke ein (RETURN *Ergebnis*) angetroffen wird, werden keine weiteren Ausdrücke ausgewertet, die Schleife ist beendet, und der Wert von LOOP ist der Wert von *Ergebnis*.

Beispiel: Berechnung von n! (n-Fakultät). Vorausgesetzt wird, daß N eine ganze Zahl größer oder gleich Null ist.

```
(DEFUN NFAC (N)
  (LET ((M 1))
       (LOOP (WHEN (= N 0) (RETURN M))
             (SETQ M (* M N))
             (DECF N)))))
```

Die Funktion DO ist die allgemeinste Schleifenfunktion. Sie erlaubt lokale Variablen, die initialisiert und nach gegebenem Schema in jedem Schleifendurchlauf verändert werden können. Außerdem bietet sie die Möglichkeit zur Angabe einer Abbruchbedingung und eines Wertes. Initialisierung und Vorgabe der Änderung für die lokalen Variablen können wegfallen. Ebenso kann die Abbruchbedingung die leere Liste sein.

(DO ((*Var-1* *Init-1* *Schritt-1*)
(*Var-2* *Init-2* *Schritt-2*)
...
(*Var-n* *Init-n* *Schritt-n*))
(*Endtest Ergebnis*)
Ausdruck-1 ... *Ausdruck-m*))

Bei jedem Schleifendurchlauf werden zuerst alle Formen *Schritt-i* ausgewertet, dann werden ihre Werte den lokalen Variablen *Var-i* zugewiesen. Soll in einer Schleife etwa eine Variable N mit Null beginnend in Zweierschritten erhöht werden, müßte eine der Listen (*Var-i Init-i Schritt-i*) die Form (N 0 (+ N 2)) haben. Nach der Veränderung der lokalen Variablen erfolgt die Auswertung von *Endtest*. Hat *Endtest* einen von NIL verschiedenen Wert, wird die Schleife mit dem Wert von *Ergebnis* als Wert von DO verlassen. Fehlt *Ergebnis*, ist der Wert von DO NIL. Hat *Endtest* den Wert NIL, folgt die sequentielle Auswertung von *Ausdruck-1* ... *Ausdruck-m*. DO kann auch mit RETURN verlassen werden.

Beispiel: Berechnung von n!

```
(DEFUN NFAC (N)
  (DO ((M 1))
      ((= N 0) M)
      (SETQ M (* M N))
      (DECF N)))
```

(DOLIST (*Variable Liste Ergebnis*) *Ausdruck-1* ... *Ausdruck-n*)

Die Schleifenfunktion DOLIST erlaubt die Iteration über alle Elemente einer Liste. Sie ist verwandt mit den MAP-Funktionen. *Variable* ist eine lokale Variable, deren Wert beim ersten Schleifendurchlauf das erste Element der Liste *Liste* ist (*Liste* wird ausgewertet). Mit dieser Setzung werden *Ausdruck-1* ... *Ausdruck-n* nacheinander ausgewertet. Anschließend wird *Variable* auf das zweite Element von *Liste* gesetzt, und wieder werden *Ausdruck-1* ... *Ausdruck-n* ausgewertet usw., bis alle Listenelemente verarbeitet sind. Der Wert von DOLIST ist der Wert von *Ergebnis*. Fehlt *Ergebnis*, hat DOLIST den Wert NIL. DOLIST kann auch mit RETURN verlassen werden.

(DOTIMES (*Variable Endform Ergebnis*) *Ausdruck-1* ... *Ausdruck-n*)

DOTIMES ist eine klassische Zählschleife. *Endform* wird ausgewertet und muß als Wert eine ganze Zahl haben. *Variable* ist die Schleifenvariable, die von Null (inklusive) bis *Endform* (exklusive) läuft. In jedem Schleifendurchlauf werden die Ausdrücke *Ausdruck-1* ... *Ausdruck-n* nacheinander ausgewertet. Ist der Wert von *Endform* Null oder negativ, wird die Schleife nicht ausgeführt, d. h. *Ausdruck-1* ... *Ausdruck-n* werden nicht ausgewertet. Der Wert von DOTIMES ist der Wert von *Ergebnis*. Fehlt *Ergebnis*, hat DOTIMES den Wert NIL. DOTIMES kann auch mit RETURN verlassen werden.

Beispiel: Berechnung von n!

```
(DEFUN NFAC (N)
  (LET ((RESULT 1))
       (DOTIMES (M N RESULT)
                (SETQ RESULT (* RESULT (1+ M))))))
```

Verarbeitung von Arrays

Im Gegensatz zu manchen älteren LISP-Systemen bietet COMMON LISP komfortable Möglichkeiten zur Verarbeitung von Arrays. Arrays, deren Elemente durch Indizes angesprochen werden, unterscheiden sich von geschachtelten Listen insbesondere dadurch, daß der Zugriff auf alle Elemente gleich schnell erfolgt. COMMON LISP läßt für Arrays mindestens sieben Dimensionen zu. Ein Array der Dimension eins heißt Vektor. Arrays können allgemein sein (general array), d. h. ihre Elemente sind beliebige LISP-Objekte, oder von speziellem Typ (specialized array), d. h. ihre Elemente haben einen von vornherein festgelegten Typ. Weiter kann die Länge von Arrays variabel gehalten werden, und mehrere Arrays können überlagert werden (shared arrays). Ein Array ohne diese Eigenschaften heißt einfaches (simple) Array.

(MAKE-ARRAY *Dimensionen* :ELEMENT-TYPE *Elementtyp*
:INITIAL-ELEMENT *Anfangselement*
:INITIAL-CONTENTS *Anfangsinhalt*)

Die Funktion MAKE-ARRAY dient zur Erzeugung eines Arrays. Seine Dimensionen werden durch das Argument *Dimensionen* in Form einer Liste nichtnegativer ganzer Zahlen angegeben. Soll etwa eine 3 x 4-Matrix erzeugt werden, muß *Dimensionen* den Wert (3 4) haben. Die Indexzählung der Arrays beginnt bei Null, d. h. der erste Index bei einer solchen 3 x 4-Matrix kann die Werte 0, 1 oder 2 und der zweite Index die Werte 0, 1, 2 oder 3 annehmen. Die übrigen Argumente für MAKE-ARRAY sind optional. Es sind Schlüsselwortparameter, d. h. sie müssen jeweils zusammen mit dem Schlüsselwort angegeben werden.

Der Parameter :ELEMENT-TYPE wird zur Erzeugung eines speziellen Arrays benötigt. Hier ist ein Typ anzugeben, und alle Elemente des Arrays müssen diesen Typ haben. Z. B. wird durch den Aufruf (MAKE-ARRAY '(5) :ELEMENT-TYPE 'INTEGER) ein Vektor der Länge fünf erzeugt, dessen Elemente ganze Zahlen sein sollen.

Der Parameter :INITIAL-ELEMENT ermöglicht die Initialisierung eines ganzen Arrays mit einem Wert. Dieser Wert muß im Typ mit dem bei :ELEMENT-TYPE gegebenen Typ übereinstimmen.

Der Parameter :INITIAL-CONTENTS ermöglicht eine Besetzung des Arrays mit verschiedenen Werten. Der Inhalt eines Arrays ist hier in Form einer geschachtelten Liste anzugeben. Die Länge der Liste ist gleich der ersten angegebenen Dimension. Die Listenelemente sind selber Listen und enthalten soviel Elemente, wie die zweite Dimension angibt, usw.

Es kann nur einer der Parameter :INITIAL-ELEMENT oder :INITIAL-CONTENTS benutzt werden.

Beispiel: Erzeugung eines 3 x 2 x 4-Arrays vom Typ INTEGER

```
(SETQ A (MAKE-ARRAY '(3 2 4)
                    :ELEMENT-TYPE 'INTEGER
                    :INITIAL-CONTENTS
                    '(((1 2 3 4) (5 6 7 8))
                      ((9 10 11 12) (13 14 15 16))
                      ((17 18 19 20) (21 22 23 24)))))
```

(AREF *Array Index-1 ... Index-n*)

Die Funktion AREF dient zum Zugriff auf Array-Elemente. *Array* ist ein vorher erzeugtes Array und *Index-1 ... Index-n* sind die gewünschten Indizes. Sie müssen größer oder gleich Null und kleiner als die entsprechenden Array-Dimensionen sein. Der Wert von AREF ist das durch die Indizes spezifizierte Array-Element. Bei dem Beispiel des Arrays A von oben hätte der Aufruf (AREF A 1 2 4) den Wert 8.

(SVREF *Simple-Vector Index*)

SVREF ist die Zugriffsfunktion für einfache Vektoren.

(SETF *Array-Element Ausdruck*)

SETF dient im Zusammenhang mit Arrays zur Wertzuweisung an Array-Elemente. Das Argument *Array-Element* muß ein Aufruf von AREF bzw. SVREF sein. *Ausdruck* wird ausgewertet und ergibt den neuen Wert des durch AREF (SVREF) bezeichneten Array-Elementes. Dieser Wert muß im Typ mit :ELEMENT-TYPE übereinstimmen. Der Wert von SETF ist der Wert von *Ausdruck.*

Beispiel: Im obigen Array A wird das Element mit den Indizes (2 2 3) ersetzt.

```
> (SETF (AREF A 2 2 3) 195)
= 195
> (AREF A 2 2 3)
= 195
```

Properties

In COMMON LISP gehört zu jedem Symbol eine sogenannte Property-Liste. Sie erlaubt es dem Programmierer, ein Symbol über selbstgewählte Schlüsselwörter (Indikatoren) mit beliebigen Ausdrücken zu verknüpfen. Eine Property besteht aus dem Indikator, der ein Symbol ist, und einem Wert, der ein beliebiger Ausdruck sein kann. Properties können in die Property-Liste eingefügt, verändert oder gelöscht werden. Auf die Property-Liste kann nur mit speziellen Funktionen (GET, REMPROP und SETF) zugegriffen werden.

(GET *Symbol Indikator*)

Dient zum Zugriff auf Properties. Die Property-Liste von *Symbol* wird auf eine Property mit Indikator *Indikator* durchsucht. Wird diese Property gefunden, ist ihr Wert der Wert von GET. Gibt es keine Property *Indikator*, ist der Wert von GET NIL. Beide Argumente von GET werden ausgewertet.

(SETF *Property Ausdruck*)

Im Zusammenhang mit Properties dient SETF zum Setzen oder Verändern einer Property. Das Argument *Property* muß ein Aufruf von GET sein, der zu der Property mit dem gewünschten Indikator führt. *Ausdruck* wird ausgewertet und als Wert der Property gesetzt. Dieser Wert ist dann auch der Wert von SETF.

(REMPROP *Symbol Indikator*)

Löscht in der Property-Liste von *Symbol* die Property mit Indikator *Indikator*. Ist eine solche Property nicht vorhanden, ist der Wert von REMPROP NIL. Beide Argumente von REMPROP werden ausgewertet.

Beispiel: Im folgenden Dialog wird bei dem Symbol APFEL die Property GESCHMACK mit dem Wert SAUER eingerichtet. Dann wird sie abgefragt, verändert und schließlich gelöscht.

```
> (SETF (GET 'APFEL 'GESCHMACK) 'SAUER)
= SAUER
> (GET 'APFEL 'GESCHMACK)
= SAUER
> (SETF (GET 'APFEL 'GESCHMACK) 'SUESS)
= SUESS
> (GET 'APFEL 'GESCHMACK)
= SUESS
> (REMPROP 'APFEL 'GESCHMACK)
= T
> (GET 'APFEL 'GESCHMACK)
= NIL
```

Anhang B: Lösungen zu den Aufgaben

Dieser Anhang enthält Lösungen zu einem Teil der Programmieraufgaben. Die Programme sind weitgehend unkommentiert. Sie sind vollständig in dem Sinne, daß sie die in der Aufgabenstellung geforderte Funktionalität bieten, wenn sie zu den Funktionen des entsprechenden Hauptkapitels hinzugeladen werden.

Aufgabe 1-3 - zusätzliche Editierfunktionen

In der Funktion EDITFUN wird zusätzlich die SPECIAL-Variable *FINDREPEAT* deklariert.

```
(DEFUN EDITFUN (*EXPR*)
  (DECLARE (SPECIAL *EXPR*))
    (LET (*FOCUS* *CHAIN* *FINDREPEAT*)
      (DECLARE (SPECIAL *CHAIN* *FOCUS* *EXPR* *FINDREPEAT*))
      (SETQ *FOCUS* (CONS 0 (SYMBOL-FUNCTION *EXPR*)))
      (SETQ *CHAIN* (LIST *FOCUS*))
      (PRINC "==> ")
      (DO ((COM (READ) (READ)))
          ((EQ COM 'OK) (PRINC "Funktionsdefinition geaendert") 'OK)
          (PERFORM-COMMAND COM)
          (PRINT-FOCUS)
          (PRINC "==> ")))  )
```

In PERFORM-COMMAND sind die Funktionsaufrufe für die Kommandos (N ...), (MV ...) und (F ...) eingefügt.

```
(DEFUN PERFORM-COMMAND (COM)
  (DECLARE (SPECIAL *FOCUS* *CHAIN*))
  (COND ((NUMBERP COM) (NTH-ELEMENT-FOCUS COM))
        ((ATOM COM)
         (CASE COM
               (P)
               (UP (LIST-ABOVE-FOCUS))
               (NX (PRE/FOL-ELEMENT (1+ (CAR *FOCUS*))))
               (BK (PRE/FOL-ELEMENT (1- (CAR *FOCUS*))))
               (^  (SETQ *FOCUS*
                          (CAR (SETQ *CHAIN* (LAST *CHAIN*)))))
               (T  (PRINC "Unbekanntes Kommando") (TERPRI))))
        ((NUMBERP (CAR COM)) (REPLACE/DELETE-NTH-ELEMENT COM))
```

```
        (T (CASE (CAR COM)
                 (E  (PRINT (EVAL (CADR COM))) (TERPRI))
                 (I  (INSERT-IN-FRONT-OF-NTH-ELEMENT COM))
                 (R  (REPLACE-EXPR COM))
                 (N  (INSERT-AT-END-OF-FOCUS COM))
                 (MV (MOVE COM))
                 (F  (FIND COM))
                 (T  (PRINC "Unbekanntes Kommando") (TERPRI)))))  )

(DEFUN INSERT-AT-END-OF-FOCUS (COM)
  (DECLARE (SPECIAL *FCOUS*))
  (IF (ATOM (CDR *FOCUS*))
      (PRINC "Kommando nicht ausfuehrbar")
      (PROGN (RPLACD *FOCUS* (APPEND (CDR *FOCUS*) (CDR COM)))
             (CHANGE-CHAIN)))  )

(DEFUN MOVE (COM)
  (LET ((N (CADR COM))
        (M (CADDR COM)))
    (DECLARE (SPECIAL *FOCUS*))
    (IF (OR (ATOM (CDR *FOCUS*)) (NOT (NUMBERP N)) (NOT (NUMBERP M))
            (> (MAX N M) (LENGTH (CDR *FOCUS*))))
        (PRINC " Kommando nicht ausfuehrbar")
        (PROGN
          (RPLACD *FOCUS*
                  (MODIFY (IF (> N M) (1+ N) N)
                          NIL
                          (MODIFY M
                                  (LIST (NTH (1- N) (CDR *FOCUS*)))
                                  (CDR *FOCUS*)
                                  'I)
                          'D))
          (CHANGE-CHAIN))))  )

(DEFUN FIND (COM)
  (LET (RES)
    (DECLARE (SPECIAL *FOCUS* *FINDREPEAT*))
    (IF (CDR COM) (SETQ *FINDREPEAT* (CADR COM)))
    (SETQ RES (FIND-EXPR *FINDREPEAT* (CDR *FOCUS*) '(1)))
    (IF RES (MAPCAR #'NTH-ELEMENT-FOCUS (REVERSE RES))))  )

(DEFUN FIND-EXPR (S L RES)
  (COND ((NULL L) NIL)
        ((ATOM L) NIL)
        ((EQUAL S (CAR L)) (CDR RES))
        ((OR (FIND-EXPR S (CAR L) (CONS 1 RES))
             (FIND-EXPR S (CDR L) (CONS (1+ (CAR RES))
                                        (CDR RES)))))))
```

Aufgabe 2-2 - FLUID, FLUIDP

```
(DEFMACRO FLUID (VAR-LIST)
  (IF (AND (CONSP VAR-LIST) (EQ (FIRST VAR-LIST) 'QUOTE))
      `(PROGN (PROCLAIM '(SPECIAL ,@(SECOND VAR-LIST)))
              (SETUP-VARS ,VAR-LIST 'FLUID))
      `(SETUP-VARS ,VAR-LIST 'FLUID)))

(DEFUN SETUP-VARS (VAR-LIST TYPE)
  (FLAG VAR-LIST TYPE)
  (PROCLAIM `(SPECIAL ,@VAR-LIST))
  (DOLIST (VAR VAR-LIST)
    (IF (NOT (BOUNDP VAR)) (SETF (SYMBOL-VALUE VAR) NIL))))

(DEFUN FLUIDP (X)
  (AND (SYMBOLP X) (FLAGP X 'FLUID)))
```

Aufgabe 2-3 - COMPRESS, EXPLODE

Es wird nur die Definition von COMPRESS angegeben.

```
(DEFUN COMPRESS (X)
  (LET ((1ST (FIRST X)))
    (COND
      ((EQ 1ST '\")
       (SETQ X (REST X))
       (LET ((LEN 0)
             (PREVIOUS-QUOTE NIL))
         (DECLARE (FIXNUM LEN))
         (DOLIST (CH X)
           (IF (EQ CH '\")
               (IF PREVIOUS-QUOTE
                   (PROGN (INCF LEN)
                          (SETQ PREVIOUS-QUOTE NIL))
                   (SETQ PREVIOUS-QUOTE T))
               (INCF LEN)))
         (LET ((STR (MAKE-STRING LEN))
               (I 0))
           (DECLARE (FIXNUM I))
           (SETQ PREVIOUS-QUOTE NIL)
           (DOLIST (CH X STR)
             (IF (EQ CH '\")
                 (IF PREVIOUS-QUOTE
                     (PROGN (SETF (SCHAR STR I)
                                  (CHAR (SYMBOL-NAME CH) 0))
                            (INCF I)
                            (SETQ PREVIOUS-QUOTE NIL))
                     (SETQ PREVIOUS-QUOTE T))
```

```
                (PROGN (SETF (SCHAR STR I)
                             (CHAR (SYMBOL-NAME CH) 0))
                       (INCF I)))))))
      ((OR (DIGIT 1ST)
           (EQ 1ST '+)
           (EQ 1ST '-)
           (EQ 1ST '\.))
       (LET ((*READTABLE* *STANDARD-LISP-READTABLE*))
         (READ-FROM-STRING
           (LISP:MAP 'STRING
                     #'(LAMBDA (CH) (CHAR (SYMBOL-NAME CH) 0))
                     X))))
      (T (LET ((LEN 0)
               (PREVIOUS-QUOTE NIL))
           (DECLARE (FIXNUM LEN))
           (DOLIST (CH X)
             (IF PREVIOUS-QUOTE
                 (PROGN (INCF LEN)
                        (SETQ PREVIOUS-QUOTE NIL))
                 (IF (EQ CH '!)
                     (SETQ PREVIOUS-QUOTE T)
                     (INCF LEN))))
           (LET ((STR (MAKE-STRING LEN))
                 (I 0))
             (DECLARE (FIXNUM I))
             (SETQ PREVIOUS-QUOTE NIL)
             (DOLIST (CH X (MAKE-SYMBOL STR))
               (IF PREVIOUS-QUOTE
                   (PROGN (SETF (SCHAR STR I)
                                (CHAR (SYMBOL-NAME CH) 0))
                          (INCF I)
                          (SETQ PREVIOUS-QUOTE NIL))
                   (IF (EQ CH '!)
                       (SETQ PREVIOUS-QUOTE T)
                       (PROGN (SETF (SCHAR STR I)
                                    (CHAR (SYMBOL-NAME CH) 0))
                              (INCF I))))))))))
```

Aufgabe 3-1 - Acht-Damen-Problem

Die Zeilen und Spalten des Spielbretts werden von Null an numeriert. Die Damen werden zeilenweise, beginnend mit der obersten Zeile, plaziert. Ein Zustand, in dem k Damen auf den Positionen $(0, c_0)$, ... , (k, c_k) stehen, kann daher durch die Liste $(c_0 \dots c_k)$ dargestellt werden.

Expandieren eines Knotens bedeutet, die zulässigen Positionen für eine Dame in der nächsten Reihe zu finden. Die Funktion ADMISSIBLEP überprüft, ob eine Position (NEW-ROW, NEW-COL) zulässig ist.

Die Funktion DEPTH-FIRST-SEARCH wurde etwas abgewandelt, um alle Lösungen zu finden. Der Parameter GOAL wird nicht benötigt. Der Anfangszustand ist das leere Spielbrett, dargestellt durch die leere Liste NIL. Da der Weg vom Anfangszustand zu einem Endzustand sofort ersichtlich ist, brauchen die Knoten keinen Verweis auf ihren Vorgänger zu enthalten. Für Knoten und Zustand wird gleichermaßen die Bezeichnung NODE verwandt.

```
(DEFUN LIST-SOLUTION (NODE)
  (LET (Q-COL)
       (TERPRI)
       (DOTIMES (ROW (LENGTH NODE))
                (SETQ Q-COL (POP NODE))
                (DOTIMES (COL 8)
                  (IF (EQL COL Q-COL) (PRINC "X  ") (PRINC ".  ")))
                (TERPRI))) )

(DEFUN GOALP (NODE) (EQL (LENGTH NODE) 8))

(DEFUN ADMISSIBLEP (NODE NEW-COL)
  (LET ((NEW-ROW (LENGTH NODE))
        (ROW 0))
       (DOLIST (COL NODE T)
               (WHEN (OR (EQL COL NEW-COL)
                         (EQL (- NEW-ROW ROW) (- NEW-COL COL))
                         (EQL (- NEW-ROW ROW) (- COL NEW-COL)))
                     (RETURN))
               (INCF ROW))))

(DEFUN EXPAND (NODE)
  (DECLARE (SPECIAL *NODES-GENERATED*))
  (LET ((NEW-NODES NIL))
       (DOTIMES (COL 8 NEW-NODES)
         (WHEN (ADMISSIBLEP NODE COL)
               (INCF *NODES-GENERATED*)
               (SETQ NEW-NODES
                     (CONS (APPEND NODE (LIST COL)) NEW-NODES))))))

(DEFUN DEPTH-FIRST-SEARCH (START GOAL)
  (DECLARE (SPECIAL *GOALS* *GOALS-FOUND*))
  (DO ((NODE-LIST (LIST START))
       (NODE))
      ((NULL NODE-LIST) 'NOSOLUTION)
      (SETQ NODE (POP NODE-LIST))
      (IF (GOALP NODE)
          (PROGN (PRINT (INCF *GOALS-FOUND*))
                 (LIST-SOLUTION NODE)
                 (IF (EQL *GOALS-FOUND* *GOALS*) (RETURN)))
          (SETQ NODE-LIST (APPEND (EXPAND NODE) NODE-LIST)))))
```

```
(DEFUN 8-QUEENS (*GOALS*)
  (DECLARE (SPECIAL *GOALS*))
  (LET ((*NODES-GENERATED* 0)
        (*GOALS-FOUND* 0))
       (DECLARE (SPECIAL *NODES-GENERATED* *GOALS-FOUND*))
       (DEPTH-FIRST-SEARCH NIL NIL)
       *NODES-GENERATED*))
```

Aufgabe 4-1 - Kalah

Der Spielbaum von Kalah wird anders realisiert als derjenige von Quattro. Wegen der einfachen Spielregeln wurde bei Quattro als Knoten im Spielbaum die Spielsituation selbst (dargestellt durch eine Liste aus Listen von Atomen) gewählt. Die Knoten wurden beim rekursiven Aufruf der SEARCH-Funktionen erzeugt und für den Programmierer unsichtbar im Argumentenstack des LISP-Systems gehalten. Bei Kalah gehen wir, veranlaßt durch die komplizierteren Spielregeln, anders vor und legen explizit Stacks (bei jedem Topf bzw. Kalah einen) zur Speicherung der Spielsituation an.

Die Knoten NODE im Spielbaum bestehen aus einer dreielementigen Liste mit

- Name des Spielers, der zieht (P oder O),
- Name des Topfes, aus dem die Steine genommen werden,
- Name des Spielers, der den nächsten Zug macht. Bei einem Mehrfachzug ist dieses Listenelement gleich dem ersten.

Zum Zugriff auf die Teile von NODE sind folgende Macros definiert:

PLAYER	-	Spieler, der am Zug ist,
MOVEOF	-	Topf, aus dem die Steine genommen werden,
MULT	-	T bei einem Mehrfachzug, sonst NIL.

Das Spielfeld wird über Symbole und Properties realisiert. Dabei werden die Töpfe des Programms durch die Symbole P1 , ... , P6 und der Kalah des Programms durch das Symbol PKALAH dargestellt. Töpfe und Kalah des Gegeners sind entsprechend O1 , ... , O6 und OKALAH. Diesen Töpfen und Kalahs sind die vier Properties CONTENT, PPATH, OPATH und OPP zugeordnet.

Wert der Property CONTENT ist eine Liste, deren erstes Element die Anzahl der Steine angibt, die sich gerade in dem Topf befinden. Während der Suche wird diese Liste als Stack benutzt. Beim Absteigen im Spielbaum wird jeweils die neue Steinzahl vorn in die Liste eingefügt (Funktion PUSH-CONTENT), beim Zurückgehen auf eine höhere Ebene wird diese Zahl wieder entfernt (Funktion POP-CONTENT). Zur Property CONTENT gehört die Zugriffsfunktion CONTENT, deren Wert gerade das erste Element der unter CONTENT abgelegten Liste ist, also die aktuelle Anzahl von Steinen.

Wert der Property PPATH ist der Topf, in den der nächste Stein zu legen ist, wenn das Programm am Zug ist, etwa

```
> (GET  'P3  'PPATH)
= P4
> (GET  'O6  'PPATH)
= P1
```

Im letzten Fall wird der Kalah des Gegners übersprungen.

Wert der Property OPATH ist der Topf, in den der nächste Stein zu legen ist, wenn der Gegner am Zug ist.

Wert der Property OPP ist der gegenüberliegende Topf. Diese Property wird nur für die Töpfe, aber nicht für die Kalahs benutzt.

Mit Hilfe der Properties können leicht Steine aus einem Topf genommen (Funktion TAKE) und einzeln auf die nachfolgenden Töpfe verteilt werden (Funktion DROP). Außerdem ermöglichen sie eine einfache Überprüfung der Sonderfälle in den Funktionen MTSIDEP, CAPMOVE und MULTMOVE.

MTSIDEP	-	prüft, ob alle Töpfe auf einer Seite leer sind,
CAPMOVE	-	prüft, ob der letzte Stein bei einem Zug in einen eigenen leeren Topf fällt und der gegenüber liegende Topf des Gegners nicht leer ist,
MULTMOVE	-	prüft, ob der Spieler noch einmal am Zug ist.

Während die Datenstruktur bei KALAH recht aufwendig ist, ist die Bewertungsfunktion VALUE sehr einfach. Der Wert einer Spielsituation ist $+\infty$, wenn das Programm mehr als die Hälfte aller Steine in seinem Kalah hat, $-\infty$, wenn der Gegner mehr als die Hälfte aller Steine in seinem Kalah hat, und sonst die Differenz der Anzahl der Steine im Kalah des Programms und der Anzahl der Steine im Kalah des Gegners.

Die Hauptfunktionen der Suche entsprechen denen von QUATTRO. Da bei Kalah Mehrfachzüge möglich sind, kann allerdings nicht einfach zwischen SEARCH-MIN und SEARCH-MAX abgewechselt werden. Bei jedem Suchschritt muß geprüft werden, ob gerade ein minimierender oder ein maximierender Knoten untersucht wird (Funktion MAXER). Vor jedem Suchschritt werden die alten Steinzahlen in den CONTENT-Listen nach hinten geschoben werden (Funktion START). Nach jedem Suchschritt müssen sie wieder nach vorn geholt werden (Funktion END).

Einrichten und Verändern des Spielfeldes

```
(DEFMACRO POTR (PL NUM)
   (CASE ,PL (P (CASE ,NUM (1 'P1) (2 'P2) (3 'P3)
                           (4 'P4) (5 'P5) (6 'P6)))
             (O (CASE ,NUM (1 'O1) (2 'O2) (3 'O3)
                           (4 'O4) (5 'O5) (6 'O6)))))
```

```
(DEFMACRO OWNER (POT)
  `(IF (MEMBER ,POT '(P1 P2 P3 P4 P5 P6)) 'P 'O))

(DEFMACRO NUM (POT)
  `(CASE ,POT ((P1 O1) 1) ((P2 O2) 2) ((P3 O3) 3)
              ((P4 O4) 4) ((P5 O5) 5) ((P6 O6) 6))  )

(DEFMACRO OTHER (PL) `(IF (EQ ,PL 'P) 'O 'P)  )

(DEFUN KALAHR (PL) (IF (EQ PL 'P) 'PKALAH 'OKALAH)  )

(DEFUN CONTENT (POT) (CAR (GET POT 'CONTENT))  )

(DEFUN PUSH-CONTENT (POT VAL)
  (SETF (GET POT 'CONTENT) (CONS VAL (GET POT 'CONTENT)))  )

(DEFUN POP-CONTENT (POT)
  (SETF (GET POT 'CONTENT) (CDR (GET POT 'CONTENT)))  )

(DEFUN CHANGE-CONTENT (POT VAL)
  (SETF (GET POT 'CONTENT) (CONS VAL (CDR (GET POT 'CONTENT))))  )

(DEFUN EMPTY (POT) (ZEROP (CONTENT POT))  )

(DEFUN PATHR (PL) (IF (EQ PL 'P) 'PPATH 'OPATH)  )

(DEFUN SIDER (PL)
  (IF (EQ PL 'P) '(P1 P2 P3 P4 P5 P6) '(O1 O2 O3 O4 O5 O6))  )

(DEFUN SET-PATH (PATH POTLIST)
  (DO ((POT (POP POTLIST)))
      ((NULL POTLIST))
      (SETF (GET POT PATH) (SETQ POT (POP POTLIST))))  )

(SET-PATH 'PPATH '(P1 P2 P3 P4 P5 P6 PKALAH O1 O2 O3 O4 O5 O6 P1))
(SET-PATH 'OPATH '(O1 O2 O3 O4 O5 O6 OKALAH P1 P2 P3 P4 P5 P6 O1))

(DEFUN OPP (POT) (GET POT 'OPP)  )

(DEFUN SETSYM (P LAT1 LAT2)
  (DO ()
      ((OR (NULL LAT1) (NULL LAT2)))
      (SETF (GET (CAR LAT1) P) (CAR LAT2))
      (SETF (GET (CAR LAT2) P) (POP LAT1))
      (POP LAT2))  )

(SETSYM 'OPP '(P1 P2 P3 P4 P5 P6) '(O6 O5 O4 O3 O2 O1))
```

Auswahl des nächsten Zuges

```
(DEFUN MULTMOVE (POT)
  (= (REM (CONTENT POT) 13) (- 7 (NUM POT)))  )

(DEFUN CAPMOVE (PL POT)
  (LET ((V (CONTENT POT)) (N (NUM POT)))
       (OR (= V 13)
           (AND (< V (- 7 N))
                (ZEROP (CONTENT (POTR PL (+ N V))))
                (NOT (EMPTY (OPP (POTR PL (+ N V))))))
           (AND (> V (- 13 N)) (< V 13)
                (EMPTY (POTR PL (- (+ N V) 13))))))  )

(DEFUN EXPAND (NODE)
  (LET ((PL (PLAYER NODE))
         (SIDE (SIDER (PLAYER NODE)))
         LMULT LCAP LREG)
       (MAPC #'(LAMBDA (POT)
                       (COND ((EMPTY POT) NIL)
                             ((MULTMOVE POT)
                              (PUSH (LIST PL POT PL) LMULT))
                             ((CAPMOVE PL POT)
                              (PUSH (LIST PL POT (OTHER PL)) LCAP))
                             (T (PUSH (LIST PL POT (OTHER PL))
                                      LREG))))
             SIDE)
       (APPEND LMULT LCAP LREG))  )

(DEFMACRO PLAYER (X) `(CAR ,X))

(DEFMACRO MOVEOF (X) `(CADR ,X))

(DEFMACRO MULT   (X) `(EQUAL (CAR ,X) (CADDR ,X)))

(DEFUN MAXER (NODE) (EQ (PLAYER NODE) 'P)  )

(DEFUN VALUE ()
  (DECLARE (SPECIAL *INFINITY* *HALFSTONES*))
  (COND ((> (CONTENT 'PKALAH) *HALFSTONES*) *INFINITY*)
        ((> (CONTENT 'OKALAH) *HALFSTONES*) (- *INFINITY*))
        (T (- (CONTENT 'PKALAH) (CONTENT 'OKALAH))))  )
```

```
(DEFUN LEAF (NODE LEVEL)
  (DECLARE (SPECIAL *HALFSTONES* *INFINITY*))
  (LET ((VAL (VALUE)))
       (IF (OR (AND (<= LEVEL 0) (NOT (MULT NODE)))
               (= VAL *INFINITY*)
               (= VAL (- *INFINITY*))
               (AND (= (CONTENT 'PKALAH) *HALFSTONES*)
                    (= (CONTENT 'OKALAH) *HALFSTONES*)))
           VAL))  )

(DEFUN START (NODE)
  (MAPC #'(LAMBDA (P) (PUSH-CONTENT P (CONTENT P)))
       '(P1 P2 P3 P4 P5 P6 PKALAH O1 O2 O3 O4 O5 O6 OKALAH))
  (MOVE (PLAYER NODE) (MOVEOF NODE))
  (REVERSE NODE)  )

(DEFUN END ()
  (MAPC #'POP-CONTENT
       '(P1 P2 P3 P4 P5 P6 PKALAH O1 O2 O3 O4 O5 O6 OKALAH))  )

(DEFUN SEARCH (NODE LEVEL ALPHA BETA)
  (PROG2 (SETQ NODE (START NODE))
    (COND ((LEAF NODE LEVEL))
          (T (IF (MAXER NODE)
                 (DOLIST (SUCCESSOR (EXPAND NODE) ALPHA)
                         (SETQ ALPHA
                               (MAX ALPHA
                                    (SEARCH SUCCESSOR (1- LEVEL)
                                            ALPHA BETA)))
                         (IF (>= ALPHA BETA) (RETURN ALPHA)))
                 (DOLIST (SUCCESSOR (EXPAND NODE) BETA)
                         (SETQ BETA
                               (MIN BETA
                                    (SEARCH SUCCESSOR (1- LEVEL)
                                            ALPHA BETA)))
                         (IF (<= BETA ALPHA) (RETURN BETA))))))
   (END))  )

(DEFUN CHOOSE (LEVEL)
  (DECLARE (SPECIAL *INFINITY*))
  (LET (BEST-POT
        VAL
        (BEST-VALUE (- *INFINITY*))
        (NODELIST (EXPAND '(P NIL NIL))))
       (SETQ BEST-POT (MOVEOF (CAR NODELIST)))
       (DOLIST (NODE NODELIST)
               (SETQ VAL (SEARCH NODE LEVEL BEST-VALUE *INFINITY*))
               (WHEN (= VAL *INFINITY*)
                     (RETURN (SETQ BEST-POT (MOVEOF NODE))))
```

```
               (WHEN (> VAL BEST-VALUE)
                     (SETQ BEST-POT (MOVEOF NODE))
                     (SETQ BEST-VALUE VAL)))
       (PRINC "Ich nehme die Steine aus meinem  ")
       (PRINC (NUM BEST-POT))
       (PRINC ". Topf")
       BEST-POT)  )
```

Abwechseln zwischen den Zügen des Programms und des Gegners

```
(DEFUN PRINT-POT (POT)
  (IF (< (CONTENT POT) 10) (PRINC " "))
  (PRINC (CONTENT POT))
  (PRINC "         ")  )

(DEFUN PRINT-BOARD ()
  (TERPRI)
  (PRINC "         ")
  (MAPC #'PRINT-POT '(P6 P5 P4 P3 P2 P1)) (TERPRI)
  (PRINC "    ")
  (PRINT-POT 'PKALAH)
  (PRINC "                                                        ")
  (PRINT-POT 'OKALAH) (TERPRI)
  (PRINC "         ")
  (MAPC #'PRINT-POT '(O1 O2 O3 O4 O5 O6)) (TERPRI)  )

(DEFUN TAKE (POT) (PROG1 (CONTENT POT) (CHANGE-CONTENT POT 0))  )

(DEFUN DROP (N POT) (CHANGE-CONTENT POT (+ N (CONTENT POT)))  )

(DEFUN ENDTEST ()
  (DECLARE (SPECIAL *HALFSTONES*))
  (COND ((> (CONTENT 'PKALAH) *HALFSTONES*)
         (PRINC "Ich habe gewonnen!"))
        ((> (CONTENT 'OKALAH) *HALFSTONES*)
         (PRINC "Sie haben gewonnen!"))
        ((AND (= (CONTENT 'PKALAH) *HALFSTONES*)
              (= (CONTENT 'OKALAH) *HALFSTONES*))
         (PRINC "Unentschieden!")))  )

(DEFUN MTSIDEP (SIDE)
  (DOLIST (POT SIDE T)
         (WHEN (NOT (EMPTY POT)) (RETURN)))  )

(DEFUN MTSIDE (SIDE KALAH)
  (MAPC #'(LAMBDA (P) (DROP (TAKE P) KALAH)) SIDE)  )

(DEFUN CHECKMT ()
  (COND ((MTSIDEP (SIDER 'P)) (MTSIDE (SIDER 'O) 'OKALAH))
        ((MTSIDEP (SIDER 'O)) (MTSIDE (SIDER 'P) 'PKALAH)))  )
```

```
(DEFUN CHECKCAP (POT PL KALAH OPPOT)
  (IF (AND (= (CONTENT POT) 1) (EQ (OWNER POT) PL)
           (NOT (EQ POT KALAH)) (NOT (EMPTY OPPOT)))
      (PROGN (DROP (TAKE POT) KALAH) (DROP (TAKE OPPOT) KALAH)))  )

(DEFUN MOVE (PL POT)
  (LET ((STONES (TAKE POT))
         (PATH (PATHR PL))
         (KALAH (KALAHR PL)))
        (DO ()
            ((ZEROP STONES))
            (SETQ POT (GET POT PATH))
            (DROP 1 POT)
            (DECF STONES))
        (CHECKCAP POT PL KALAH (OPP POT))
        (CHECKMT)
        (EQ POT KALAH))  )

(DEFUN GET-MOVE ()
  (PRINC "Wie gehen Sie? ")
  (LET ((N (READ)))
       (IF (AND (NUMBERP N) (> N 0) (< N 7)
                (NOT (EMPTY (POTR 'O N))))
           (POTR 'O N)
           (PROGN (PRINC " Zug nicht moeglich") (TERPRI)
                  (GET-MOVE))))  )

(DEFUN OMOVE ()
  (LET ((RES (MOVE 'O (GET-MOVE))))
       (PRINT-BOARD)
       (WHEN RES (IF (ENDTEST)
                     NIL
                     (PROGN (PRINC "Sie sind nochmal dran!  ")
                            (OMOVE)))))  )

(DEFUN PMOVE (LEVEL)
  (LET ((RES (MOVE 'P (CHOOSE LEVEL))))
       (PRINT-BOARD)
       (WHEN RES (IF (ENDTEST)
                     NIL
                     (PROGN (PRINC "Ich bin nochmal dran!  ")
                            (PMOVE LEVEL)))))  )
```

```
(DEFUN ALTMOVE (START LEVEL)
  (IF START
      (LOOP (PMOVE LEVEL)
            (IF (ENDTEST) (RETURN))
            (OMOVE)
            (IF (ENDTEST) (RETURN)))
      (LOOP (OMOVE)
            (IF (ENDTEST) (RETURN))
            (PMOVE LEVEL)
            (IF (ENDTEST) (RETURN)))) )
```

Hauptfunktion und Benutzeraufruf

```
(DEFUN KALAH ()
  (LET (STONES LEVEL *HALFSTONES* *INFINITY*)
       (DECLARE (SPECIAL *HALFSTONES* *INFINITY*))
       (PRINC "Anzahl der Steine pro Topf?")
       (SETQ STONES (READ))
       (PRINC "Wie gut soll ich spielen? (0,1,2)")
       (SETQ LEVEL (READ))
       (INIT-BOARD STONES)
       (PRINT-BOARD)
       (ALTMOVE (MEFIRST?) LEVEL)
       'DANKE) )

(DEFUN INIT-BOARD (VAL)
  (DECLARE (SPECIAL *HALFSTONES* *INFINITY*))
  (SETQ *HALFSTONES* (* 6 VAL))
  (SETQ *INFINITY* (* 100 VAL))
  (MAPC #'(LAMBDA (POT) (SETF (GET POT 'CONTENT) (LIST VAL)))
        '(P1 P2 P3 P4 P5 P6 O1 O2 O3 O4 O5 O6))
        (SETF (GET 'PKALAH 'CONTENT) '(0))
        (SETF (GET 'OKALAH 'CONTENT) '(0))) )

(DEFUN MEFIRST? ()
  (LET ((ANS NIL))
       (PRINC "Moechten Sie anfangen? (JA/NEIN)")
       (SETQ ANS (READ))
       (IF (EQ ANS 'JA) NIL T)) )
```

Aufgaben 6-1, 6-2, 6-3

In der Funktion SYMATH wurden die SPECIAL-Variablen *REVAL* und *PORDER-SEQUENCE* eingeführt.

```
(DEFUN SYMATH ()
  (LET ((*REVAL* NIL)
        (*PORDER-SEQUENCE* NIL)
        STR STR-K)
    (DECLARE (SPECIAL *REVAL*)
             (SPECIAL *PORDER-SEQUENCE*))
    (LOOP (TERPRI)
          (PRINC "<== ")
          (SETQ STR (READ-STRING))
          (SETQ STR-K (KILL-BLANKS STR))
          (TERPRI)
          (COND ((STRING= STR-K ""))
                ((STRING= STR-K "END") (RETURN))
                (T (PRINC "==> ")
                   (CATCH 'READER-LOOP (PROCESS-STATEMENT STR)))))
    'DANKE))
```

PROCESS-STATEMENT wurde so abgewandelt, daß Anweisungen nun in separaten Funktionen abgearbeitet werden. Neue Anweisungen wurden eingeführt.

```
(DEFUN PROCESS-STATEMENT (STR)
  (LET (PRE CAN)
    (SETQ PRE (INTOPRE (STRINGTOIN STR)))
    (SETQ CAN
      (IF (ATOM PRE)
          (PRETOCAN PRE)
          (CASE (CAR PRE)
                (ASSIGN (PROCESS-ASSIGN (CADR PRE) (CADDR PRE)))
                (CLEAR  (PROCESS-CLEAR  (CDR PRE)))
                (ON     (PROCESS-ON     (CDR PRE)))
                (OFF    (PROCESS-OFF    (CDR PRE)))
                (PORDER (PROCESS-PORDER (CDR PRE)))
                ((PLUS DIFFERENCE MINUS TIMES EXPT DERIV)
                        (PRETOCAN PRE))
                (T      (ERR1 "PROCESS-STATEMENT: "
                              "Unzulaessige Funktion")))))
    (INTOPRINT (PRETOIN (CANTOPRE CAN)))))

(DEFUN PROCESS-ASSIGN (VAR PRE)
  (SETF (GET VAR 'ALGEBRAIC-VALUE) (PRETOCAN PRE)))

(DEFUN PROCESS-CLEAR (CLEAR-LIST)
  (DOLIST (VAR CLEAR-LIST 0)
          (REMPROP VAR 'ALGEBRAIC-VALUE)))
```

```
(DEFUN PROCESS-ON (ON-LIST)
  (DECLARE (SPECIAL *REVAL*))
  (DOLIST (VAR ON-LIST 0)
        (CASE VAR
              (REVAL (SETQ *REVAL* T))
              (T     (ERR1 "PROCESS-ON: "
                           "Unbekannter Schalter")))))

(DEFUN PROCESS-OFF (OFF-LIST)
  (DECLARE (SPECIAL *REVAL*))
  (DOLIST (VAR OFF-LIST 0)
        (CASE VAR
              (REVAL (SETQ *REVAL* NIL))
              (T     (ERR1 "PROCESS-OFF: "
                           "Unbekannter Schalter")))))

(DEFUN PROCESS-PORDER (SEQUENCE)
  (DECLARE (SPECIAL *PORDER-SEQUENCE*))
  (SETQ *PORDER-SEQUENCE* SEQUENCE)
  0)
```

In SCAN-NEXT-SYMBOL wurde das Komma als neues Symbol eingeführt.

```
(DEFUN SCAN-NEXT-SYMBOL ()
  (DECLARE (SPECIAL *NEXT-CHAR*))
  (LET (STR NUM)
    (DO ()
        ((NOT (MEMBER *NEXT-CHAR* '(#\SPACE #\TAB #\NEWLINE))))
        (GET-NEXT-CHAR))
    (COND ((EQL *NEXT-CHAR* #\#) NIL)
          ((MEMBER *NEXT-CHAR* '(#\+ #\- #\* #\^ #\( #\) #\, ))
           (PROG1 (INTERN (STRING *NEXT-CHAR*))
                  (GET-NEXT-CHAR)))
          ((EQL *NEXT-CHAR* #\:)
           (GET-NEXT-CHAR)
           (UNLESS (EQL *NEXT-CHAR* #\=)
                   (ERR1 "SCAN-NEXT-SYMBOL: " "= erwartet"))
           (GET-NEXT-CHAR)
           '\:\=)
          ((ALPHA-CHAR-P *NEXT-CHAR*)
           (DO ((STR NIL))
               ((NOT (ALPHANUMERICP *NEXT-CHAR*))
                (INTERN (STRING-UPCASE STR)))
               (SETQ STR (CONCATENATE 'STRING STR
                                      (STRING *NEXT-CHAR*)))
               (GET-NEXT-CHAR)))
```

```
        ((DIGIT-CHAR-P *NEXT-CHAR*)
         (DO ((NUM 0))
             ((NOT (DIGIT-CHAR-P *NEXT-CHAR*)) NUM)
             (SETQ NUM (+ (* NUM 10)
                          (- (CHAR-INT *NEXT-CHAR*)
                             (CHAR-INT #\0))))
             (GET-NEXT-CHAR)))
        (T (ERR1 "SCAN-NEXT-SYMBOL: "
                 "Unzulaessiges Zeichen")))))
```

BASE wurde um die Verarbeitung von Funktionsaufrufen erweitert.

```
(DEFUN BASE ()
  (DECLARE (SPECIAL *NEXT-SYMBOL*))
  (LET (RESULT)
    (COND ((UNSNUMP *NEXT-SYMBOL*)
           (SETQ RESULT *NEXT-SYMBOL*)
           (GET-NEXT-SYMBOL))
          ((IDENTP *NEXT-SYMBOL*)
           (SETQ RESULT *NEXT-SYMBOL*)
           (GET-NEXT-SYMBOL)
           (IF (EQL *NEXT-SYMBOL* '\()
               (PROGN (GET-NEXT-SYMBOL)
                      (SETQ RESULT
                            (CONS RESULT (PARAMETER-LIST)))
                      (IF (EQL *NEXT-SYMBOL* '\))
                          (GET-NEXT-SYMBOL)
                          (ERR1 "BASE: " ") erwartet")))))
          ((EQL *NEXT-SYMBOL* '\( )
           (GET-NEXT-SYMBOL)
           (SETQ RESULT (POLYNOMIAL))
           (IF (EQL *NEXT-SYMBOL* '\) )
               (GET-NEXT-SYMBOL)
               (ERR1 "BASE: " ") erwartet")))
          (T (ERR1 "BASE: " "Unzulaessiges Symbol")))
   RESULT ))

(DEFUN PARAMETER-LIST ()
  (DECLARE (SPECIAL *NEXT-SYMBOL*))
  (LET (RESULT)
    (SETQ RESULT (LIST (POLYNOMIAL)))
    (DO ()
        ((NOT (EQL *NEXT-SYMBOL* '\,)) (REVERSE RESULT))
        (GET-NEXT-SYMBOL)
        (SETQ RESULT (CONS (POLYNOMIAL) RESULT)))))
```

Der Variablenvergleich wurde in eine separate Funktion ausgegliedert.

```
(DEFUN PORDER-LESSP (P Q)
  (COND ((CONSTPOLP P) (NOT (CONSTPOLP Q)))
        ((CONSTPOLP Q) NIL)
        (T (VARORDER-LESSP (MAIN-VAR P) (MAIN-VAR Q)))))

(DEFUN VARORDER-LESSP (VAR1 VAR2)
  (DECLARE (SPECIAL *PORDER-SEQUENCE*))
  (IF (AND (MEMBER VAR1 *PORDER-SEQUENCE*)
           (MEMBER VAR2 *PORDER-SEQUENCE*))
      (< (POSITION VAR1 *PORDER-SEQUENCE*)
         (POSITION VAR2 *PORDER-SEQUENCE*))
      (STRING< (SYMBOL-NAME VAR1) (SYMBOL-NAME VAR2))))
```

In PRETOCAN wurde die neue Auswertungsregel bei ON(REVAL) eingefügt.

```
(DEFUN PRETOCAN (PRE)
  (DECLARE (SPECIAL *REVAL*))
  (LET (AVAL)
    (COND ((NUMBERP PRE) PRE)
          ((AND *REVAL*
                (SYMBOLP PRE)
                (SETQ AVAL (GET PRE 'ALGEBRAIC-VALUE)))
           (SETF (GET PRE 'ALGEBRAIC-VALUE)
                 (PRETOCAN (CANTOPRE AVAL))))
          ((AND (SYMBOLP PRE)
                (GET PRE 'ALGEBRAIC-VALUE)))
          ((SYMBOLP PRE) (MK-POL PRE (MK-TERM 1 1) NIL))
          (T (CASE
               (CAR PRE)
               (PLUS       (P+ (PRETOCAN (CADR  PRE))
                               (PRETOCAN (CADDR PRE))))
               (DIFFERENCE (P- (PRETOCAN (CADR  PRE))
                               (PRETOCAN (CADDR PRE))))
               (TIMES      (P* (PRETOCAN (CADR  PRE))
                               (PRETOCAN (CADDR PRE))))
               (EXPT       (P^ (PRETOCAN (CADR  PRE))
                               (PRETOCAN (CADDR PRE))))
               (MINUS (PMINUS (PRETOCAN (CADR  PRE))))
               (DERIV (IF (IDENTP (CADDR PRE))
                          (PDERIV (PRETOCAN (CADR  PRE))
                                  (CADDR PRE))
                          (ERR1 "PRETOCAN: "
                                "Variable in DERIV erwartet")))
               (T (ERR1 "PRETOCAN: " "Falscher Operator")))))))
```

PDERIV differenziert das Polynom P in kanonischer Darstellung nach der Variablen VAR.

```
(DEFUN PDERIV (P VAR)
  (LET (R)
    (COND ((CONSTPOLP P) 0)
          ((VARORDER-LESSP (MAIN-VAR P) VAR) 0)
          ((VARORDER-LESSP VAR (MAIN-VAR P))
           (SETQ R (PDERIV-C P VAR))
           (IF (EMPTYPOLP R) 0 R))
          (T (SETQ R (PDERIV-P P VAR))
             (IF (ZEROP (LD-EXP R)) (LD-COEFF R) R)))))
```

PDERIV-C differenziert das Polynom P nach VAR, wobei die Hauptvariable von P größer ist als VAR. Die Koeffizienten von P werden differenziert.

```
(DEFUN PDERIV-C (P VAR)
  (LET (DCOEFF)
    (IF (EMPTYPOLP P)
        P
        (PROGN (SETQ DCOEFF (PDERIV (LD-COEFF P) VAR))
               (IF (ZEROPOLP DCOEFF)
                   (PDERIV-C (REST-POL P) VAR)
                   (MK-POL (MAIN-VAR P)
                           (MK-TERM (LD-EXP P) DCOEFF)
                           (TERMS (PDERIV-C (REST-POL P) VAR)))))))))
```

PDERIV-P differenziert das Polynom P nach VAR, wobei die Hauptvariable von P gleich VAR ist. Alle Terme von P werden differenziert.

```
(DEFUN PDERIV-P (P VAR)
  (COND ((EMPTYPOLP P) P)
        ((ZEROP (LD-EXP P)) (LIST (MAIN-VAR P)))
        (T (MK-POL (MAIN-VAR P)
                   (MK-TERM (- (LD-EXP P) 1)
                            (P* (LD-EXP P) (LD-COEFF P)))
                   (TERMS (PDERIV-P (REST-POL P) VAR))))))
```

Literatur

Ahrens, W.: Mathematische Unterhaltungen und Spiele, Band 2, zweite Auflage. Teubner, Leipzig, 1918

Benson, E.: COMMON LISP Interface for REDUCE. (Programm) Lucid Inc., 1986

Buchberger, B. et al. (eds.): Computer Algebra - Symbolic and Algebraic Computation. Computing Supplementum 4, Springer Verlag, Wien, 1982

Charniak, E., Riesbeck, C. K., McDermott, D. V.: Artificial Intelligence Programming. Lawrence Erlbaum, Hillsdale, New Jersey, 1980

Davenport, J. H., Siret, Y., Tournier, E.: Computer Algebra, Systems and Algorithms for Algebraic Computation. Academic Press, London, 1988

Fitch, J.: Manual for Standard LISP on IBM System 360 and 370. University of Utah Symbolic Computation Group, Technical Report No. TR-6, August 1978

Frey, P. W. (ed.): Chess Skill in Man and Machine, Second Edition. Springer Verlag, New York, 1984

Galway, W. et al.: PSL 3.4 Users Manual. Utah PASS Project, University of Utah, Salt Lake City, 1987

Griss, M. L., Hearn, A. C.: A Portable LISP Compiler. Software - Practice and Experience, Vol. 11, S. 541-605, 1981

Griss, M. L. et al.: PSL, a Portable LISP System. In: Proceedings of the 1982 ACM Symposium on LISP and Functional Programming. Carnegie-Mellon University, Pittsburgh, August 1982, S. 88-96

Hearn, A. C.: Standard LISP. ACM SIGSAM Bulletin 13, S. 28-49, 1969

Hearn, A. C. (ed.): REDUCE User's Manual, Version 3.3. Rand Publication CP78, The Rand Corporation, Santa Monica, Cal., 1987

Kaisler, S. H.: INTERLISP, the Language and its Usage. Wiley, New York, 1986

Knuth, D. E.: The Art of Computer Programming, Volume 2: Seminumerical Algorithms, Second Edition. Addison-Wesley, Reading, Mass., 1981

Knuth, D. E., Moore, R. W.: An Analysis of Alpha-Beta Pruning. Artificial Intelligence, Vol. 6, No. 4, S. 293-326, 1975

Lenders, W., Willée, G.: Linguistische Datenverarbeitung, ein Lehrbuch. Westdeutscher Verlag, Wiesbaden, 1986

Marti, J. et al.: Standard LISP Report. ACM SIGSAM Bulletin, Vol. 14, No. 1, S. 23-43, 1980

Nilsson, N. J.: Problem-Solving Methods in Artificial Intelligence. McGraw-Hill, New York-London, 1971

O'Shea, T., Eisenstadt, M. (eds.): Artificial Intelligence, Tools, Techniques, and Applications. Harper & Row, New York, 1984

Ritchie, G., Thompson, H.: Natural Language Processing. In: O'Shea [1984], S. 358-388

Shapiro, S. C.: Techniques of Artificial Intelligence. Van Nostrand, New York, 1979

Stallman, R.: GNU Emacs Manual, Fifth Edition. Free Software Foundation, Cambridge, Mass., 1986

Stoyan, H.: LISP, Anwendungsgebiete, Grundbegriffe, Geschichte. Akademie-Verlag, Berlin, 1980

Thompson, H., Ritchie, G.: Implementing Natural Language Parsers. In: O'Shea [1984], S. 245-300

Winograd, T.: Language as a Cognitive Process, Volume 1: Syntax. Addison-Wesley, Reading, Mass., 1983

Winston, P. H.: Künstliche Intelligenz. Addison-Wesley, Bonn, 1987

COMMON LISP-Handbücher

Franz Inc.: COMMON LISP, the Reference. Addison-Wesley, Reading, Mass., 1988

Steele, G. L.: COMMON LISP, the Language. Digital Press, Bedford, Mass., 1984

LISP-Lehrbücher

Allen, J.: Anatomy of LISP.
McGraw-Hill, New York, 1978

Brooks, R. A.: Programmieren in COMMON LISP.
Oldenbourg, München, 1987

Hußmann, M., Schefe, P., Fittschen, A.: Das LISP-Buch.
McGraw-Hill, Hamburg, 1988

Mayer, O.: Programmieren in COMMON LISP.
BI, Mannheim, 1988

Stoyan, H., Görz, G.: LISP, eine Einführung in die Programmierung.
Springer Verlag, Berlin, 1984

Winston, P. H., Horn, B. K.: LISP.
Addison-Wesley, Bonn, 1987

Verzeichnis der definierten Funktionen

Die in Kapitel 2 definierten Funktionen zur Einbettung von Standard LISP sind hier nicht aufgeführt.

ADDACTIVEEDGE 153
ADDINACTIVEEDGE 152
ADD-TO-OPEN 91
ALTMOVE 127
APP-OUT 205
BASE 184
BETTER 90
CANTERMTOPRE 202
CANTOPRE 202
CHANGE-CHAIN 10
CHANGE-X-POSITION 85
CHART 155
CHOOSE 124
CONSTPOLP 191
COUNTVAL 118
COUNT-1 118
COUNT-2 115
CREATEEDGE 149
CREATEVERTEX 149
DEFINE-INLINE 43
DEFINE-REVERSED-ARGUMENTS 45
DEFINE-REVERSED-ARGUMENTS-N 45
DEFINE-SYNONYM 44
DEFNS 151
DROP 114
EDITFUN 14
EMPTYPOLP 190
ENDTEST 127
ENTER 151
ERR1 173
EXPAND 86
EXPRESSION 182
FACTOR 183
GET-FHAT 82
GET-GHAT 82
GET-LEVEL 128
GET-MOVE 126
GET-NEXT-CHAR 176
GET-NEXT-SYMBOL 180
GET-PARENT 82
GET-SOLUTION-PATH 92
GET-STATE 82
GETVERTEX 149
GET-X-POSITION 85
GOALP 90
HHAT 84
IDENTP 180
INSERT-IN-FRONT-OF-NTH-ELEMENT 12
INSERT-ORDERED 90
INTOPRE 185
INTOPRINT 208
KILL-BLANKS 173
LD-COEFF 189
LD-EXP 189
LD-TERM 189
LEAF 122
LIST-ABOVE-FOCUS 9
LIST-SOLUTION 92
MAIN-VAR 189
MAKE-NODE 83
MINUSNEXTTERMP 205
MK-EMPTYPOL 191
MK-POL 191
MK-TERM 191
MODIFY 10
NLESS 88
NTH-ELEMENT-FOCUS 8

ONEPOLP 191
ONP 91
PERFORM-COMMAND 12
PMINUS 196
PORDER-LESSP 190
POWERTOPRE 202
PRE/FOL-ELEMENT 9
PRETERMINAL 150
PRETOCAN 188
PRETOIN 208
PRETOIN-L 207
PRETOINMINUS 206
PRETOIN+ 205
PRETOIN* 206
PRETOIN^ 207
PRINT-BOARD 125
PRINT-FOCUS 8
PRINT-STATE 86
PROCESS-STATEMENT 175
P+ 193
P+-CTPQ 195
P+-PQ 194
P- 196
P* 198
P*-CPQ 199
P*-PQ 199
P*-PT 200
P^ 200
QUATTRO 129
READ-STRING 173
REMOVE 91
REMOVE-NIL 117
REPLACE/DELETE-NTH-ELEMENT 11
REPLACE-EXPR 12
REST-POL 189
ROW 119
ROW-VALUE 119
ROW-VALUE1 126
RUN 155
RUNCHART 156
SCAN-NEXT-SYMBOL 177
SEEK 153
SHOWCONT 150
SHOWEDGE 150
SEARCH 93
SEARCH-MAX 123
SEARCH-MIN 123
SOLVABLEP 89
STATEMENT 181
STRING-READER 40
STRINGTOIN 178
SYMATH 174
TERM 183
TERMP 191
TERMS 189
TESTSUM 88
TRY-MOVE 122
TRY-MOVE-1 122
TRYTOEXTEND 154
UNSNUMP 180
V-ADD 26
VALUE 121
VALUE-DIAGONAL 120
VALUE-HORIZONTAL 119
VALUE-VERTICAL 116
V-DOT 26
V-CHECK-2 28
VECSYS 24
VECTOR-READER 39
V-SORT 27
WRAP 205
X-TO-LAST-COLUMN 87
X-TO-LAST-ROW 88
ZEROPOLP 190
15-PUZZLE 94

Sachverzeichnis

Acht-Damen-Problem 67, 95
Alpha-Beta-Algorithmus 97, 105ff
Analyse
  morphologische 133
  syntaktische 131
  semantische 131
arithmetischer Ausdruck
  ganzrationaler 160f
  gebrochen rationaler 160, 214
  polynomialer 160f
Bewertung 104
Bewertungsfunktion, statische 104
Chart 135
  -Algorithmus 139ff
  -Repräsentation 136ff
Darstellung arithm. Ausdrücke
  Infix- 165f, 170f, 203ff
  interne 160ff
  kanonische 162f, 165, 170f, 187ff, 201ff
  Präfix- 165ff, 170ff, 179ff, 201f, 203ff
Editier-Test-Zyklus 2
Einbettung 18, 28ff
Editor 1
  allgem. Texteditor 1, 3
  externer File-Editor 1f
  interner File-Editor 1f
  syntaxorientierter Editor 1, 3
  Workspace-Editor 1, 3
Expandieren 69
Formelmanipulation 159
Fundamentalregel 141
Grammatik 132f
  kontextfreie 132, 135
  Phrasenstruktur- 132
Interlisp 1, 3
Kalah 130
Kosten 70, 72
kürzester Weg 70, 72ff
Lexikon 132, 133f
LISP-Dialekte 17
Macro 41ff
magisches Dreieck 95
Mehrdeutigkeit 134f
  lexikalische 134
Minimax-Algorithmus 97, 104ff
natürliche Sprache 131
Optimallösung 70
Paketkonzept 31ff
Parsen 131
Parser 132, 134, 179ff
  Chart- 131, 135ff
  deterministischer 135
  nichtdeterministischer 135
Polynomarithmetik 188ff
Polynomdarstellung 160ff
  eindeutige 162ff, 169
  rekursive 164ff, 168f
  vollständig expandierte 162ff
Portable Standard LISP 18
Portierung 17f
Produktionsregel 132, 161
Quattro 98ff
Readtable-Konzept 38ff
REDUCE 18, 159, 165, 210
rekursiver Abstieg 166, 179ff
Scanner 175ff
Spielbaum 97, 103
Spiele 68, 97ff
  Zwei-Personen- 97
Sprachverstehen 131
Standard LISP 19ff
Struktur (Record) 146
Strukturbaum 133

Suchalgorithmen 67ff
A* 68, 74ff
Branch and Bound 68, 72ff
Breadth First 68, 71ff
Depth First 68, 70f
Suchbaum 69
Suchen 67ff
im Spielbaum 97ff
im Zustandsraum 69
Symbole
nichtterminale 133
präterminale 133
terminale 133
Symbolische Mathematik 159ff
syntaktische Kategorie 132, 136, 139
Vereinfachung arithm. Ausdrücke 162
Zustandsraum 69
15-Puzzle 77ff
Lösbarkeit 78